世界
特色小镇
经典案例

U0214044

李　季　吴良顺　编著

中国建筑工业出版社

图书在版编目（CIP）数据

世界特色小镇经典案例 / 李季，吴良顺编著 . — 北京：中国建筑工业出版社，2019.5
ISBN 978-7-112-23646-6

Ⅰ . ①世… Ⅱ . ①李… ②吴… Ⅲ . ①小城镇 — 城市规划 — 建筑设计 — 案例 — 世界 Ⅳ . ① TU984

中国版本图书馆 CIP 数据核字（2019）第 077687 号

责任编辑：费海玲 张幼平
责任校对：李欣慰

世界特色小镇经典案例

李季 吴良顺 编著

*

中国建筑工业出版社出版、发行（北京海淀三里河路9号）

各地新华书店、建筑书店经销

北京点击世代文化传媒有限公司制版

北京中科印刷有限公司印刷

*

开本：787×960 毫米 1/16 印张：20¼ 字数：302千字

2019年9月第一版 2019年9月第一次印刷

定价：**58.00元**

ISBN 978-7-112-23646-6

（33904）

序　世界特色小镇的发展轨迹

我国住建部已公布了两批特色小镇名单，国家发改委还将继续主持评选更多的特色小镇。特色小镇已成为当下最炙手可热的风口之一。由于尚处起步阶段，运营模式仍无成功经验可循，擅长标准化复制、高周转的房企，在产业要素的开发和导入及运营思维的转变等方面面临巨大挑战，能否真正在特色小镇领域分得一杯羹，能否跳出"房地产化"的传统思路还需划一个问号。

前车之鉴，后事之师。特色小镇的提出源于世界主要发达国家的发展经验。因此，我们主要以欧美发达国家为基础，筛选了100多个国外知名特色小镇案例，探究特色小镇到底有多大的发展机遇、发展机会在哪里，以及企业应如何跳出传统思路，有效把握机遇。

机遇有多大？

小镇作为国外经济、产业、人口主要载体，也将成为中国新时期经济发展的增长极。

19世纪60年代，工业化和城镇化的高速发展导致大城市人口过度集聚、拥堵不堪，但乡村出现空心化，为分流大城市人口，发达国家启动小城镇建设。其中，英、美、日三国启动小城镇建设时的城镇化率均达到70%，而韩国起步时间较晚，城镇化率在40%-50%之间，与我国较为接近。截至目前，英美韩日等经济发达体均已经完成了对小城镇的开发培育工作，小城镇已成为这些国家经济、人口和产

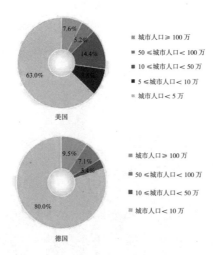

美国

德国

图1 美国、德国城市及人口分布统计

城市人口 ≥ 100 万
50 ≤城市人口 < 100 万
10 ≤城市人口 < 50 万
5 ≤城市人口 < 10 万
城市人口 < 5 万

城市人口 ≥ 100 万
50 ≤城市人口 < 100 万
10 ≤城市人口 < 50 万
城市人口 < 10 万

业的主要发展载体：

首先，小镇聚集了这些发达国家六成以上的人口。其中，美、德等发达国家六成以上的居民都生活在10万人以下的小城镇。2010年，美国总人口3.09亿，63.0%的人口居住在5万以下的小城镇；2016年德国统计年鉴数据显示，截至2014年底，德国总人口8119.75万人，其中80%的人口居住在人口10万以下的小城镇。

其次，国外小城镇已成为当地产业集约化发展的聚集地。如美国金融行业有格林尼治对冲基金小镇和门罗帕克风险投资基金小镇，而硅谷更是库比蒂诺、山景、帕罗奥图、森尼韦尔等高科技产业小城镇的集合；德国高斯海姆小镇的机床制造业、英国Sinfin小镇飞机发动机制造业和西班牙阿尔特索小镇的服装制造业均在国际上具有绝对竞争力。

作为人口及产业的核心载体，小城镇已成为发达国家城乡均衡发展的重要经济活力点。例如，美国高科技小镇集聚的硅谷人口不到美国的1%但GDP占比却高达4%-5%，纳帕谷综合性乡村休闲文旅小镇集群每年接待国内外游客500万人次，仅旅游经济收益就达6亿美元，提供17000多个工作机会，税收达到2.21亿

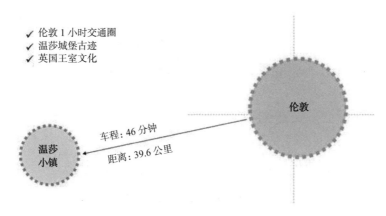

图 2　温莎小镇区位图

美元；法国格拉斯小镇每年仅香水业就创造 6 亿欧元财富。

以大城市为依托的文旅型特色小镇：同样位于大城市轨道交通 1-2 小时的交通圈内，挖掘稀缺、核心的自然、历史资源要素，打造独特的旅游产业链，从而吸引大城市居民及来自世界各地的游客，例如：

英国距离伦敦 1 小时车程的温莎小镇和距离伯明翰 50 分钟车程的斯特拉特福德分别以王室温莎古堡、莎士比亚故乡为核心要素发展旅游业，年游客量均列英国城市之最，其中斯特拉特福德小镇年游客量达 250 万；

瑞士距离大城市日内瓦、洛桑车程均 1 小时的依云小镇和距离苏黎世 2 小时的达沃斯分别以依云水和阿尔卑斯山雪山为核心资源，打造包含疗养、度假、运动和高端会议在内的一体化产业链。

网络节点型小镇：交通网络节点，产业基础深厚，同时具备良好的历史、自然因素。

网络节点型小镇大多位于交通发达的节点型城市且具备深厚的产业属性，同时具有良好的历史、自然基础，产业及旅游发展较为均衡。

其中，位于网络节点的产业型小镇，除了良好的交通条件外，通常通过统一规划和资金支持等措施打造高度专业化产业集聚地，从而成为"小而精"的产业小镇。

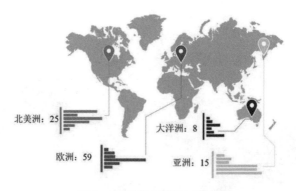

图3 国外特色小镇样本分布图

如作为全球纺织品企业总部的瑞士朗根塔尔小镇位于伯尔尼到苏黎世的途中，并且在瑞士中央铁路线上，历史上是重要集镇和亚麻生产中心，拥有专业技术熟练的劳动力和生产经营能力，在政府规划和资金支持下，不断延伸产业链，成为高端纺织产业高度专业化、集群化的产业小镇；德国赫尔佐根赫若拉赫小镇也凭借中心历史城区、手工业发展传统以及良好的就业市场等因素，成为全球体育用品产业小镇，阿迪达斯、彪马、舍弗勒等企业总部均落户于此。

在英美等发达国家数以万计的小城镇当中，能够成为全球特色小镇范本的也属凤毛麟角，可见，并非所有的小镇都具备成功基因，这为国内一窝蜂的小镇建设潮流敲响了警钟。为了更好地挖掘特色小镇的成功因素，我们选取格林尼治、Sinfin小镇、维特雷等全球闻名的特色小镇为研究样本，对这些全球闻名的特色小镇进行区位分布与产业定位的分类分析：从区位分布来看，大城市依托型、网络节点型和孤点分布型占比分别为22.4%、37.3%和40.3%，主要依赖于核心城市、节点型城市及孤点城市的特色资源；从产业类型来看，产业型、产业＋旅游型和文旅型占比分别为35.8%、19.4%和44.8%。由于国外特色小镇多为历史悠久且自发形成，人为因素及自然因素的影响较为均衡。

按照区位和类型交叉分析来看，大城市依托型、网络节点型更依托于产业发展，孤点分布型多以文旅为特色资源。大城市依托型和网络节点型特色小镇，产业型均超半数，占比分别达到53.3%和51.9%，产业型及产业＋旅游型累计占比分别

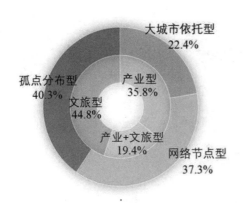
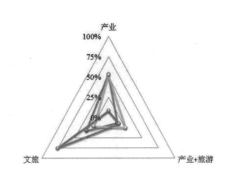

图 4 国外知名小镇的区位分布与产业类型　　　图 5 国外知名小镇区位及产业类型的交叉分析

为 66.7% 和 77.8%；孤点分布型小镇文旅产业占比高达 76%。由此可见，区位、产业是国外知名小镇两大不可或缺的成功基因。我们以区位为第一要素，选取知名小镇来具体分析。

大城市依托型：主要承接大城市的人口、产业外溢，同时具备良好的产业培育条件。

以大城市为依托的产业型特色小镇：区位大多位于大城市 1-2 小时交通圈内，作为承接大城市外溢产业和人才的基础，同时也须具备适于产业、人才发展的良好自然、社会环境。例如：

格林尼治小镇距离世界金融中心纽约 40 分钟车程，且环境优美，沿海，距离

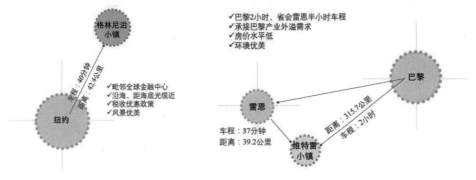

图 6 美国格林尼治基金小镇区位图　　　　　图 7 法国维特雷小镇区位图

图 8　美国好时小镇

海底光缆近，加上当地政府提供的优惠税收政策吸引了 500 多家对冲基金落户，才造就了今天的全球对冲基金"大本营"。与之形成鲜明对比的是，20 世纪 80 年代日本的对冲基金非常厉害，但因为税负过高、政策监管严格等原因最终没有成气候。

法国内陆型工业城镇维特雷在巴黎和省会城市雷恩 2 小时交通圈内，19 世纪五六十年代，凭借良好生活环境和较低房价吸引巴黎和雷恩的工程师，承接从巴黎、雷恩机械工业和分包工业的溢出，形成了包括机械、分包加工、芯片业、印刷厂在内的现代产业体系，成为全球内陆型工业城镇成功转型的案例。

除产业集群外，欧美国家还有很多依托一家全球性企业及其完整产业链发展的产业 + 文旅型特色小镇，被称为"公司镇"，如美国好时小镇、康宁镇和丹麦比隆小镇等，大多落户于网络节点城市。

其中，美国好时公司选择横贯东西海岸、纵贯南北的重要交通要塞和贸易口岸哈里斯堡市郊的好时镇建造巧克力制造工厂，逐步发展成北美地区最大巧克力及巧克力糖果制造商。同时，好时持续建造商业和服务机构、学校和医院等基础设施，并通过打造巧克力主题乐园发展旅游业，每年有数十万的游客。

与国外相比，我国自 1978 年以来，城镇化经历了快速发展阶段和加速发展阶段，2016 年达到 57.35%，较 1978 年大幅提升 39.45%。与此同时，大城市人口膨胀、交通拥堵、房价飞涨的问题已不利于企业、人才发展，华为、中兴等企业已经选择搬离一线城市，而乡村则面临土地大量流失、宅地废弃、人口大规模转移等诸多问题，高速城市化导致的"大城市病"和"乡村病"日益加剧。在此背景下，发展特色小镇、统筹城乡发展已经成为国内城镇化建设的关键一环。

国家政策层面的直接推动为特色小镇提供了巨大发展契机。《国家新型城镇化规划 (2014-2020 年)》指出，目前，中国正面临着产业的升级与转移，资本与劳动力在城市间的流动更加频繁，在经历了大城市的不断扩张后，中国城市的发展真正进入以城市圈为主体形态的阶段。

2016 年 2 月，国务院颁发《关于深入推进新型城镇化建设的若干意见》，明确提出加快培育具有特色优势的小城镇，带动农业现代化和农民就近城镇化，7 月《关于做好 2016 年特色小镇推荐工作的通知》的下发，又将特色小镇建设提升到国家高度，不同层面的优势政策也相应出台，这些均为特色小镇的发展创造了可遇不可求的发展契机。

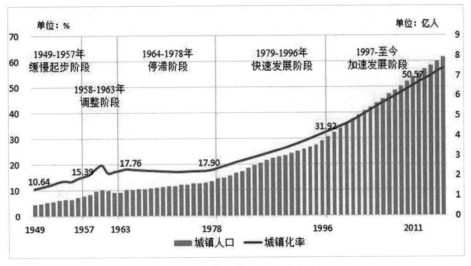

图 9 美国纳帕谷 "农业 + 文旅" 小镇

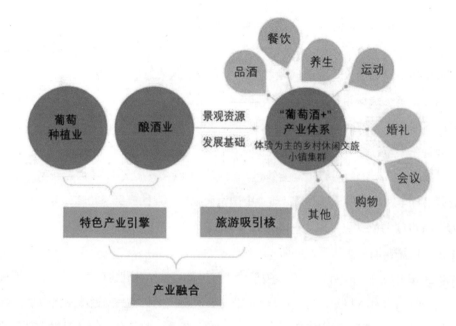

参照国外发展经验来看，以"产业"为灵魂的特色小镇是解决大中城市发展差距过大、稳步推进城镇化建设的重要途径和有利抓手，作为人口、产业、经济的重要载体，未来的发展机遇无可限量。在足够大、足具诱惑力的蛋糕面前，房企更需要解决的是怎么吃的问题。

机遇在哪里？

产业是小镇成功的最强基因，区位是先发要素，运营为后发要素。

另外，部分网络节点型小镇凭借得天独厚的自然环境和气候条件拥有悠久的农业生产历史，以农业为基础发展旅游产业，成为国际知名的"农业＋文旅型"特色小镇，例如美国纳帕谷、法国格拉斯和保加利亚卡赞勒克等特色小镇。

以美国纳帕谷为例，其多样性微气候非常有利于种植优良的酿酒葡萄，形成了葡萄种植业和酿酒业等特色引擎产业，在此基础上采取政企合作成立旅游业提升区、成立非营利组织进行统一管理模式，并通过 PPP 模式进行项目融资、招商引资及旅游宣传推广等方式发展地方旅游业，打造包括品酒、餐饮、养生、运动、婚礼、会议、购物及各类娱乐设施在内的"葡萄酒＋"旅游吸引核，形成综合性乡村休闲文旅小镇集群，2016年接待国内外游客350万，为当地政府带来税收超8000万美元。

孤点分布型小镇：具备得天独厚的资源禀赋和强大运营能力，足以抵消区位不利影响。

孤点分布型小镇大多地处偏僻，但具有强势的资源禀赋，可大致分为两类：

一、当地具有强势的自然、产业、人文等资源禀赋，并发展相关产业链，形成以旅游业和服务业为主的特色小镇。如奥地利瓦腾斯小镇地处偏僻的奥地利西部，本地人口仅数千人，但除了坐享风景优美的阿尔卑斯山麓外，还是世界著名的水晶制造商施华洛世奇的所在地，凭借其依山而建的世界上最大、最著名的水晶博物馆施华洛世奇水晶世界，实现了产业与旅游的深度结合，游客量每天成千上万。

二、以强大的IP运营能力，导入书籍、壁画、电影、动漫等文化要素，从无到有打造文旅类小镇，英国海伊小镇、西班牙胡斯卡小镇、日本柯南小镇、澳大

图10 孤点分布型小镇发展模式

利亚谢菲尔德壁画小镇、马耳他大力水手镇均是此类小镇的典型案例。

其中，英国海伊小镇地处英格兰和威尔士边境山区，远离英伦三岛的文化中心，但通过搜罗全世界的旧书打造二手书店并进行集聚，使得依赖农业的边陲小镇发展成为"世界旧书之都"和威尔士第四大旅游目的地，年游客量超百万。

西班牙胡斯卡小镇 2011 年之前的区位、生态旅游资源均毫无特色，每年游客不超 300 人，但 2011 年因盛产蘑菇被索尼影业选为 3D 动画片蓝精灵的宣传基地，所有的白墙红瓦的房子全部被刷成蓝色，借助动画片宣传，一年内游客暴增 400 余倍，当地政府和居民以此为契机，相继推出主题乐园、蓝精灵集市、蘑菇节等旅游项目，创造了因一种颜色走向复兴的小镇奇迹。

从这些国外知名小镇的分析来看，产业一定是小镇成功的最强基因，区位条件是产业培育的先发因素，运营能力是产业发展的后发因素。要么具有大城市、节点城市的区位优势承接人口、产业等的集群发展需求，形成强产业集群，如大城市近郊型和网络节点型，要么具有强大的运营能力形成极具吸附力的产业特色，如孤点分布型。

目录 / Contents

世界特色小镇发展状况分析 / 第 1 章

1.1 特色小镇概述

1.1.1 特色小镇内涵分析

特色小镇是具有明确产业定位与文化内涵，叠加、融合生产、生活、旅游、居住等功能，呈现产业特色化、功能集成化、环境生态化、机制灵活化，具有明确空间边界的功能载体平台，它是根据各地区发展的实际情况，结合优势产业，形成的有特色发展方向的小镇建设。

1.1.2 特色小镇特征分析

特色小镇能够明显地展现出一个区域的代表性产业和重点发展优势与发展方向，总体而言，特色小镇具有产业特性、功能特性和形态特性等，具体分析如表 1.1-1。

特色小镇的特性简析

表 1.1-1

特性	分析
产业特性	涵盖范围广，核心锁定最具发展基础、发展优势和发展特色的产业，如美国的基金小镇格林尼治小镇、好时小镇，法国普罗旺斯小镇，澳大利亚谢菲尔德壁画小镇等具有优势代表性的特色小镇
功能特性	通常为"产业、文化、旅游、社区"一体化的复合功能载体，部分小镇旅游功能相对弱化
形态特性	既可以是行政建制镇，也可以是有明确边界的非镇非园空间，或是一个聚落空间与集聚区

1.1.3　特色小镇的类型分析

按特色小镇主推的核心特色分类，通过对国内一些特色鲜明的小镇类型进行分析，总结归纳出以下十大类型。

特色小镇的类型简析　　　　　　　　　　　　　　　　表 1.1-2

类型	分析
历史文化型	打造历史文化型小镇，一是小镇历史脉络清晰可循；二是小镇文化内涵重点突出、特色鲜明；三是小镇的规划建设延续历史文脉，尊重历史与传统
城郊休闲型	打造城郊休闲型小镇，一是小镇与城市距离较近，位于都市旅游圈之内，距城市车程最好在 2 小时以内；二是小镇要根据城市人群的需求进行针对性开发，以休闲度假为主；三是小镇的基础设施建设与城市差距较小
新兴产业型	打造新兴产业型小镇，一是小镇位于经济发展程度较高的区域；二是小镇以科技智能等新兴产业为主，科技和互联网产业尤其突出；三是小镇有一定的新兴产业基础的积累，产业园区集聚效应突出
特色产业型	打造特色产业型小镇，一是小镇产业特点以新奇特等产业为主；二是小镇规模不宜过大，应是小而美、小而精、小而特
交通区位型	打造交通区位型小镇，一是小镇要交通区位条件良好，属于重要的交通枢纽或者中转地区，交通便利；二是小镇产业建设应该能够联动周边城市资源，成为该区域的网络节点，实现资源合理有效的利用
资源禀赋型	打造资源禀赋型小镇，一是小镇要资源优势突出，处于领先地位；二是小镇市场前景广阔，发展潜力巨大；三是对小镇的优势资源深入挖掘，充分体现小镇资源特色
生态旅游型	打造生态旅游型小镇，一是小镇要生态环境良好，宜居宜游；二是产业特点以绿色低碳为主，可持续性较强；三是小镇以生态观光、康体休闲为主
高端制造型	打造高端制造型小镇，一是要小镇产业以高精尖为主，并始终遵循产城融合理念；二是注重高级人才资源的引进，为小镇持续发展增加动力；三是突出小镇的智能化建设
金融创新型	打造金融创新型小镇，一是要在小镇经济发展迅速的核心区域，具备得天独厚的区位优势、人才优势、资源优势、创新优势、政策优势；二是小镇有一定的财富积累，市场广阔，投融资空间巨大；三是科技金融是此类小镇发展的强大动力和重要支撑
时尚创意型	打造时尚创意型小镇，一是小镇以时尚产业为主导，并与国际接轨，引领国际时尚潮流；二是小镇应以文化为深度，以时尚为广度，实现产业的融合发展；三是小镇应该打造一个时尚产业的平台，促进国内与国际的互动交流

1.1.4 特色小镇相关概念比较

1. 特色小镇与行政镇的关系

现实中的特色小镇有两大类,一类是行政区划的镇,或称之为行政镇;另一类是冠以小镇名义的发展平台。对于行政镇而言,在区域经济发展中,镇域经济如何发展始终在摸索中;而对于小镇发展平台,无论其规模大小,都是个平台,管理经验已经成熟,其管理运营则要比行政镇简单得多。

发展特色小镇应重点发展优质资源不足的行政镇,在发展特色小镇的同时,解决当地居民的脱贫问题。在资源匮乏的镇,如何用最少的投入,使之成为能够产生经济效益的特色小镇,应是各有关部门的职责所在。

2. 特色小镇与新型城镇化的关系

特色小镇规划的提出主要是通过打造特色鲜明的产业生态,营建充满活力的全新机制,促进有条件的城镇更好地发展,特色小镇作为新型城镇化建设的有机组成部分,是城乡发展的重要载体。建设特色小镇,既能吸引周边劳动力就业,辐射式带动周边经济发展,也能通过相互交流和人才转移促进产业集聚效应,降低企业沟通成本,促进技术创新。各个国家为了减轻大城市的经济、环境和人口的承载压力,推进新型城镇化的建设,辐射范围逐渐扩散至周边,都将有地域代表性的特色小镇的建设作为其新型城镇化建设的重要内容,以及新型城镇化发展的重要引导方向。

特色小镇在培育过程中,主要有以下作用和影响:

(1)吸引周边劳动力就业,辐射式带动周边经济发展

特色小镇与大城市相比有更低的房价和更加完善的配套设施、生活环境,可解决劳动力就业问题,从而带动周边经济发展和居民收入。

(2)产生产业集聚效应,降低企业沟通成本,促进技术创新

由于大量同一产业内的企业高度集聚,相互之间的交流和人才转移产生技术扩散和技术外溢效应,能够促发新技术突破和创新。同时地理上的集中使上下游企业进行沟通的合同成本都会相应降低,有助于企业利润提高。工业化需要借助规模经济和集聚效应,推动服务业、城市基础设施和公共服务供给部门的发展,

以提高城镇化水平。与城镇化水平提高相伴而来的是产业集聚和人口、人才、创意的集中，以及更有效率的公共产品供给，这又可为促进创业和创新活动打造良好平台，改善居民生活质量，从而提高经济发展的可持续性和共享性。

（3）成为城镇化升级发展建设的重要落实

特色小镇作为新型城镇化的重要内容，在各个国家经济转型发展的过程中都发挥着重要作用。特色小镇建设等系列活动也成为一个地区具有代表性产业、人文情怀、自然景观等典型示范和展示宣传的窗口，为探索特色小镇健康发展之路，促进经济转型升级发展和建设作出积极的贡献。

3. 特色小镇与工业园区的关系

特色小镇不是单纯的以工业制造业为主的园区开发。与工业园区只承担工业发展的功能不同，特色小镇还承载了工业以外的文化、旅游等其他功能。特色小镇的特色不只限于工业，城镇格局、建设风貌、自然景观、历史人文、生态环境、生活方式等都可能形成特色。

4. 特色小镇与产业园区的关系

特色小镇与产业园区的共性在于它们都是以产业为依托，以产业为支撑，强调主导产业的发展。无论是特色小镇还是产业园区，两者都关注重视产业发展，如产业定位、产业特色、产业平台等，强调高端要素和优质产业的集聚，以新理念、新机制、新载体推进产业集聚、产业创新和产业升级，重视创新，推动"传统制造"向"智能制造"转型。

但特色小镇与产业园区又有本质区别。首先，特色小镇强调的是特色产业与新型城镇化、城乡统筹等的结合，是一种产业与城镇有机互动的发展模式；其次，特色小镇更多针对的是小城镇、城市中的城中村改造，讲求产业、居住和服务等空间功能布局的紧凑、协调、和谐。而产业园区过去大多规模较大，用地粗放，居住、服务等功能不够完善，对附近的城市依赖性强。

5. 特色小镇与产业新城的关系

以固安工业园区为例。产业新城模式是以城乡一体、产城融合、生态宜居为一体的新型城镇化模式。产业发展和城市发展相结合，通过发展地方特色产业带动城市发展，然后城市的发展又促进产业化同时发展。这种模式主要是先形成以工业发展为主导的如工业园区、经济开发区等特定地域，这些特定区域在发展的过程中通过转型升级，形成以产业发展为主的融工作、生产、生活、休闲娱乐等于一体的城市功能进一步完善的新城。通过"以产兴城、以城带产"，进而实现"产城共融、城乡统筹、共同发展"。

特色小镇是新型精品镇，是按创新、协调、绿色、开放、共享发展理念，结合自身资源优势，找准产业定位，进行科学规划，挖掘产业特色、人文底蕴和生态禀赋，实行产城融合、服务配套、管理健全的发展模式。

特色小镇与产业新城共性分析　　　　　　　　　　　　　　表 1.1-3

共性	分析
运行机制相同	按照现有的模式及政策导向，产业新城和特色小镇大都按照"政府引导、企业主体、市场化运作"的原则。双方明确各自责任，项目公司作为投资及开发主体，主要负责设计、投资、建设、运营、维护一体化市场运作，充分发挥市场机制的主导作用；政府负责履行政府职能，负责宏观调控、制定规范标准、提供政策支持等职能工作。双方制订一定收益回报机制，收益共享，风险共担
政府政策支持	都有一系列政策出台鼓励其发展。优惠政策有税收政策、土地政策、收益政策、财政支持政策、金融支持政策等。这些优惠政策不仅涉及项目开发关联主体，入驻企业同样可以获得政策支持
交通便利	产业新城的产业结构复杂多样、配套完备，新城与中心城市之间要有便捷的连接渠道，新城的建设要充分考虑各种交通系统连接城市的合理性和便捷性。而具备旅游功能的特色小镇虽然稍远离城市中心地段，但是因为叠加了旅游功能要发展成为景区，道路交通等基础设施也都服从于合理性和便捷性

1.2　特色小镇发展现状分析

1.2.1　发达国家小镇发展及城市化率

各个国家特色小镇的建设与国家城市化进程的推进发展有密切的关系，一般呈现为城市化发展到一定阶段，然后开始对具有地方特色的小镇建设的关注。对以英国、美国、韩国和日本为代表的几个国家城市化进程及小城镇建设发展的阶段分析显示：以英国和美国为代表的老牌发达国家的城市化进程发展较早，20 世纪已经实现了较大规模的城市化，城市化发展过程中促进特色小镇的建设发展；以日本和韩国为代表的亚洲发达国家的城市化进程发展较晚，但是截至目前也实现了 80% 以上的城市化进程，为各个国家具有代表性的特色小镇的建设提供支持。

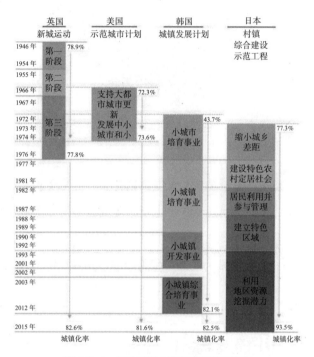

图 1.2-1　发达国家小镇发展及城市化率

1.2.2　国外知名小镇产业类型结构分析

对全球闻名的特色小镇进行区位分布与产业定位的分类分析：从区位分布来看，大城市依托型、网络节点型和孤点分布型占比分别为 22.4%、37.3% 和40.3%，主要依赖于核心城市、节点型城市及孤点城市的特色资源；从产业类型来看，产业型、产业＋旅游型和文旅型占比分别为 35.8%、19.4% 和 44.8%，由于国外特色小镇多为历史悠久且自发形成，人为因素及自然因素的影响较为均衡。

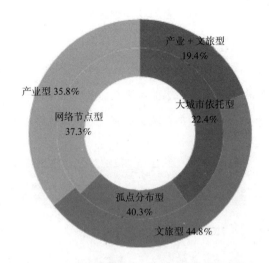

图 1.2-2　国外知名小镇的产业类型产比分析（单位：%）

　　按照区位和类型交叉分析来看，大城市依托型、网络节点型更依托于产业发展，孤点分布型多以文旅为特色资源。大城市依托型和网络节点型特色小镇，产业型均超半数，产业型及产业＋旅游型累计占比超过 60%；孤点分布型小镇文旅产业占比超过 75%。由此可见，区位、产业是国外知名小镇两大不可或缺的成功基因。

1.3　世界特色小镇发展特征分析

1.3.1　世界特色小镇总体特征分析

　　特色小镇的建设机制总体上遵循小镇的两大动力机制，即外推型和内生型。外推型指依靠某种外部力量推动建设而成的小镇，包括城市辐射、外资注入及引进科技推动。内生型则指依靠自身发展成长起来的小城镇。每个小镇具体的形成契机与发展路径都极具个性，存在一定的不确定性。这里通过对相关案例的梳理，归纳总结为以下几种主要路径。

世界特色小镇发展途径总结分析　　　　　　　　　　表 1.3-1

途径	具体分析
区位特色：空间选址以产业需求为首要因素	一般的小镇区位通常以环境优良、交通便利等宜居性为主要因素，而特色小镇多属于产业型小镇，其空间选址往往更遵循产业区位理论，是某一类产业市场配置的结果。因此，不同产业类型的特色小镇区位也不尽相同
产业特色：产业体系具有明显的主题性	特色小镇的"特"主要体现在产业特色上，一个小镇必然有一项与众不同的产业，产业链的主题性强，体现了小镇的"小而精"。虽然大多数特色小镇在形成初期是以工业生产制造为主，但随着经济的壮大，不论是产业链拓展还是小镇的功能都逐渐围绕主题产品而发展。小镇从业者大部分与主题产业相关，产业逐步从传统制造业向旅游业延伸，实现三个产业间的联动
功能特色：功能构成具有一定的综合性	与传统产业园区较为单一的生产功能不同，特色小镇的功能综合性强，不仅有企业生产办公功能，也有社区生活、旅游休憩等功能。不同产业类型的小镇，其主导功能会有所侧重，如生产制造类小镇通常以生产功能为主，文化创意类、康体旅游类小镇则旅游休憩功能比重较高。例如，从事糖果制造的好时小镇拥有 100 多年历史，从一家巧克力工厂开始，成为美国负有盛名的巧克力主题旅游城市。小镇的核心为 3 家现代化的巧克力工厂，同时配有百货公司、好时银行、好时饭店、俱乐部、教堂、学校等完善的社区功能。小镇的旅游功能也相当完善，拥有演示作坊、巧克力世界博物馆及好时乐园等现代化游乐设施。法国薇姿小镇（Vichy），是著名药妆品牌薇姿的起源地，是世界温泉疗养胜地和旅游度假胜地。小镇中心是一座温泉博物馆，法式药妆店、温泉疗养院随处可见

1.3.2　文旅特色小镇内涵及特征分析

1. 旅游小镇的内涵分析

旅游小镇即旅游特色小镇，是依托区位、自然资源、人文资源、特色产业、特色社区等优势发展旅游产业，并使之与其他相关产业、居住社区、其他旅游区（或风景区）发生交互关系的特定区域。

2. 旅游小镇的特征分析

旅游小镇的特征简析　　　　　　　　　　表 1.3-2

特性	分析
产业特征	旅游产业是小镇的核心产业、主导产业或最具潜力 / 特色产业，小镇或可同时兼有其他特色产业

特性	分析
功能特征	旅游功能是旅游小镇的必备功能，小镇或可兼有文化、人居、生产、商业、服务等其他功能，多功能融合共存
规模体量	根据产业规模而定，即规模不确定
形态特征	可以是小城镇、风景区、产业园、旅游区（景点）集合地，也可以是综合体及非行政建制小镇

1.3.3 金融特色小镇内涵及特征分析

1. 金融小镇的内涵分析

金融集聚是金融业发展的重要形态，金融小镇是我国在经济新常态下打破以各类金融中心为代表的传统金融业发展路径的新探索，可以为供给侧结构性改革和创新驱动发展提供有效的金融资本支撑。

2. 金融小镇的特征分析

金融小镇特征简析 表 1.3-3

特点	具体内容
小镇格局精而美	金融小镇对土地面积要求不高，一般占地 1-3 平方公里，但设计精巧美观，低密度建筑打造了科学合理的空间布局，自然、生态、文化、娱乐、休闲等多种元素呈现不断融合的状态
小镇功能复合性	金融小镇强调生产、生活、生态协调发展，宜居、宜业、宜游同步推进，其不仅是功能单一的办公地点，更是人产镇相互协调发展的综合体

1.3.4 工业小镇的内涵及特征分析

1. 工业小镇的内涵分析

工业特色小镇建设的根本是按照产业发展和空间布局协调统一的原则，集聚和激活创新资源，推动小镇特色产业差异化发展，打造区域"创业创新"的新的生态系统，有力促进区域工业转型升级。

2. 工业小镇的特征分析

工业小镇的特征简析   表 1.3-4

特性	分析
产业特征	工业是小镇的核心产业、主导产业或最具潜力 / 特色产业，小镇或可同时兼有其他特色产业
功能特征	生产功能是工业小镇的必备功能，或可兼有文化、人居、旅游、商业、服务等其他功能，多功能融合共存
规模体量	工业小镇因为要具备生产功能，所以一般在规模体量上较大
形态特征	可以是小城镇、产业园集合地，也可以是综合体及非行政建制小镇

1.3.5 体育小镇的内涵及特征分析

1. 体育小镇的内涵分析

体育小镇在充分挖掘冰雪、森林、湖泊、江河、湿地、山地、草原、沙漠、滨海等独特的自然资源和传统体育人文资源基础上，通过出台冰雪运动、山地户外运动、水上运动、航空运动等产业发展规划，打造冰雪运动、山地运动、户外休闲运动、水上运动、汽摩运动、航空运动、武术运动等各具特色的体育产业集聚区和产业带，将体育产业开发和新型城镇化建设相互融合。

2. 体育小镇的特征分析

目前，已经规划的体育小镇主要具备以下几大特征：

体育小镇的特征简析   表 1.3-5

特征	内容
区别于传统城镇	特色体育小镇并不是一个行政意义上的城镇，而是一个城市内部或周边的，在空间上相对独立发展的，具有特色体育产业导向、景观旅游和居住生活等功能的项目集合体
具备独特的自然资源和传统体育人文资源	区域内具备冰雪、森林、湖泊、江河、湿地、山地、草原、沙漠、滨海等独特的自然资源和相关体育人文资源
具有产业集聚效应	体育小镇围绕一种或多种体育产业，形成独具特色的体育产业集聚区和产业带

1.4 世界特色小镇建设途径分析

西方发达国家的小城镇建设是与工业化、城镇化相伴随发展的，大体经历了快速发展、缓慢发展、复兴发展及功能提升四个阶段。目前，西方国家的小城镇基本处于功能提升阶段，并形成了众多独具特色的小镇，其特征如下。

世界特色小镇发展途径总结分析　　　　　　　　　　　　表 1.4-1

途径	具体分析
政府支持发展	以政府为主导方，引导特色小镇的建设，最典型的例子是英国在"二战"结束后发起的"新城运动"。英国政府分别于 1946 年、1965 年和 1981 年颁布了《新城法案》（New Towns Act），主要目的是通过对小城镇的开发建设，疏解大城市过剩的人口、环境压力
优秀人士返乡创业	这类特色小镇的成功在于具有企业家精神的本地优秀之人返乡创业，建设家乡的行为。有些是企业壮大后，企业家为小镇建设基础设施及公共设施，以企业集团支撑小镇经济发展与社会服务，即公司镇模式。如好时小镇的创始人米尔顿·好时（Milton Hershey）先生，先后在兰开斯特（Lancaster）、费城（Philadelphia）从事过焦糖生意，1900 年决定在家乡德利郡买下一个农场，创办巧克力工厂，并为小镇建设相关配套设施，并于 1906 年将其命名为 Hershey（好时镇）。有些则是通过带动众人创业建设家乡。如海伊旧书小镇（Hay）的创办人理查德·布斯（Richard Booth）先生，牛津大学毕业后回乡率先开起二手书店，并对随他开设的各家书店严格制定经营特色，避免同质化竞争。在布斯先生的带领下，小镇陆续出现近 40 家旧书店，成为全球最大的二手书市场，形成以旧书为主题的特色小镇
家族 / 传统的延续	一些特色小镇因家族秘密工艺、地域传统特色的传承与发扬而形成，技艺与传统的独创性奠定了小镇在全球产业链的中心地位。如瓦滕斯水晶小镇（Wattens）的发展在于施华洛世奇家族（Swarovski）。施华洛世奇企业至今仍保持着家族经营方式，并把水晶制作工艺作为商业秘密代代相传。格拉斯香水小镇（Grasse），其香水产业的发展离不开传统手工业的延续与改良
名人 / 文化促进	名人 / 文化催生型特色小镇与当地名人、地域文化密切相关，是历史建筑、地域信仰、生活方式、传统工艺、文化名人等各种有形、无形的文化资源催生的结果，小镇的旅游业往往较为发达。例如法国普罗旺斯地区（Provence），正是英国作家彼得·梅尔（Peter Mayle）的《山居岁月》一书将其推向了巅峰

美洲小镇案例及发展分析／第 2 章

2.1　文旅小镇案例及发展分析

2.1.1　美国纳帕谷"农业＋文旅"小镇案例分析

1. 基本信息

纳帕谷"农业＋文旅"小镇，从19世纪中期开始，以传统葡萄种植业和酿酒业为发展基础，如今已成为一个以葡萄酒文化、庄园文化闻名的世界特色小镇，形成了包含品酒、餐饮、养生、运动、婚礼、会议、购物及各类娱乐设施的综合性乡村休闲文旅小镇集群。该区以丰富的农业文化促进文旅小镇的发展。

2. 地理位置

纳帕谷位于美国加利福尼亚州旧金山以北80公里，是美国第一个世界级的葡萄酒产地。它由8个小镇组成，是一块35英里长、5英里宽的狭长区域，风景优美，气候宜人。

3. 发展历程

第一阶段：粗放生产

从1838年开垦出第一个葡萄种植园起，纳帕谷的葡萄酒产业至今已有接近180年的历史。

纳帕谷位于丘陵地带，拥有温润的地中海气候和多样化的土壤，从19世纪中期到20世纪初，当地商人和居民充分依托这些自然优势，开垦葡萄种植园，开办酿酒厂，农业种植和酿酒加工成为这一时期纳帕谷的主导产业，形成了一定的规模，但是产业类型较为单一，发展相对粗放无序，小镇各自为政，发展同质化。可以看出，纳帕谷各镇的发展基础和我国大部分单一农业的小镇是比较类似的：优越的自然条件，自发的单一农业，粗放无序的发展。

从 20 世纪初开始，纳帕谷自发繁荣发展的农业经济先后遭受了根瘤蚜虫侵袭、禁酒令、经济萧条、"二战"等困难和打击，部分酒厂倒闭，产业发展停滞甚至倒退。

第二阶段：品牌树立

"二战"胜利后的经济恢复期，纳帕谷的葡萄酒产业迎来了新一轮的发展机会。在这一阶段，龙头企业纷纷对酿酒工艺进行现代化改造，政府和企业对葡萄酒品质进行严格的维护，终于，在 1976 年的巴黎葡萄酒评鉴大会"盲品"中，纳帕谷的赤霞珠和霞多丽击败著名的法国波尔多名庄，双双获得首奖，从此纳帕谷红酒被一致公认为全球特级葡萄酒品牌。这一阶段的发展关键在于对品牌的保护和产品质量的保证：

◆ 纳帕酒商有意控制葡萄产量以保证产品质量。规定产区内每英亩的葡萄产量不能超过 4 吨，纳帕 60% 的酒庄年产量低于 5000 箱（1 箱 12 瓶），远低于周边葡萄酒产区。如今，纳帕谷的葡萄酒产量仅占整个加州葡萄酒产量的 4%，产值却占到了三分之一。

◆ 纳帕的品牌在当地企业的倡议下得到了国家立法的保护。为了防止纳帕谷的名字被那些不用纳帕葡萄酿造的酒商所滥用，2000 年，纳帕企业成功倡议美国国家立法规定，正式实施 AVA（美国葡萄酒产地制度），规定凡使用纳帕谷品牌的酒，具备的基本条件是所用葡萄必须产自纳帕谷。品牌的保护和彰显，使纳帕红酒身价倍增。

纳帕谷各镇这一阶段的发展依旧以种植和酿酒产业本身为主导，致力于发展精致农业，注重科技的应用、品牌的保护和产品附加值的提升，后期逐渐形成了包括葡萄种植、加工、品尝、销售、游览、会展等功能的葡萄酒全产业链，成为世界顶级葡萄酒原产地的葡萄酒小镇集合，为之后旅游业的兴起和第一、二、三产业融合打下了坚实基础。

第三阶段：产业融合

20 世纪 80 年代开始，纳帕谷的旅游业随着葡萄酒品牌的打响开始兴起，葡萄酒产业链逐步延伸，从最初的酒庄参观和观光旅游开始，到 2000 年以后复合型城镇功能逐渐完善配套，第一产业的葡萄酒种植和第二产业的酿酒构成"特色产业引擎"，各类第三产业构成"旅游吸引核"，二者共同成为纳帕谷吸引人口和消费的核心部分。

值得注意的是，纳帕谷的八个小镇都有着各自独特的发展定位，形成了各有侧重点的差异化发展，它们的发展路径和我国"一号文件"中提到的"打造'一村一品'升级版，发展各具特色的专业村"的要求异曲同工。

4. 发展现状

纳帕谷综合性乡村休闲文旅小镇集群每年接待国内外游客 500 万人次，仅旅游经济收益就达 6 亿美元，提供了 17000 多个工作机会，税收达到 2.21 亿美元。纳帕超过 95% 的酒庄是家族式管理，纯手工生产，拥有近 280 多家酿酒厂，并且数目还在持续增长。这里生产出美国品质最高的葡萄酒，是葡萄酒新世界的典型代表。

5. 运营模式分析

纳帕谷多样性微气候非常利于种植优良的酿酒葡萄，形成了葡萄种植业和酿酒业等特色引擎产业，在此基础上采取政企合作方式成立旅游业提升区、成立非营利组织进行统一管理，并通过 PPP 模式进行项目融资、招商引资及旅游宣传推广等，打造包括品酒、餐饮、养生、运动、婚礼、会议、购物及各类娱乐设施在内的"葡萄酒＋"旅游吸引核，形成综合性乡村休闲文旅小镇集群，2017 年接待国内外游客超过 350 万，为当地政府带来税收超 8000 万美元。

6. 发展优势分析

◆ 自然资源优势

纳帕谷风景优美、自然淳朴，具备适合葡萄种植的优越的自然资源，现在已经成为一个以葡萄酒酒文化、庄园文化而负有盛名的旅游胜地，包含了品酒、餐厅、

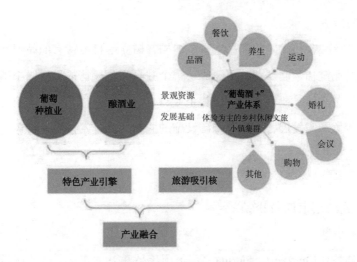

图 2.1-1   纳帕谷"农业 + 文旅"小镇运营模式分析

SPA、婚礼、会议、购物及各种娱乐设施的综合性度假区。

◆ 产学研结合优势

纳帕的葡萄酒生产本身注重科技应用和产学研合作。农业技术全美排名第一的加州大学戴维斯分校刚好位于纳帕谷附近,众多龙头企业充分利用了这一资源,与该校展开了长期合作,在葡萄种植和酿酒方面得到了前沿科学技术的助力,纳帕谷也成为该校毕业生重要的实践地点和就职场所。

◆ 品牌认证优势

纳帕的品牌在当地企业的倡议下得到了国家立法的保护,正式实施 AVA(美国葡萄酒产地制度)。

◆ 产业融合发展优势

20 世纪 80 年代开始,纳帕谷的旅游业随着葡萄酒品牌的打响开始兴起,葡萄酒产业链逐步延伸,从最初的酒庄参观和观光旅游开始,到 2000 年以后复合型城镇功能的逐渐完善配套,第一产业的葡萄酒种植和第二产业的酿酒构成"特色产业引擎",各类第三产业构成"旅游吸引核",二者共同成为纳帕谷吸引人口和消费的核心部分。

7. 经验借鉴

依托产业融合和优质的产品质量，纳帕谷树立起自己特有的品牌，不仅建成了一个全产业链葡萄酒产业，更建成了一个独具文化风情的世界级小镇。打造一个成功的特色小镇，要将当地的优势企业与自身资源相结合，深入挖掘地域传统文化并进行传承与发展，在完善基础设施的同时，充分发挥当地特色，发挥产业的集聚效应和叠加效应。

2.1.2 美国基韦斯特小镇

1. 基本信息

基韦斯特（Key West，Florida）在美国佛罗里达群岛西南端的小珊瑚岛上。1822 年初建，1828 年设市，是连接佛罗里达群岛各岛的越海公路终点。经济以旅游业和渔业为主。

小镇代表性的工业有雪茄烟制造、鱼品和食品加工工业，是美国在墨西哥湾的重要海军基地和海军航空维修站。著名画家温斯洛·霍默曾在此作画。位于这里的海明威故居已辟为博物馆。

2. 地理位置

基韦斯特是美国佛罗里达群岛最南端的一个城市，位于墨西哥湾东口佛罗里达群岛西南端的基韦斯特岛上，地处佛罗里达海峡西口北侧，属佛罗里达州门罗县管辖，同时也是门罗县县治。东北距迈阿密约 207 公里，西南距古巴哈瓦那约 170 公里，战略地位重要。基韦斯特是美国 1 号公路的南端，是美国本土最南的城市。

3. 发展历程

早期西班牙水手在此发现人骨，故称"骨岛"。

1922 年美国从西班牙人处购得此岛，随后佛罗里达、古巴、巴哈马等地移民到此定居，逐渐发展为城镇。第一次世界大战前后，在此建成海军航空兵基地和潜艇基地。第二次世界大战初期，基地一度关闭，1942 年重新启用。1962 年"加勒比危机"中，基地的舰艇和飞机参与了侦察和封锁活动。1982 年美国政府决定在此兴建新的母港。近年来，随着小镇自然资源优势的不断凸显，旅游项目得以发展。

4. 发展现状

基韦斯特小镇已经成为美国代表性的旅游目的地，以海明威故居博物馆、西礁岛、最南端、马洛利广场和杜鲁门小白宫等旅游景点为主要代表。除此之外，基韦斯特小镇还有一个著名的旅游景点——跨海长桥，这一段跨海铁路长达 204 公里，完全靠一长串小岛连接起来。在这座长桥上可以欣赏到基韦斯特的日落。

<table>
<tr><td colspan="2">基韦斯特小镇旅游项目</td><td>表 2.1-1</td></tr>
</table>

旅游项目	具体分析
海明威故居博物馆	位于美国佛罗里达的西礁岛上，海明威在这里只住了 10 年，但这 10 年是海明威写作的鼎盛期，很多重要的作品也都是在这里创作的。 故居目前还保留着海明威居住时的样子，包括随处可见的书籍和杂志，随时准备接待朋友的起居室。踏进庭院，满眼是绿树繁花，静谧而安详。不长的甬道尽头，掩映在树盖和花影中的是一座西班牙风格的二层小楼，柠檬黄的墙壁，草绿色的窗棂和墨蓝色的屋顶，给人一种深邃与悠远的感觉
西礁岛	西礁岛又称基韦斯特，是美国佛罗里达群岛最南的一个岛屿和城市。西礁岛有天涯海岛之称，属于美国佛罗里达礁岛群 1700 个小岛中的一个，地处美国最东南端。 一条宏伟的"跨海大桥"——1 号公路把西礁岛与美国大陆连接起来，被称为"世界第八大奇观"。西礁岛最初以艺术家的静修处而闻名。事实上，第一个将西礁岛搬上地图的人就是欧内斯特·海明威。海明威故居是岛上最吸引游客的景点
最南端	美国的最南端，这里立有一个大石墩，上面清晰标着阿拉伯数字 90，意思是说与古巴仅隔 90 英里。海军的雷达站建于附近。海面上是交通要道，各种船只往返于此
马洛利广场	马洛利广场，俗称"日落广场"，能看到迷人的日落风景，除了不少吃的东西和小商品作坊外，还能看到艺人的表演
杜鲁门小白宫	除了绵白的海滩、碧绿的海水和温和的加勒比海风，基韦斯特还有一道独特的人文景观：美国前总统杜鲁门曾经在此休养的小白宫。它建于 1890 年，当时用作海军官员的宿舍。1946 年，杜鲁门总统开始在这里办公和休息，之后的美国历任总统纷纷仿效。今天，"小白宫"的官方功能已不复存在，它仅仅是旅游和私人派对的理想场所。不过，这里依旧保持着杜鲁门总统留下的一些痕迹

5. 运营模式分析

基韦斯特作为美国本土最南端的城市，拥有独特且美丽的海岛风貌。小镇传统主要从事雪茄烟制造、鱼品和食品加工工业。近年来随着旅游业的不断发展，且凭借海明威故居博物馆对文化追求者的吸引力，旅游业快速发展，现阶段基韦斯特旅游小镇主要采取"传统制造业＋观光游览"相结合的复杂运营模式。基韦斯特小镇的发展以其优越的自然资源为依托，以悠久的历史文化为促进，共同推动旅游特色小镇的建设。

6. 发展优势分析

◆优势的自然资源

基韦斯特小镇独特且壮观的自然旅游资源每年吸引了大量的游客，使得旅游及其相关的营业收入成了小镇的主要收入来源。

◆悠久的历史文化

海明威是美国最著名的作家之一，他的许多作品都完成于基韦斯特小城。海明威文学作品的影响力使得其故居成为基韦斯特旅游小镇建设发展的重要景点。

2.1.3　加拿大圣安德鲁斯小镇

1. 基本信息

圣安德鲁斯（St. Andrews）是位于加拿大新不伦瑞克省（New Brunswick）的一个小镇，是最古老的海滨城市之一，不但拥有珍贵的历史建筑，还有美丽的海岸线和海洋风光，这为小镇旅游业的发展奠定了基础。小镇人口不到 2000 人，共有 550 多座建筑，而超过一半的建筑是在 1880 年之前建成的，小镇的景色更是风景如画。

2. 地理位置

圣安德鲁斯坐落于加拿大新不伦瑞克省的夏洛特县，建立于 1783 年，名字源于苏格兰的圣安德鲁斯，是一座独一无二且散发着无限魅力的城镇。

3. 发展历程

圣安德鲁斯是加拿大著名的旅游小镇，截至目前仍保存完好，很多历史建筑可以追溯至 18 世纪，包括知名的网格街道，此外还有众多 19 世纪的商业建筑。游客可参观的景点包括阿尔冈昆酒店、罗丝纪念馆、圣安德鲁斯生物站、亨茨曼海事博物馆、亨茨曼水族馆和科学中心、圣安德鲁斯碉堡、农贸市场、金斯伯尔花园、森伯里海岸艺术和自然中心等。

4. 发展现状

小镇拥有自然资源旅游参观项目和人文资源旅游观光项目。圣安德鲁斯是观鲸的理想之地，每年的 5 月至 10 月是观鲸的最理想时间，在这里可以观赏到座头鲸、长须鲸和小须鲸，也可观赏到海豹。

圣安德鲁斯小镇旅游景点 表 2.1-2

景点名称	具体介绍
博物馆	小镇与众不同的地方在于艺术气息和教育资源，每年夏天都吸引着艺术家和企业家到访。Ross Memorial Museum 博物馆致力保护小镇的历史和艺术品，更拥有 19 世纪的文物
圣安德鲁斯碉堡	这所碉堡是 1812 年战争期间所建立的 12 座海岸防御碉堡中唯一幸存下来的，更是加拿大 70 个历史遗址景点之一
Sheriff Andrews House	保持了 1820 年新古典主义的建筑风格，其博物馆中收集了来自各地的收藏品
Ministers Island	Ministers Island 距离圣安德鲁斯只有 6 公里，由铁路修建者 William Van Horne 在 1890 年买下，他在岛上建造了一间大谷仓以及 50 个房间的房子，还有温室和风车
码头	码头至今仍被船夫和观鲸者使用，码头上有繁忙的市集
Indian Point	这是圣安德鲁斯小镇，也是半岛的尽头，既能欣赏到 Passamaquoddy Bay 海湾和 Fundy Isles 群岛的风光，也能观赏潮汐
金斯伯尔花园、咖啡与礼品店	获得国家和省级园艺杰作称号，被誉为加拿大的十大公共花园，拥有超过 5 万种植物

5. 运营模式分析

圣安德鲁斯是加拿大一个有代表性的历史名镇。除去历史文化特征，小镇具有代表性的博物馆、码头等都为小镇旅游业的发展提供了支持。因此，现阶段小镇以"观光旅游＋休闲旅游"的模式运营。

6. 发展优势分析

◆优势的自然资源

圣安德鲁斯不但拥有珍贵的历史建筑，还有美丽的海岸线和海洋风光。近年来，小镇积极发挥自身的自然资源优势开拓旅游业，也促进了小镇旅游业的发展。

◆悠久的历史文化

圣安德鲁斯是最古老的海滨城市之一，其名字也来源于英格兰的圣安德鲁斯，且小镇内的建筑一半以上都是 1880 年以前，悠久的历史文化特征吸引了大量的游客。

2.1.4　美国格罗夫小镇

1. 基本信息

美国小城镇的兴起，是伴随着人口和产业向小城镇的聚集而发生的。自 20 世纪 40 年代起，美国的城市化进入了第三阶段，即人口向城市集中的过程仍在继续，但速度放慢，乡村人口主要流向中小城镇，甚至出现大城市人口向郊区小城镇迁移的郊区化或逆城市化趋势。

20 世纪 60 年代，美国政府实行了"示范城市"的试验计划，开始对大城市中心区进行再开发，试验计划旨在分流大城市人口，加快发展小城镇。到了 70 年代，美国 10 万人以下的城镇人口从 7700 多万增长到 9600 万，增长了 25%。据统计，整个 70 年代，美国 50 个大城市的人口下降了 4%，而这些大城市周围的小城镇的人口则增加了 11%。

目前，美国城市中 10 万人以下的小城镇约占城市总数的 90% 以上，小镇的商业化发展与市场化运作催生了一大批成功的小镇项目，这些项目为人们来到小镇就业、居住、购物、投资、享受田园生活提供了第一目的地。小城镇产业的扩张和企业数量的增加，也带动了小城镇经济的快速发展。格罗夫小镇就是在美国城市化进程中催生的一个代表性的购物中心小镇。

格罗夫小镇（The Grove）是美国近年开发的具有典型意义的购物中心，位于洛杉矶郊区，占地面积 6.8 万平方米，被誉为零售界的"迪士尼乐园"。

　　2. 地理位置

　　格罗夫小镇位于洛杉矶郊区。洛杉矶是美国的第二大城市，仅次于纽约，是一座具有巨大影响力的国际化大都市，每年的游客量达到 5000 万人次。格罗夫小镇现已成为国内外游客来洛杉矶观光必去的旅游点之一，此外其客源也来自周边 5-10 公里范围内街区居民。

　　3. 发展历程

　　格罗夫小镇是美国近年开发的具有典型生活方式意义的购物中心。因为格罗夫小镇位于费尔法克斯区，属于好莱坞商圈，是洛杉矶城人口密度最大、最富有的街区之一，旁边有世界闻名的农夫市场，因此有企业规划在此建立一个区域性的购物中心。规划之初有不少开发商竞标，但这些方案都遭到周边街区居民的反对。后来，卡鲁索公司提供了一个更合理的方案。项目初期，卡鲁索和他的团队与附近街区居民开会讨论，把街区居民关注的问题纳入设计方案，包括项目的规模、招商店铺的类型、人流量，尽量减少对附近街区的影响，在前期规划中做了很多修改。最终方案确认项目面积大约是之前规划的一半；承诺保留农夫市场和具有早期加州风格的大庄园 Gilmore Adobe；以人的舒适体验为核心，展现多样化业态包括餐厅、娱乐设施和书店；沿袭农夫市场露天广场的风格。此方案得到了当地规划委员会和市议会的一致同意，卡鲁索从农夫市场业主 Gilmore 家族手里拿到了长期土地租赁权，格鲁夫小镇得以发展。

　　4. 发展现状

　　格罗夫小镇是美国近年开发的具有典型意义的商业街区，并以杰出的设计形式获得了第二十七届国际购物中心协会设计与开发奖。虽然在运营初期遭受了很多批评，但是经过一系列的协调和规划促进，格鲁夫小镇开业以来成绩斐然。

　　据统计，格罗夫小镇每平方英尺（约 0.09 平方米）平均销售额高达 2200 美元，位列全美最赚钱的购物中心排行榜第二位，实现了将近 90% 的购买转换率，而全美平均转换率是 50%；年客群量达到 2200 万人次，一度超越了橙郡的迪士尼乐园。

在全球实体零售业业绩不断滑坡的今天，格罗夫小镇租赁签约的零售商名单却需要排队等待，可见格罗夫小镇现阶段商业购物发展的火爆。

5. 运营模式分析

格罗夫小镇是美国较为成功的人造购物中心小镇的代表，其运营模式以购物为吸引力，促进小镇商业贸易及旅游业的发展，采取"购物＋休闲旅游"的运营模式促进小镇的发展。随着小镇购物中心影响力的不断增强，小镇的收入来源主要包含商家的租金收入、当地税收收入、商品贸易收入和旅游相关业务的收入，旅游业带动了小镇贸易的进一步发展。

6. 发展优势分析

◆ 规划布局优势

格罗夫小镇从市场需求出发，完美地将高端零售业态与温馨的客群体验联结在一起。白天，在 AL FRESO CAFE 消磨时间，或者去品牌商店购物闲逛；夜晚，在小镇里住下来，享受最新电影大片的刺激与精彩，这就是格罗夫小镇为游客提供的旅游度假、购物休闲的小镇生活。

◆ 地理位置优势

格罗夫小镇在区位上有着得天独厚的优势，离洛杉矶城市距离不远。

◆ 多业态的运营模式

格罗夫小镇以影剧院＋高端百货为两大主力店，其他以品牌旗舰店＋休闲餐饮双分天下，为消费者提供视觉、味觉、听觉、嗅觉、触觉五重体验。虽然只有50 家左右的零售商，但品牌的选择性很强（苹果，Barneys NY，Crate& Barrel，Dylan's Candy Bar 和一家电影院）。品牌旗舰店除了 Apple 以外，其他多为面向青年的中高端时尚连锁品牌店，例如 A&F、GAP。除此之外，还有 Nordstrom 科技企业和古典式布局的影院。除此之外还有占地 3530 平方米的 Barnes&Noble 连锁书店。不同于其他建筑，Barns&Noble 书店共有 3 层，书店经常会有一些知名作家的签售会；书店离电影院不远，给人们提供了一个等待电影开场的好去处。

小镇餐厅的选择也和大部分的购物中心不同，这里不是露天美食广场，也没有低价连锁店，取而代之的是和小镇定位相符的中高端餐厅，这些店一般不开在购物中心。大部分餐厅都提供露天座位，有一些可以在二楼的阳台上用餐，使小镇更为生动而有趣。多业态的运营模式促进了格鲁夫购物中心小镇的繁荣。

2.1.5　美国卡梅尔小镇

1. 基本信息

卡梅尔小镇（Carmel）是美国蒙特利半岛一个精致的海滨文艺小镇。

卡梅尔是一处世外桃源般的地方，许多风格独特的艺术家和作家住在这个依山面海、充满波西米亚风情的小城市中，奇特的建筑物和景色美得如童话一般。这里的居民们极力抗拒现代化，市内禁止张贴广告、装霓虹灯或停车咪表和盖快餐店，原始的风情带给人朴实、祥和与温馨。

风光明媚的蒙特利半岛被称为世界上陆地、海洋、蓝天的集大成者，并被公认为理想的度假胜地，而卡梅尔则是其中的精华。碧海蓝天，鲜花礁石，随处可见的松鼠、海鸟和海豹，悬崖峭壁，古老的的松柏，构成了十七英里迷人的画卷。沿小镇的主街海洋大道向西走到尽头，就是"十七里"海滨拥有的独一无二的大沙滩卡梅尔海滩。这里被称作是"承载着美好梦想的乌托邦小城"。

2. 地理位置

卡梅尔小镇位于美国西岸著名旅游观光景点——十七里路（17 Mile）南方约二里处，距离旧金山市大约两个小时车程。

3. 发展历程

卡梅尔建镇于 20 世纪初期，历史虽还不到百年，但是在美国西岸却是众所皆知，是一座人文荟萃、艺术家聚集，充满波西米亚风情的小城镇。卡梅尔的早期居民 90% 是专业艺术家，其中著名作家兼演员 Perry Newberry 和著名演员兼导演 Clint Eastwood 都先后出任过卡梅尔的市长，在推动小镇建设发展的同时，也为小镇增添了较大的知名度。

4. 发展现状

这里被称为小资的天堂。大批作家、艺术家在此定居，很多游客都有数次造访卡梅尔的经历，只为在这座花园小镇寻觅一段浪漫静谧的自由时光。

随着各国人们旅游热情的提升，卡梅尔也作为美国具有代表性的旅游小镇，每年吸引了大量的游客。

5. 运营模式分析

卡梅尔旅游小镇影响力的提升及旅游业的不断发展和促进主要是基于其优美的自然风光和当地居民令人向往的生活节奏与生活状态。除此之外，小镇依托其地理位置优势逐渐发展出以旅游业为促进的小镇运营模式，在带动旅游业发展的过程中，促进其他旅游相关产业的发展。

6. 发展优势分析

自然风光优势、居民的生活环境及生活状态等都是现阶段小镇旅游业发展的优势，小镇居民优先、简单及慢节奏的生活状态成为人们向往的生活模式。小镇的自然景观和具有规律的建筑风情是吸引游客来小镇参观的主要动力。

海洋大道是卡梅尔镇东西方向的主街。以此为坐标，一条条横平竖直的街道以多个"井"字布局，规划齐整。一家家或古老原始，或精致可爱，或新潮小资，或奢侈浮华的店面，鳞次栉比地沿街排列。这个小镇从骨子里散发出的恬淡从容、自由洒脱，再加上伴随着艺术气息流露的一点点颓废与乌托邦，正是卡梅尔这座文艺伊甸园勾人魂魄、魅力无穷之所在。

2.1.6 美国加特林堡小镇

1. 基本信息

加特林堡小镇（Gatlinburg）为美国田纳西州知名的度假小镇，紧靠大烟山国家公园，是大烟山脚下的小镇。镇中心的旅游大街上商店林立，餐厅、酒吧、工艺美术、纪念品店此邻彼接。一系列旅游配套景观的建设将这个4000人左右的小镇打扮得别有一番意境，因此每年都会吸引大量的游客来此旅游观光。

2. 地理位置

加特林堡小镇是田纳西州知名的度假小镇,其小镇旅游经济的发展一定程度上受著名的大烟山国家公园的拉动。小镇位于大烟山国家公园的正北处,两者之间的距离不超过 20 公里,可以有效承接来大烟山国家公园游玩的游客。

3. 发展历程

加特林堡是大烟山脚下的小镇,原来是这里的土著切罗基人狩猎通道的出口。后来,随着附近大烟山公园的建立和影响力的不断提升,加特林堡作为大烟山国家公园附近的小镇逐渐发展成为旅游城市。

4. 发展现状

大烟山是美国所有国家公园里面每年参观人数最多的公园,而且不收门票。其主要吸引力来自于秀丽的风景,包括阿帕拉契亚山脉,不计其数的溪流、峡谷和瀑布,美国东部(密西西比河以东)第三高的山顶(克林曼山,海拔 2025 米)以及美国所有国家公园里数量最多的黑熊。公园占地面积 2114 平方公里,号称有1500 多只黑熊,为小镇增添了一丝惊险的吸引力。

5. 运营模式分析

加特林堡小镇依托其地理位置优势逐渐发展旅游业,其旅游方向的确立主要是受周围的大烟山国家公园的发展和吸引。经过一段时间的发展以及对旅游业重视程度的提升,小镇基本上确立了"旅游业 + 传统产业"一体化的发展运营模式。

6. 发展优势分析

小镇具有明显的地理位置优势,首先依托大烟山国家公园的旅游资源,推动小镇相关旅游产业的发展,形成了与大烟山国家公园配套的发展模式。在此基础上,小镇积极规划期旅游项目,以规划促进旅游小镇的建设和发展。

2.1.7　美国拉古纳海滩小镇

1. 基本信息

拉古纳海滩(Laguna Beach)是南加州首屈一指的海岸观光胜地。这里气候宜人（气温终年在 15~27℃），一年四季都为艺术爱好者、自然崇尚者、历史研究者和沙滩游客提供最佳的度假体验。

拉古纳海滩的旅游运动包含水上运动和艺术体验，其中水上运动包括划独木舟、冲浪、水肺潜水、浮潜或探索布满丰富海洋生物的世界级潮汐泳池等。艺术爱好者可以在这里尽情探索 100 多家画廊、艺术家工作室以及拉古纳美术馆、拉古纳剧场等。

2. 地理位置

拉古纳海滩坐落于洛杉矶和圣地亚哥中间，周边还有公园、世界之巅等旅游胜地。

3. 发展历程

拉古娜海滩由于独特的地理优势和美丽的自然风光，历来就是艺术的聚居地，这里的同性恋社区由来已久，是橙县一流的 LGBT 友好城市。受其历史文化和美丽的自然风光的影响，来此游泳冲浪和参加海上运动的居民不断增加，同时受由来已久的艺术文化的影响，每年都会有大量的游客来此参观，这促进了小镇旅游业的发展。

4. 发展现状

宜人的气候、美丽的海景和具有历史底蕴的文化气息，促进了小镇旅游业的发展。小镇每年都会吸引大量的艺术爱好者、自然崇尚者、历史研究者和沙滩游客前来，在影响力与日俱增的发展状态下，游客还在逐年增加。

5. 运营模式分析

拉古纳海滩小镇以其优美的自然资源和艺术文化底蕴及对文化的包容性得以快速发展，现阶段小镇主要采用"艺术吸引＋旅游体验"的运营模式推动旅游业的发展，小镇的收入主要为旅游体验项目相关的运营收入。

6. 发展优势分析

◆ 自然景观优势

凭借自然景观优势每年会吸引大量的游客来此参观。

◆ 艺术氛围优势

拉古纳海滩小镇历来是一个包容性很强的城市，小镇有史以来的艺术氛围是该区旅游项目发展的重要内核，每年世界各地会有大量的艺术爱好者来此观光游览。

2.1.8　美国欢庆小镇

1. 基本信息

欢庆小镇位于美国佛罗里达州奥兰多城的西南面。小镇占地面积 27.7 平方公里，居住着近万人口。

物业类型以低密度住宅为主，包括独栋、联排、公寓和花园洋房等，拥有完善的商业配套、医院、学校、儿童中心、艺术家公园，甚至建筑风格都保持了一致。

2. 地理位置

欢庆小镇位于佛罗里达州奥兰多城的西南面，距离奥兰多市中心 30 公里，距离奥兰多国际机场 20 公里，紧邻 4 号国际高速公路，同时小镇周边还有多条高速公路，与迪士斯乐园仅有一路之隔。

3. 发展历程

美国欢庆小镇的发展受到了奥兰多小镇的辐射影响，其积极推动旅游及相关配套业务的发展建设。

4. 发展现状

欢庆小镇经过一段时间的建设发展，已经成为与奥兰多配套发展的旅游小镇，由于两地的地理位置较近，其发展可以依托相似的自然景观优势并结合欢庆小镇独特的建设风格，现阶段欢庆小镇每年接待的游客数量均在不断增加。

5. 运营模式分析

欢庆小镇的运营模式主要是依托周边的奥兰多和迪士尼公园对游客的吸引力，结合当地的优势文化资源，以推动相关的旅游业和旅游相关产业的发展，在带动旅游业发展的过程中，促进其他旅游相关产业的发展。

6. 发展优势分析

◆ 地理位置优势

小镇具有明显的地理位置优势，便利的交通促进了小镇的迅速发展。

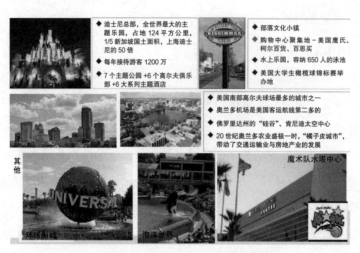

◆ 迪士尼总部，全世界最大的主题乐园，占地 124 平方公里，1/5 新加坡国土面积，上海迪士尼的 50 倍
◆ 每年接待游客 1200 万
◆ 7 个主题公园 +6 个高尔夫俱乐部 +6 大系列主题酒店

◆ 部落文化小镇
◆ 购物中心聚集地 - 美国鹰氏、柯尔百货、百思买
◆ 水上乐园，容纳 650 人的泳池
◆ 美国大学生橄榄球锦标赛举办地

◆ 美国南部高尔夫球场最多的城市之一
◆ 奥兰多机场是美国客运航线第二多的
◆ 佛罗里达州的"硅谷"、肯尼迪太空中心
◆ 20 世纪奥兰多农业盛极一时，"橘子皮城市"，带动了交通运输业与房地产业的发展

其他

环球影城 海洋世界 魔术队水塔中心

图 2.1-2 欢庆小镇附近代表性景区展示

作为奥兰多的毗邻小镇，其发展与奥兰多的旅游带动息息相关。小镇还位于 4 号洲际高速和居住组团之间，具有较为明显的地理位置优势。

◆ 旅游资源优势

小镇凭借优越的地理位置优势积极推动旅游业的发展，并积极布局规划旅游项目的建设。小镇规划建设水塔乐园，并配套相关的医疗、教育、购物和餐饮等辅助项目，形成了南北组团发展的旅游资源的建设。

2.1.9 加拿大尼亚加拉湖滨小镇

1. 基本信息

尼亚加拉湖滨小镇位于尼亚加拉河与安大略湖的汇合处，是加拿大重要的旅游风景区，曾被评为世界上的七大童话小镇之一。

2. 地理位置

尼亚加拉湖滨小镇距离尼亚加拉瀑布约 25 公里，距离加拿大的著名城市多伦多约 2 小时车程，处在较为发达的经济中心圈辐射范围内。

3. 发展历程

加拿大尼亚加拉湖滨小镇曾是印地安原住民居住的地方，他们是美国内战后迁徙来的。现在小镇上的人口也并不多。

1792–1797 年期间，小镇曾是"上加拿大"（安大略省的前身，位于五大湖北岸）的首府。至今，小镇选举的行政长官仍被称为"市长大人"，这在加拿大绝无仅有。

1996 年尼亚加拉湖滨小镇在加拿大全国城市美化比赛中获得"加拿大最美城镇"称号。从春天到秋天，小镇遍地繁花似锦，空气中弥漫着丝丝花香，令人陶醉不已。

4. 发展现状

小镇除自然风景观光外，还有 28 个著名的葡萄酒庄园分布在周围各处，每个酒庄都供应种类繁多的葡萄酒，从著名的获奖品类到顶级的加拿大冰酒应有尽有。除了酒庄文化、尼亚加拉大瀑布旅游项目外，威尔士亲王酒店（The Prince of Wales Hotel）也是小镇的标志性建筑之一。

5. 运营模式分析

1792 年尼亚加拉滨湖小镇曾为加拿大首都，但因与美国地理相邻，有较大的军事风险，后迁都至约克，也就是今天的多伦多。目前，尼亚加拉湖滨小镇的发展以其优越的自然资源为依托，以悠久的历史文化为促进，共同推进旅游特色小镇的建设。

6. 发展优势分析

◆ 优势的自然资源

加拿大尼亚加拉湖滨小镇由于优越的地理位置（毗邻世界著名的尼亚加拉大瀑布）、优美的自然环境吸引了大量的旅游观光游客。街区中坐落着维多利亚风格的老建筑、精致的专卖店、文艺的餐吧，环境十分优美，且人口较少，对人们观

以自然资源为依托　　　　以传统文化为促进　　　　发展旅游特色小镇

尼亚加拉市以优越的自然景色为　　该小镇具有悠久的历史文化，　　以自然资源为依托，以文化为
依托　　　　　　　　　　　融合美国和英国的发展特征　　　促进

图 2.1-3　尼亚加拉湖滨小镇运营模式分析

光旅游有一个较大的吸引力。

◆ 较好的区位优势

由于毗邻尼亚加拉市，如果有游客想要看大瀑布就必须要经过该湖滨小镇，因此可以形成与其联动的旅游项目周边游模式。

◆ 融合性的文化优势

小镇保留了许多开拓时代的建筑，19 世纪的人文风气和旧时代的小城风貌在这里得到了较好的保护，并且在战争期间曾经受美国和英国等国家文化的影响，形成了小镇独具一格的融合性特色。

2.1.10　加拿大格雷文斯赫小镇

1. 基本信息

格雷文斯赫小镇是加拿大安大略省东南部的一个城镇，人口超过 8000 人，为通往马斯科卡湖的门户，当地人称"马斯科卡湖的门户"。小镇位于马斯科卡湖和海鸥湖之间，宁静优美，是加拿大著名的别墅区之一。

格雷文斯赫特除了风景优美外，还是国际主义战士诺尔曼·白求恩的故乡。原本，格雷文斯赫特小镇是一个规模不大且默默无闻的普通小镇，很少有外来客的光顾，但是随着 20 世纪 70 年代，加拿大政府耗费巨资修了白求恩故居和白求恩纪念馆之后，前来小镇的游客骤然大增，当然大多数是来自中国的游客和已经定居加国的华裔。近些年加拿大政府为了让更多游客了解白求恩，再次出巨资翻新了纪念馆，由此吸引来自世界更多地区的游客，其中包括欧美研究中国抗战史的专家以及对白求恩有兴趣的加拿大、美国人和西班牙人（白求恩 1936 年曾在西班牙内战时赴西班牙服务过）。白求恩故居是一幢二层木屋，1890 年他就出生在这栋英式建筑中。目前，木屋内所有家具都按当年的样子陈设，以尽可能真实地展现白求恩家庭的生活习惯和喜好。工作人员甚至每天还把一盆冒热气的番茄酱放在桌上，仿佛 100 余年前的家庭生活仍在延续。而在故居一侧还特意创办了一个"白求恩纪念馆"，馆内陈列着发黄的历史照片，摆放着中文和西班牙文纪念品，播放的是由加拿大人制作的白求恩生平的录像。中国游客可以从另一侧面了解白求恩，一个有血有肉、优点和缺点同样突出的人物，而不仅仅是支援中国人民抗日的英雄。小镇入口处新建了一座仿效中国牌楼的白色方形大门，让无数到此参观的中国人倍感亲切。

2. 地理位置

格雷文斯赫小镇位于加拿大安大略省中部的马斯科卡区，南离多伦多市一百余公里，北去布雷斯布里奇镇 15 公里，属于加拿大安大略省东南部城镇。

3. 发展现状

现阶段，格雷文斯赫小镇的发展主要是以具有代表性的地理位置优势、自然风光优势为主，推动小镇特色旅游业的发展。代表性的历史性人物为小镇旅游业的发展提供了较为鲜明的吸引力。

4. 小镇运营模式分析

小镇优美的自然资源和人文资源，促进了旅游业的发展，推动了特色小镇的建设和发展。小镇的收入主要为小镇旅游项目相关的运营收入。

5. 小镇发展优势分析

◆ 自然景观优势

格雷文斯赫小镇在发展的过程中以其具有代表性的自然景观优势和地理位置优势逐渐成为越来越多人出行旅游的选择地。

2.1.11　加拿大斯特拉特福复古小镇

1. 基本信息

加拿大的斯特拉特福复古小镇（Stratford）被誉为多伦多最迷人的小镇之一，这里又称莎士比亚小镇，是个民风淳朴、与世无争的世外桃源。小镇上的建筑都维持着传统的英式风格。小镇上有许多历史悠久的建筑物，如圣詹姆士小教堂、Perth County 法院、小巧精致的莎士比亚花园等。

2. 地理位置

斯特拉特福复古小镇位于加拿大安大略湖的西北沿岸，位于世界著名的国际大都市多伦多附近。

3. 发展现状

经过一段时间的发展，小镇对多伦多的旅游资源具备一定的承接能力，但是总体而言其影响力局限于附近区域，在地区之外的影响力不足，旅游资源仍显不足。

4. 运营模式分析

得益于小镇具有的英国历史风情的建筑与优美的自然资源和人文资源，在多业态经营的发展形势下，小镇以旅游业的发展为主，从而带动相关产业的发展。

5. 发展优势分析

斯特拉特福复古小镇的发展优势在于其独特的英式建筑风格，使得人们能够在美洲感受到欧洲的建筑风格和建筑景象。除此之外，斯特拉特福复古小镇也以其较有竞争力的地理位置优势和自然风光优势，吸引了大量游客。斯特拉特福复古小镇现已成为多伦多城市中心旅游需求人群重要的旅游承接地。

2.1.12　加拿大圣玛丽斯小镇

1. 基本信息

加拿大的圣玛丽斯小镇周围遍布石灰岩，当地居民就地取材，修建了许多由石灰石砌成的建筑，所以又称"石头城"。小镇有许多 19 世纪的石灰石建筑，其中位于泰晤士河（Thames River）河畔、建成于 19 世纪 80 年代的 4 层歌剧院（Opera

House）最为著名。

2. 地理位置

圣玛丽斯小镇位于距多伦多以西大约 154 公里处，建成于 19 世纪 30 年代，然后在 40 年代迎来了第一批居民，随后经过不断发展而建成。

3. 发展现状

圣玛丽斯小镇已经改变了传统意义上的以水泥生产为主业的小镇发展模式，旅游业逐渐为小镇经济的转型发展提供了明确的方向。现阶段，圣玛丽斯小镇的发展以小镇内具有代表性的地理位置优势、自然风光优势和建筑优势为主，推动特色旅游业的发展。

4. 运营模式分析

加拿大圣玛丽斯小镇的发展主要得益于小镇石灰石资源的丰富和利用资源进行小镇规划建设的发展历程。除此之外，优美的自然资源和人文资源，也是促进小镇旅游业发展的重要因素。现阶段圣玛丽斯小镇形成了经济的转型发展，以旅游业 +传统产业的发展模式，带动相关产业的发展，同时促进小镇经济水平不断提升。

5. 发展优势分析

石灰石矿产资源是加拿大圣玛丽斯小镇发展初期的绝对资源优势，在此优势的基础上，小镇形成了依托石灰石进行建筑建设的发展特色，独具特色的建筑风格为小镇旅游业的发展提供了较大的吸引游客的优势，从而为其特色旅游小镇地位的建立提供了支持。

2.1.13　加拿大奥里里亚小镇

1. 基本信息

奥里里亚市（Orillia）是加拿大美丽的湖滨城市之一，距离多伦多约 130 公里，风景十分秀丽。

小镇不但有湖水、沙滩等自然风光，还有很多一百多年前的古典建筑，其中以歌剧院 Orillia Opera House Theatre 比较有代表性。

奥里里亚市是一个以旅游和艺术为核心的小城市，周边有多个滑雪场和著名的赌场，加上完善的游艇码头和多个开放式的公园，组合成了这个魅力四射的度假之城。

2. 地理位置

奥里里亚市作为加拿大国家美丽的湖滨城市之一，距离加拿大最大的城市、安大略省的省会，也是加拿大的政治、经济、文化和交通中心，世界著名的国际大都市——多伦多约130公里。

3. 发展现状

奥里里亚凭借其独特的地理位置优势和丰富的自然资源优势，每年会吸引大量游客来此参观。但是小镇政府也充分认识到应结合小镇的发展特征和资源优势进行规划性的建设。在市府层面，已经有了成形的开发建设计划，这对于投资者和开发商来说是一个非常好的契机。小镇的规划建设也为其旅游小镇的发展提供了更多、更有效的保障。

4. 运营模式分析

奥里里亚小镇依托其优美的自然资源和独具特色的地理位置资源，确定了"旅游＋"的发展运营模式，以有效承接市中心的旅游需求。除此之外，小镇位于Simcoe湖和Couchiching湖连接处，具有"阳光之城"的称号，这也为奥里里亚旅游小镇的创建和发展提供了支撑。现阶段，小镇已经基本确立了以旅游业发展为促进，其他相关产业配套发展的运营模式。

5. 发展优势分析

奥里里亚小镇作为加拿大国家较为有代表性的以旅游为发展促进的小镇，经过一段时间的沉淀和积累，已经形成了较有竞争力的发展状态。回顾小镇的发展历程，前期小镇主要是依托其具有竞争力的地理位置优势、自然资源优势和人流量需求等一系列优势以保障每年有越来越多的游客来小镇参观旅游。随后，小镇又在此基础上积极进行小镇的规划建设和营销，以提升小镇的影响力，从而有效地推动小镇的发展。

2.1.14　加拿大布雷斯布里奇瀑布小镇

1. 基本信息

布雷斯布里奇镇（Bracebridge）位于加拿大安大略省，被称为加拿大的"瀑布之都"，有 22 个形态各异的瀑布。在布雷斯布里奇镇，还有专为瀑布而设的节日，瀑布群在布雷斯布里奇镇的地位可见一斑。每到深秋时节，瀑布被各色树叶环抱，景色更是一绝。

2. 地理位置

瀑布在小镇以南大约 6 公里处，是穆斯库卡地区最高的瀑布区。在小镇的西部有马斯科卡湖及小镇主题公园等旅游风景区。

3. 发展历程

安大略省的莫斯科卡地区，被称之为安生的 Cottage Country，占地 25000 平方英里，在这片风景如画的度假胜地中，布雷斯布里奇小镇位于该城市的中心地带。小镇沿流入蜜月湖的蜜月河而建。小镇的名字布雷斯布里奇既不是开拓者的人名，也不是以地理地貌命名，而是由当时负责命名的当地邮政局长以一本正在阅读的书的书名《Bracebridge Hall》命名。尽管小镇的名字起得较为随意，但是却非常符合小镇的特色。

4. 发展现状

目前小镇中心最为知名的景点就是 Silver Bridge 和桥下面的瀑布，因小镇源起于蜜月湖，因此也有蜜月湖畔蜜月河之蜜月小桥的称呼。

小镇代表性的瀑布景观有十几米的落差，水量最大的时候一般是在冰雪消融的春天，秋季虽然水量较小，但却是赏枫的好去处。除此之外，在威子森瀑布的背面几公里处还有一个 Muskoka 地区最大的瀑布。

5. 运营模式分析

布雷斯布里奇小镇以其优美的自然资源优势和人文资源优势及旅游资源优势，推动了旅游小镇的建设和发展。小镇依托独特的瀑布资源优势而获得加拿大瀑布之都的称号。在结合小镇多业态经营的发展形势下，布雷斯布里奇采用了"旅游 +"

共同推进的发展模式。小镇的收入主要为小镇旅游项目相关的运营收入。

6. 发展优势分析

◆ 自然景观优势

布雷斯布里奇镇位于加拿大安大略省，占绝对优势地位的瀑布自然景观促进了小镇瀑布旅游资源的开拓和发展。

◆ 人文资源优势

在布雷斯布里奇镇有专为瀑布而设的节日，于每年5月第一个周末举行，该节日是小镇较为重视的节日之一，也为小镇内瀑布资源的发展提供了支持。

2.1.15 墨西哥蒂华纳小镇

1. 基本信息

蒂华纳（Tijuana）位于墨西哥西北边境地区。市区面积1239.49平方公里，拥有57公里海岸线。受太平洋暖流影响，这里冬季温和，夏季凉爽，年平均气温20℃左右。全年干燥少雨，年降雨不足250毫米。全市常住人口200万，流动人口近100万，许多人是白天在蒂华纳，晚上在美国的圣迭戈。

由于临近美国，这座城市成为美国市民周末的出游之地，旅游业发展迅速。

2. 地理位置

蒂华纳位于墨西哥西北边境地区，下加利福尼亚州的西北端，特卡特河（Tecate）畔，西濒太平洋。

3. 发展历程

蒂华纳小镇距离美国圣地亚哥仅有19公里的路程，是美墨边境的一个城市，边界线于1848年绘制，也是美国西南部的重要边境。作为美国市民周末出游的重要地带，蒂华纳小镇的旅游业得以迅速发展。

4. 发展现状

蒂华纳邻近美国，为墨西哥发展最迅速的城市之一，美丽的海滨风光和完善的服务设施吸引了大量的美国游客到该市观光和购物，旅游业由此获得了很大的发展。很多国外游客来到蒂华纳品酒、跳舞，购买名牌服饰、钟表和个人化妆品以及当地精美的手工艺品等，旅游项目主要包含免税购物项目及去圣地亚哥海滩、第六大街和里约蒂华纳区和瓜达卢佩山谷的参观旅游项目。

蒂华纳小镇旅游项目　　　　　　　　　　　　　　　　　表 2.1-3

旅游项目	具体分析
免税购物资源	在此地可以品尝到最正宗的墨西哥美食，欣赏并了解神秘的墨西哥文化和艺术
圣地亚哥海滩	蒂华纳小镇临近美丽的圣地亚哥海滩，形成了该区一个美丽的风景区
第六大街和里约蒂华纳区	第六大街是蒂华纳著名的商业中心，在此能够体验到墨西哥的人文风情
瓜达卢佩山谷	90% 的墨西哥酒都产自此地，被爱酒人士称为黄金之地

5. 运营模式分析

蒂华纳小镇以其优越的地理位置和自然风景资源及免税的购物资源而得以发展，美丽的海滨风光和完善的服务设施吸引了大量的美国游客到该市观光和购物，旅游业由此获得了很大的发展。

6. 发展优势分析

◆资源吸引优势

蒂华纳以其丰富的旅游资源被大家所熟知，同时也是世界上访客量最多的城市之一。来到蒂华纳小镇，可以品尝到最正宗的墨西哥美食，欣赏并了解神秘的墨西哥文化和艺术。除此之外，独特的免税购物资源更为这座城市增添了乐趣。

◆地理位置优势

蒂华纳是墨西哥的边境城市，距离美国的圣地亚哥市仅有 19 公里，文化中心距离入境关口仅有一英里，是游客首次进入并了解墨西哥文化传统的起点，其独特的建筑群和球状的奥姆尼麦克斯影院（Omnimax Theatre）成为该市的地标。地理位置优势使得墨西哥的蒂华纳成为美国市民周末出游的重要游览地，小镇旅游业得以快速发展。

2.1.16 墨西哥塔斯科小镇

1. 基本信息

世界著名的银都塔斯科（Taxco），位于墨西哥首都墨西哥城西南方向约185公里处的崇山峻岭中，是一座遍布红顶白墙、充满西班牙情调的山城。隶属墨西哥格雷罗州（Guerrero），人口15万余。这里一共有1.6万多家银店，几乎家家都开银店，既做零售也兼批发，还可以按照客户的要求定做饰品。游客既可以买到精巧便宜的饰品，也可以买到价格昂贵、获过大奖的高档藏品。塔斯科被誉为"世界银都"，是从墨西哥城出发最好的周末度假胜地之一。

2. 地理位置

塔斯科是一座美丽的墨西哥城市，建在格雷罗州境内的山冈上，位于阿卡普尔科市和墨西哥城之间。这里有大量新旧银矿，并在狭窄的街道里开有数百家银店。

3. 发展历程

墨西哥塔斯科以超过200年历史的巴洛克式教堂——圣普里斯卡教堂（Santa Prisca Cathedral）而闻名。1524年，西班牙殖民者来到此地，原为寻找黄金，却发现了大量的银、锌和铜矿。自此，闻讯而来的采矿者纷至沓来、驻扎开采，白银热潮很快席卷此地，这也使得塔斯科成为中北美洲最早靠银矿繁荣起来的高原城市，"银城"美誉由此得来。

4. 发展现状

塔斯科城市中心是圣普里斯卡教堂，建于18世纪。在城市正中心，有一尊耶稣雕像，叫做"Cristo"。在一座叫做"Casa Borda"的漂亮建筑里有一个"银"博物馆，也是这个市的文化中心，它本身位于主广场。这座建筑在2010年经过翻新，但有很好的银饰展览。

这个城市到处都能找到漂亮的银饰品，大多数刻有"MEXICO 925"或"TAXCO 925"。离中心远一些的银店可以讨价还价。该区银饰体现了小镇独特的设计风格和设计理念。

与旅游发展相配套的交通、酒店、饮食等也是一个地区旅游业发展的重要吸引力之一，格兰德酒店公寓（Hotel Casa Grande）是小镇最便宜的住宿选择之一，一个单间（公用卫生间）只需要 15 美元。酒店的屋顶阳台是放松和欣赏城市美景的好地方。

图 2.1-4　塔斯科小镇景色展示

5. 运营模式分析

塔斯科小镇以其优越的地理位置和自然风景资源及独特的银饰品等而得以发展，美丽的银饰制品吸引了大量的周边游客到这里观光和购物，旅游业由此获得了很大的发展。现阶段塔斯科小镇以旅游业的发展为核心，积极促进小镇经济的发展。

6. 发展优势分析

◆ 地理位置优势

塔斯科位于墨西哥首都墨西哥城西南方向约 185 公里处，如此距离使得塔斯科小镇成为从墨西哥城出发最好的周末度假胜地之一。因此，每到周末，塔斯科城都承接了大量的来自墨西哥城的短途游客。

◆ 银饰品吸引优势

塔斯科城有大量新旧银矿，并在狭窄的街道里开有数百家银店，制作精细、创意十足的银饰制品吸引了大量的游客，因此该小镇有"世界银都"的美称，其银饰制品的精妙每年也为小镇吸引了大量的来访游客。

2.1.17 阿根廷巴里洛切小镇

1. 基本信息

巴里洛切小镇坐落于阿根廷西部安第斯山麓，被壮美的雪山和静谧的湖泊所环绕，依山傍水，自然景观与欧洲阿尔卑斯山地区极为相似，因此吸引了众多欧洲移民。因其自然山水和人文景观都与瑞士极为相似，久享"南美洲小瑞士"的盛誉。与拥有如温泉、地热等特殊资源的小镇不同，其以独特的建筑、风水情调、地方文化，吸引观光和休闲游客前来，其本身就是旅游吸引物，也是旅游目的地。

巴里洛切没有污染环境的工业，从建城到现在的一百多年里，旅游业的发展从未停止过，吸引游客到来的除了美得让人惊叹的自然景观外，还有这里人们悠闲的生活方式。

每年的8月是南美洲的隆冬，全国冰雪节定点在巴里洛切举行。节期长达十余天，活动丰富多彩，吸引四方游客。有滑雪和冰球比赛，有湖中的摩托艇和山林间的摩托车竞赛。冰雪节的高潮是选举冰雪皇后。参赛的姑娘们来自本地各行业和团体。选举的同时，白雪皑皑的山峦间焰火腾空而起，数百名滑雪好手手持火炬，从高峰滑下，恰似一条火龙蜿蜒盘绕在山峰之间。

巴里洛切过去是伐木区，盛产木材，后来为了保护森林资源而禁止伐木，然而留下了与伐木有关的传统，伐木比赛就是其中的一个。比赛是用伐木大斧将一段直径约0.5米的原木拦腰砍断，最先完成者获胜。裁判一声令下，但见斧影闪动，木屑四溅，喝彩声不亚于足球场。

2. 地理位置

巴里洛切小镇位于南美洲的阿根廷，坐落在阿根廷西部安第斯山麓，小镇内圣卡洛斯是世界知名的滑雪胜地，坐落在安第斯山脉的山脚处，四周环绕自然奇观，美不胜收。

3. 发展历程

阿根廷巴里洛切小镇是一个传统意义上的旅游小镇，其传统主要是指小镇内旅游业的发展历史悠久。小镇独有的自然资源优势和旅游资源优势等，促进了该地区旅游小镇的建设和旅游项目的发展。

4. 发展现状

巴里洛切风景区自然环境酷似欧洲的阿尔卑斯山地区，居民以德国、瑞士、奥地利移民后裔为主，建筑风格也沿袭了其欧洲故国的传统，因而有"小瑞士"的美称。巴里洛切城海拔 770 米，顺山势而建，城内建筑多为尖顶的木结构房屋。这里是四季咸宜的旅游胜地。每年 8 月，这里要举行盛大的冰雪节，期间举办滑雪比赛、冰球比赛、火炬游行等活动。最有趣的是巧克力晚会，每年都要在该晚会上评选出巧克力皇后，增加了人们参与晚会的积极性。

5. 运营模式分析

巴里洛切小镇是主要是依托该区域内独特、美丽的自然景观发展而来的，截至目前，旅游业已成为小镇重要的代表性产业，因此小镇也开拓出了一种"旅游+"的创新的发展模式，每年在吸引大量游客的同时，促进了旅游相关配套业务的发展。

6. 发展优势分析

◆ 自然资源优势

游客可以尽情感受皑皑白雪、晶莹湖泊以及宁静海滩，更有活力四射的夜店与令人食指大动的美食。该地区全年举办各种音乐节、艺术展、博览会和集会。

◆ 基础配套资源完善

巴里洛切与阿根廷首都布宜诺斯艾利斯之间每日有数个航班往来，交通便捷。当地有各种档次的酒店旅舍，为游人提供舒适的住宿条件。其中最著名的"瑶瑶饭店"（瑶瑶是当地一种树生果实的印第安名称），建在市郊湖边的丘陵上，这座 20 世纪 30 年代建成的全木结构建筑，宏伟但不失古朴，远看像童话中的宫殿。当地还有众多小型旅舍，像一栋栋风格不同的豪华别墅，散布在城市周围，住在那里同样有世外桃源之感，价格相对便宜。巴里洛切与布宜诺斯艾利斯之间每日有数个航班往来，交通便捷。

◆ 产业转型定位优势

巴里洛切的成功，除了归功于大自然的造化，也得益于人们的精心设计和长期经营，依托山水、人文的交相辉映，使得自然景观与文化景观相得益彰，形成了自己独特的风格。

2.1.18　阿根廷卡拉法特小镇

1.基本信息

埃尔·卡拉法特（西班牙语：El Calafate）是阿根廷最南部圣克鲁斯省的一个小镇，小镇因为临近世界第三大的莫雷诺冰川而闻名。小镇占地面积 103.59 平方公里，人口超过 1.7 万，海拔高度 53 米，小镇几乎全部从事旅游业。

2.地理位置

卡拉法特作为阿根廷一个具有代表性的旅游小镇，是世界上最南端的城市之一。位于阿根廷南部的安第斯山脉脚下和巴塔哥尼亚高原阿根廷湖畔，邻近智利与阿根廷边境。

3.发展历程

卡拉法特小镇虽然人不多，但是却在此诞生了两位国家总统。小镇是莫雷诺冰川的后花园。莫雷诺大冰川景点的附近没有酒店，所以，来观赏冰川的游客都住到了距离此地 90 公里外的卡拉法特小镇。

4.发展现状

卡拉法特小镇不大，共有 5-6 条街道，是阿根廷的旅游胜地，因为有列入世界遗产目录的自然风景区——莫雷诺大冰川而闻名于世。每年会有大量的游客聚集到这里一睹莫雷诺冰川的风采，这促进了该地区冰雪旅游的发展。

5.运营模式分析

卡拉法特小镇依托其地理位置优势逐渐发展旅游业，小镇的建设发展主要是依托莫雷诺冰川的吸引力而进行的旅游资源的配套，在带动旅游业发展的过程中，促进其他相关产业的发展。

6. 发展优势分析

◆ 地理位置优势

小镇具有明显的地理位置优势。首先其是位于阿根廷最南端圣克鲁斯省的一个小镇，因临近世界第三大的莫雷诺冰川而闻名。作为莫雷诺冰川的毗邻小镇，每年来参观冰川奇景的世界各地的游客均要在卡拉法特小镇停留，这极大带动了小镇旅游业的发展。

◆ 旅游资源优势

除了依托世界第三大冰川莫雷诺冰川的发展而得以发展外，小镇自身独特的自然风光资源优势和人文资源优势成了旅游项目发展的重要推动力。除此之外，小镇为了配套旅游业的发展建设，其相关的基础设施等的配套建设也较为完善，两边商铺林立，布满风格各异的酒店、餐厅、商店。建筑多为造型各异的小木屋，房屋都不高，最多三层，且各具特色。尖拱顶的小木屋被涂上明亮的颜色，色彩搭配宜人，一系列自然及人文资源推动了旅游小镇的发展建设。

2.1.19　古巴特立尼达小镇

1. 基本信息

特立尼达镇（Trinidad），是古巴的一个小镇，隶属西恩富戈斯省，位于加勒比海岸。该镇以其历史和极具特色的新古典主义和巴洛克风格建筑而著称，鹅卵石街道，悠久的传统，所有这些使得特立尼达成为一座真正的城市博物馆。

2. 地理位置

特立尼达城位于古巴中部埃斯坎布拉伊山脉南麓，加勒比海沿岸，距离大海约几公里，因较为完善地保存了西班牙殖民时代的建筑景观而闻名。

3. 发展历程

特立尼达小镇始建于 1514 年 12 月 23 日，当时西班牙征服者迭戈·贝拉斯克斯·德奎利亚尔（Diego Velázquez de Cuéllar）将其命名为桑蒂西马·特立尼达镇

（Villa De la Santísima Trinidad）。它是欧洲人征服美洲大陆过程中的一个前方据点。它与附近的洛斯印海尼奥斯谷地的多个糖厂于 1988 年被列入世界遗产名录。这是加勒比海地区保存最好的城市之一，当时糖贸易是该地区主要的经济支柱。

4. 发展现状

特立尼达距离古巴哈瓦那 4 小时车程。该镇以其历史和极具特色的新古典主义和巴洛克风格建筑而著称，最大的特点是门有多高，窗就多高。小镇的路面全部用当年从非洲贩运黑人奴隶时压船的鹅卵石铺就，自创立伊始，便代代相传，成为悠久的传统。特立尼达小镇有挤进全球前十的"最美海滩"，人少景美；街头的乐队随处可见，为小镇的发展增添了文艺气息。除此之外，小镇极其古朴，这里没有酒店，只有民宿，没有商场，只有集市，人们生活较为悠闲自在。

（1）人文

特立尼达镇是一座具有悠久传统，充满传奇的城市。1988 年，联合国教科文组织宣布其成为世界遗产。

特立尼达城今天已经成为众所周知的"活的博物馆"。虽然它的外表使它看起来像是停留在过去，但是它的经济发展却并没如此。相反，这个城市在传统经济活动上又加入了旅游业。特立尼达城有一个重要的海港——卡斯尔达，距离安康海滩不远。该海岸以长达 10 公里的干净沙滩和水晶般的海水而闻名。离海岸不远的地方有非常适于潜水的暗礁和海床地带。这里也有许多保存了早期印第安土著人遗址的山洞。所有这些结合在一起，使此地成了古巴最具吸引力和最有趣的旅游景点之一。

（2）景点

特立尼达岛的景点包括附近的糖厂谷，一个自然考古保护区以及处于山脉与海洋的怀抱中的奇特景观和多年前居民们建设的建筑瑰宝。

南部沿海最好的海滩也在特立尼达岛附近，特立尼达是这一群岛最大的山区，拥有一个美丽的瀑布。其他景点的历史可以追溯到过去，如曾经被海盗袭击过的卡西尔达（Casilda）港口，如今仍然可以看到它昔日的风貌。卡西尔达港口为特立尼达的发展与繁荣起了非常重要的作用。

特立尼达市内有许多保存完好的殖民风格的建筑物，这些建筑物前面都有木制栏杆、格栅造型和其他装饰，有私人住宅、公共建筑也有教堂。

特立尼达与古巴第二大山脉 Escambray 山相邻。Escambray 山孕育了许多古巴动植物。该区域还可为喜欢亲近自然的游客提供住所。这一地区的自然景观包括两个宜人的沙滩——安孔（Ancón）和玛丽亚阿吉拉尔（María Aguilar），在 Topes de Collantes 附近的山顶上还有 Caburní 瀑布。

（3）民俗

特立尼达镇面临加勒比海，古巴三分之一的甘蔗都出自这里。城市周围一望无际的甘蔗田和大大小小的糖厂中都弥漫着一股甜香。

特立尼达是古巴殖民地时期的历史和文化的典型代表，也是西班牙殖民者在古巴建立的第三个城市。在古巴为全世界提供甜蜜和迷醉的年代里，特立尼达也度过了最甜蜜和迷醉的日子。电影《加勒比海盗》也是以特立尼达的发展遭遇为原材料进行拍摄的。时至今日，这座城市路边的隔离墩依然是一尊尊当年抵御海盗时所使用的铜炮，承载历史的同时又不失别致。

5. 运营模式分析

特立尼达小镇依托其历史文化优势，逐渐发展以传统历史文化为传承，以旅游业为促进的特色小镇，小镇旅游业的建设发展主要是依托其悠久且保存完整的西班牙及各个时期的建筑特征，依托其独特的历史资源和风景资源。在小镇旅游业发展的促进下，小镇形成了以旅游发展为推动，带动其他相关产业共同发展的运营模式。

6. 发展优势分析

特立尼达小镇的发展源于其传统意义上的历史文化和保留完好的西班牙殖民地风情的建筑风格。除此之外，小镇具有全球最美前十的海滩，具有人少景美的发展特征；古巴具有代表性的艺术感也使特立尼达小镇成为一个艺术文化氛围浓郁的小城市，一系列具有代表性的城市特征为特立尼达旅游小镇的建立提供了具有代表性的发展优势，每年吸引大量的游客来此参观，同时也带动了小镇内相关产业的同步发展，为小镇旅游经济的发展提供了支持。

2.2 基金小镇案例及发展分析

2.2.1 格林尼治基金小镇

1. 基本信息

基金小镇作为一种新兴的资本运作方式，可以直接打通资本和企业的连接，紧密对接实体经济，有效支撑区域经济结构调整和产业转型升级。美国格林尼治即是世界著名的基金小镇，坐落在美国康涅狄格州。小镇地域面积 174 平方公里，却只有 6 万人口，是对冲基金的天堂；格林尼治小镇绿化率高，森林覆盖率大，自然景观及环境较为优越。受基金小镇发展的促进，小镇人均收入 903 万美元，资产密度位居世界第一。

2. 地理位置

美国格林尼治基金小镇（Greenwich），位于美国康涅狄格州西南部的长岛海峡上，作为纽约市的住宅卫星城镇，离纽约很近（35-40 分钟的火车车程），附近还有 3 个机场，交通极为便利。对冲基金产业属于风险投资类，其企业的空间区位倾向于集中在大城市及周围区域，由于牵涉到银行的兑换，要求紧邻金融中心，同时对冲基金行业对网速要求非常高，因此离海底光缆比较近的沿海地区成为首选。美国格林尼治基金小镇的发展与其优越的地理位置优势有着密不可分的联系。

3. 发展历程

几十年前，格林尼治凭借其优越的地理位置优势、基础设施优势及环境优势开始发展对冲基金业务。格林尼治开始发力吸引对冲基金的时候，当地税收比纽约要低很多。大概一千万美元的年收入，在格林尼治要比在纽约省 50 万美元的税收。再如房产的物业税，小镇只有千分之十二，近在咫尺的纽约州就要千分之三十。这些节省的税金切切实实吸引了最早的一批对冲基金企业。更重要的是格林尼治小镇离纽约州很近，坐火车不到一个小时，受益金融业集聚效应的影响推动了基金小镇的发展。纵观全球，金融产业集聚区一般都在沿海最发达地区，因为金融业需要极高的效率和时效。

4. 发展现状

金融业小镇的要素更多，包括国家的经济实力、金融发达程度、在世界上的经济地位、地理位置、人才、税费、交通、环境、信息技术等，其独特性、难以复制性更强。格林尼治由于毗邻金融中心纽约，且具备沿海、距离海底光缆近等便利，加上政府税收优惠政策的扶持，使得其成为目前全球最具有代表性的基金小镇。

格林尼治小镇的主导产业是对冲基金，由于毗邻纽约，当地政府提供税收优惠政策吸引华尔街的对冲基金到格林尼治小镇落户，这些政策吸引了大批的经纪人、对冲基金配套人员等到格林尼治小镇居住。格林尼治小镇的 20% 人口从事金融和保险业。

小镇集中了超过 500 家的对冲基金公司，其基金规模占全美三分之一，管理着数千亿美元的资产，是全球最著名的对冲基金小镇。

5. 运营模式分析

美国私募（对冲）基金发展历史悠久，积淀丰富，发展经验充足且私募基金法律法规健全，经济纠纷少；此外，政府不对基金小镇的发展横加干涉，"无形的手"发挥决定性作用，政务环境廉洁高效。因此美国主要运营私募基金的区域，大多是自发形成，而格林尼治基金小镇正是凭借税收、环保及市政等方面的优惠政策自发形成。

6. 发展优势分析

美国格林尼治对冲基金小镇由于优越的地理位置、优美的自然环境、优惠的政策环境和现代化的田园城市空间，为小镇的金融产业发展提供了源源不断的优秀人才，同时也成为格林尼治小镇活力和朝气的象征。吸引人、留住人、用好人、发展人是特色小镇建设的重点。

当然，众多对冲基金之所以在格林尼治聚集成现在的规模，有其内在的原因。

首先，小镇所在地距离金融中心纽约仅 60 公里，大约 45 分钟车程，这里拥有对冲基金要求的所有配套条件，能够有效承接纽约金融核心产业外溢。小镇周边还有 3 个机场，交通十分便利。

由于毗邻纽约，许多居住在纽约州的年轻人都选择在小镇工作，也为小镇的发展提供了源源不断的高素质人才。在格林尼治，超过 20% 的人口从事金融或者保险业。一个对冲基金经理在大街上散步，遇到的 5 个路人里就有一个可能是同道中人。

小镇绿树成荫、环境优美，也比嘈杂混乱、人口密度大和生活空间被极度压缩的纽约要宜居得多。在格林尼治，办公室和家之间的路程可能只要 10 分钟；住所附近随处都是跑步和遛狗的好去处；住房宽敞舒适，远离纽约的压抑和拥挤；有很多可以选择的好学校。小镇还非常国际化，6 万多常住居民中有 27% 来自不同文化背景的国家，包括中国、新加坡等各地精英，走在街上会听到不同国家的语言。

此外，"千年虫"和"9·11"事件在某种程度上也使格林尼治相对于纽约吸引了更多的对冲基金落户。"千年虫"时，包括对冲基金在内的金融机构为防止数据差错，开始建立数据备份中心，格林尼治就成了当时总部设在纽约的公司的最佳选择。"9·11"事件发生后，恐慌情绪在纽约蔓延，许多人都希望即刻逃离纽约以免再次遭遇恐怖袭击。格林尼治由于距离纽约不远却又相对安全，因此成为许多对冲基金搬家的目的地。

正是得益于这些天时、地利、人和的条件，格林尼治小镇的规模集聚效应得以形成，进而促进了当地的产业结构调整。在此基础上，吸引新的对冲基金落户小镇就变得相对容易，而公司搬离小镇则需要做一番挣扎。

格林尼治的特色与其他山水小镇不同。格林尼治处于纽约郊区，离金融街很近，周边机场等交通便利，其最大的特色是在"产业"。基金属于特殊的金融行业，靠的是利用"城市病"的溢出效应，将金融街的对冲基金吸引到小镇，特别是当地政府制定了有针对性的税收优惠政策。对冲基金被誉为资产管理领域的"顶级"，小镇因集中了超过 500 家的对冲基金公司而享誉世界，其掌握的财富规模更是惊人，仅 Bridge Water 公司就控制着 1500 亿美元的资金规模，所以龙头公司的效应是相当惊人的。其次格林尼治小镇的特还特在"人"。大批的经纪人和基金配套人员在小镇生活，充满了活力，高收入需要高享受，所有的生活配套和设施都属于高端享受型的。

7. 经验借鉴

通过格林尼治对冲基金小镇的成功经验，我们不难发现其发展过程中的一些规律：

首先，具有区位交通方面的先天优势，项目周边拥有可借势发展的强大的金融市场。如格林尼治通达纽约只需 40 分钟。

其次，区域或周边具有一定的产业基础，产生包括大中小企业发展转型、创新创业孵化等多层次的融资需求，为基金企业发展提供坚实的市场依托。

第三，拥有完善的城市配套，包括生产、生活两个层面，利于产业和人才的聚集。

第四，拥有自然、人文资源等吸引产业和人才进驻的优势资源。

8. 存在问题的分析

设施老化一直是小镇的不足之处。比如其供电系统，由于电路老化等原因，康涅狄格州和纽约有时发生大面积停电，这也会对对冲基金交易带来很大的不确定风险。

另外，此前小镇对安保系统要求不严，曾经先后发生过持枪案、绑架案等，在北美引起了很大震动。自此之后，小镇加强了安保，如今小镇所有对冲基金办公楼的管理已经十分规范化。

对于对冲基金基地而言，其生活配套设施也非常重要。业内人士表示，由于交易员压力非常大，因此对冲基金基地需要有娱乐设施、健身设施，同时最好有心理诊所。格林尼治小镇豪宅聚集，风景如画且非常安静，但这个地方没有任何娱乐设施，对冲基金的年轻人没有地方放松，因此这里实际上更适合老年人生活。

近年来，因为有更低的税收和更加充足的阳光，一些对冲基金经理选择在佛罗里达州的棕榈滩落户，但更多的对冲基金还是选择了老牌的格林尼治，毕竟规模效应带来的人才聚集和氛围就是其他地方不能与之相比的。

2.2.2 硅谷沙丘路基金小镇

1. 基本信息

沙丘路（Sand Hill Road）位于美国加利福尼亚州的门洛帕克（Menlo Park），长度约为 2-3 公里，是连接斯坦福大学和硅谷的重要路径。其兴起和发展为硅谷注入了源源不断的资金支持，成为高新技术创新和发展的巨大推动力。早期，斯坦福大学的教职人员为创业学生提供资金支持，可视为沙丘路风险投资的雏形。

2. 发展历程

1972 年，第一家风险投资机构（KPCB）在沙丘路落户。1980 年，苹果公司成功上市，吸引了更多风险资本来到硅谷。如今，沙丘路已成为风险投资的代名词。

因此，美国硅谷沙丘路与格林尼治对冲基金小镇显著不同，其功能定位是世界重要的科技风险投资产业的集聚地。

3. 运营模式分析

基于上述现状分析，可以总结出沙丘路的主要运营模式——通过科技融入金融创新来聚拢资源，以硅谷高新技术产业和高端人才的集聚优势为依托，在繁荣硅谷的同时，实现金融和人才在沙丘路的集聚。硅谷高新技术产业具备高投入、高风险、高收益等特点，需要资金充沛的外部机构来支持，以确保其顺利进行。沙丘路汇聚了众多风险偏好不同、企求高回报的市场主体，资金支持能覆盖科技创新的整个成长周期。二者的结合成功实现了风险投资业和高新技术产业的契合发展和良性互动。风险投资机构的支持推动了高科技公司的成长，促使硅谷成为全球新兴产业的策源地，而高科技公司的成长同时带动了风险投资机构的繁荣。

4. 发展现状

沙丘路密布着 300 多家风险投资机构，掌管着 2300 亿美元的市场力量，风险投资金额占据美国的三分之一。仅在沙丘路 3000 号这一栋建筑中，就容纳了 20 余家私募股权投资机构。

在沙丘路分布的风险投资机构中，最著名的是红杉资本（Sequoia Capital）、KPCB 公司（Kleiner，Perkins，Caufield & Byers）、恩颐投资（New Enterprise Associates）、梅菲尔德（Mayfield）等。红杉资本是迄今为止最大、最成功的风险投资公司之一，拥有超过 40 亿美元的管理资本。它投资的公司占整个纳斯达克上市公司市值的 10% 以上，其中包括苹果公司、谷歌公司、思科公司、甲骨文公司、雅虎公司、网景公司和 YouTube 等 IT 巨头和知名公司；KPCB 则成功投资了美国在线、亚马逊、康柏电脑、莲花软件、太阳微系统、基因科技、eBay、亚马逊等著名 IT 公司；恩颐投资更是将经营活动集中在硅谷，管理着大约 60 亿美元的资本，投资超过 500 家企业，其中 30% 上市，30% 被收购，投资准确性远远高于同行；梅菲尔德是最早的风险投资公司之一，管理的资本超过 10 亿美元，且已向超过 300 家信息和保健公司进行投资，这些公司的总市值超过 1000 亿美元，包括康柏、3COM、SGI 和 SanDisk 等科技公司。

沙丘路风险投资机构和代表公司　　　　　　　　　　　表 2.2-1

投资机构	主要初创公司
红杉资本	苹果、谷歌、思科、甲骨文、雅虎、网景、YouTube
KPCB 公司	太阳公司、美国在线、康柏电脑、基因科技、eBay、亚马逊
恩颐投资	Drive.ai、Fusionio、Groupon
梅菲尔德	康柏、3COM、SGI、SanDisk
Accel 合伙公司	RealNetworks、RedBack Networks、Facebook
Doll 资本管理公司	硅谷数模半导体（中国）有限公司、飞塔公司、Mobile Peak

5. 发展优势

硅谷沙丘路的建立是一个不断演化发展的过程，区位优势、产业基础、政府引导扶持、市场化运作、完善的配套设施以及人文资源等在这一演化过程中发挥了重要作用。

◆ 便捷的区位条件

地理位置优越。沙丘路地处旧金山市东南部，背靠太平洋海岸山脉，面对旧金山湾，环境洁净优美。与硅谷也仅相距 17 英里左右，车程仅需 20 分钟左右，这为风险投资机构与硅谷企业合作提供了绝佳机会，风险投资机构和初创公司的沟通更加方便、快捷，从而更加有效地提高风险投资的运作效率。

交通发达。沙丘路连接美国的州际公路 I-280 和阿尔卡米诺路（El Camino Real），邻近旧金山的航空港，并有高速公路经过。

◆ 一定的产业基础

硅谷地区拥有电子工业公司数量达 10000 家以上，他们所生产的半导体集成电路和电子计算机约占全美的三分之一和六分之一。择址硅谷的计算机公司就有 1500 多家。这些大中小企业为风险投资企业发展提供了坚实的产业基础和市场依托，融技术、投资、生产于一体。

◆ 恰当的政策和法律体系

政府在沙丘路发展过程中的作用主要体现在营造一个公平竞争的法律环境和市场环境。

第二次世界大战之后，美国建立了完善的社会保险制度和信用制度，信用成为美国社会的基础，加之美国工业化时间长，商业发达，与商业有关的法律健全，也有利于保护风险投资。完善的法律体系包括三个方面：一是以 20 世纪 30 年代出台的《证券法》《证券交易法》以及随后相继出台的《公共事业持股公司法》《信托契约法》《投资公司法》和《证券投资者的保护法》为代表的联邦政府法律法规。二是加利福尼亚州政府出台的法律法规，在一定范围内仍旧发挥重要作用。三是各证券交易所、全美证券交易商协会（NASD）以及市场自律组织（SRO）制定的相应管理规章。

此外，政府因势利导，通过制定恰当的税收政策、吸引人才和鼓励人才合理流动的政策，创造公平竞争的市场环境，从而推进沙丘路风险投资有序增长。

◆ 市场化的运作模式

在硅谷沙丘路发展的早期，政府投资占据主导地位，随着市场经济的发展和硅谷地区的成熟，在资本逐利驱动下，大量的投资基金自发地为硅谷众多企业提供源源不断的资金支持，使得硅谷的高科技企业得以迅速发展。同时，这些风险基金也为风险投资企业带来了巨大的财富，进一步促进了风险投资市场的发展和成熟，形成良好的创业生态系统。

◆ 完善的生活配套设施

在多年的发展过程中，硅谷沙丘路为投资公司打造了完善的支持系统。办公层面，建设有高端的办公、会议场所、安全快速的网络设施以及体面的停车场和游艇泊位等。生活层面，有高端舒适的住宅楼群，比如 Stanford West 公寓、Oak Creek 公寓等；有休闲度假场所，比如 Siebel Varsity 高尔夫俱乐部、Timothy Hopkins Creekside 公园；有顶级学校，比如 Addison 小学、David Starr Jordan 初中、Palo Alto 高中、全球最杰出大学之一的斯坦福大学；有医疗服务机构以及便利的购物场所，还有会所、酒店、健身运动等全方位的生活配套。员工可在这里享受方便、舒适的生活。

◆ 丰富的人文资源

其一，硅谷文化鼓励创新，宽容失败，崇尚竞争。这种浓厚的创业文化氛围激发了风险投资经理人大胆尝试、勇于探索、独具特色的投资创新热情，他们热衷于帮助创业者从一个想法概念或一项技术转化成市场所需的产品，并实现自身财富的积累。

其二，有赖于成熟的风险投资机制，不仅为高科技企业提供资金支持，还帮助企业进行流动资金的融资运作，向企业推荐人才，帮助组织和改造企业的管理团队和治理结构，为企业的经营进行咨询服务和指导，这些可能比资金支持更有价值。

6. 经验借鉴

通过对硅谷沙丘路基金小镇成功经验的分析，我们不难发现其发展过程中的一些规律。

硅谷沙丘路基金小镇的经验借鉴 表 2.2-2

序号	具体分析
经验借鉴一	基于该小镇基金扶持项目均以科技类项目为主，其具有区位交通方面的先天优势，项目周边拥有可借势发展的强大的科技创新区，为基金项目的发展提供了较大的扶持
经验借鉴二	区域或周边具有一定的产业基础。硅谷作为美国的高新技术产业区，具备科技创新产业孵化的所需要的创业团体、人力，产生包括企业创新创业孵化等多层次的融资需求，为基金企业发展提供坚实的市场依托。该基金小镇的建设能够与高科技中心形成有效的资金对接，扶持项目发展
经验借鉴三	拥有完善的城市配套，包括生产、生活两个层面，利于产业和人才的聚集
经验借鉴四	拥有自然、人文资源等吸引产业和人才进驻的优势资源

2.3 高科技产业小镇案例及发展分析

2.3.1 山景城小镇

1. 基本信息

山景城小镇是美国最具代表性的高科技产业小镇之一，也是美国人均最富有的小镇之一。山景城人口只有 7 万多，面积还不及北京东城区，因为坐落着 Google、赛门铁克、Intuit、微软、NASA 研究所等著名公司和机构而举世闻名。

2. 地理位置

山景城也称芒廷维尤（Mountain View），是位于美国加利福尼亚州圣克拉拉县（Santa Clara County）的城市。面积 31.7 平方公里，与附近的帕罗奥多市（Palo Alto City）、森尼韦尔市（Sunnyvale City）和圣何塞市（San Jose）组成硅谷的最主要地区。

3. 发展历程

美国山景城特色小镇是全球搜索引擎公司——谷歌公司的总部所在地。该具有全球影响力科技公司在此处成立为山景城特色小镇的建设和发展提供了助力。在科技公司谷歌的影响及硅谷地区科研机构和科研团队的影响下，美国山景城聚集的科技公司越来越多，形成了以谷歌为代表的美国科技小镇。

4. 发展现状

山景城小镇已经成为美国最具代表性的高科技特色小镇之一，截至目前，小镇凭借其地理位置优势、人才资源优势和资本优势等吸引了大量的科技公司进驻。目前 Google、赛门铁克、Intuit、微软、NASA 研究所等著名公司和机构都坐落在该小镇内，为其高科技小镇的地位提供支持。

5. 运营模式分析

随着各国对国家科技创新作用的持续关注，山景城已形成了以谷歌、赛门铁克、微软等科技公司为引领，以产学研氛围为引力，不断吸引有科技创新能力的人员来此就业和创业的氛围。

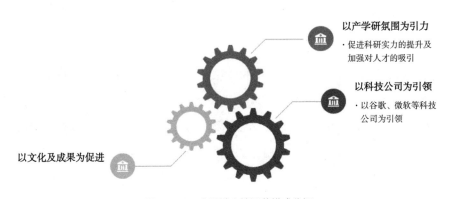

图 2.3-1　山景城小镇运营模式分析

6. 发展优势分析

◆ 地理位置优势

山景城位于加州公路 85 北端与美国公路 101 交接处附近。历史性道路 El Camino Real（国王大道）也经过山景城，优越的地理位置使得山景城的交通极为便利。除此之外，山景城在北边与帕罗奥多市（Palo Alto）接壤，在西南边与洛斯阿图斯市（Los Altos）接壤，在东南边与森尼韦尔市（Sunnyvale）接壤，以及在东北边与旧金山湾接壤，也是圣荷西市的卫星城之一。

◆ 高科技企业吸引力优势

山景城凭借其优越的地理位置优势，吸引了大批科技创新型企业，截至目前已经有谷歌公司、赛门铁克、微软等公司进驻。代表性高科技企业的进驻促进该区整体科技创新、研发的实力不断增强，从而吸引大批具有科技创新能力的企业和高科技人才来此就业和创业。

◆ 硬件设施支持优势

美国山景城高科技产业小镇不仅有 Google 公司总部，Mozilla 基金 /Mozilla 公司，微软的 MSN、Hotmail、Xbox、MSNTV 部门等许多著名机构都位于该市。山景城还是美国第一座完全覆盖免费无线网络的城市。无线网络的城市全覆盖为科技企业的发展提供了较有竞争力的硬件设施支持优势。

7. 经验借鉴

依托有代表性的科技创新企业和该区优越的创新人才环境，山景城树立起了自己特有的品牌，不仅建成了以谷歌和微软等科技性企业为代表的科技创新产业，更促进了以 Mozilla 基金为代表的金融业的发展，形成了一个独具地方特色的世界级小镇。想要打造出一个成功的特色小镇，要将当地的优势企业与自身资源相结合，利用地域性的特色优势，深入挖掘地域传统文化并进行传承与发展，在完善基础设施的同时，充分发挥当地特色，发挥产业的集聚效应和叠加效应，以促进小镇的建设和发展。

2.3.2　帕罗奥多小镇

1. 基本信息

帕罗奥多（Palo Alto），是美国加利福尼亚州旧金山湾区的一座城市，隶属于圣克拉县（Santa Clara County），共有 6.2 万人左右，位于旧金山湾区南部的圣克拉拉县境内门洛帕克市（Menlo Park）与芒廷维尤市（Mountain View）中间。

2. 地理位置

小镇面积 66.4 平方公里（25.6 平方英里），位于美国公路 101 与美国公路 280 中间。加州公路 82（国王大道，El Camino Real）也经过帕罗奥多。帕罗奥多在西北边与门洛帕克（Menlo Park）接壤，在东北边与东帕罗奥多（East Palo Alto，与帕罗奥多不是一个城市）接壤，在南边与洛斯阿图斯市（Los Altos）接壤，以及在东南与芒廷维尤（Mountain View）接壤。离帕罗奥多最近的大城市是旧金山：帕罗奥多位于旧金山湾区南部，离旧金山 50 公里左右。根据美国人口调查局的资料，帕罗奥多的面积为 66.4 平方公里（25.6 平方英里），其中 61.3 平方公里（23.7 平方英里）是陆地，5.1 平方公里（2 平方英里）或 7.6% 的面积是水。

3. 发展历程

帕罗奥多这个名字是来自于两个西班牙语词语："Palo" 意为树，"Alto" 意为高。所说的 "高树" 现在还存在，称为 "El Palo Alto"，位于帕罗奥多树公园（El Palo Alto Park）。

4. 发展现状

发展至目前，帕罗奥多已经成为美国硅谷地区具有代表性的高科技小镇之一，其具有斯坦福大学和索菲亚大学等世界著名的教育资源。斯坦福大学与帕罗奥多的历史一直很有关系：斯坦福·利兰（Leland Stanford），该大学的成立者，成功地推动了帕罗奥多这座城市于 1895 年的建立。索菲亚大学（Sofia University）是一所在个人心理学领域世界闻名的高级学府，创建于 1975 年。除了优质的教育资源，帕罗奥多还有惠普公司，因此许多人将帕罗奥多称为硅谷的中心，因为它拥有很多高科技公司。

5. 运营模式分析

科技创新已经成为目前企业发展的重要的竞争力，随着各国对国家科技创新作用的持续关注，帕罗奥多依托世界著名斯坦福大学的科技创新能力及创新人才优势，形成了以高等教育发展为引力，以惠普等为代表的科技公司为引领的双轮驱动的运营模式。

以科技公司为引领
· 以惠普科技公司为引领

以高等教育发展为引力
· 促进科研实力的提升及加强对人才的吸引

图 2.3-2　帕罗奥多小镇运营模式分析

6. 发展优势分析

◆地理位置优势

优越的地理位置优势和交通优势为其高科技小镇的发展提供了基础支持。

◆高等教育机构吸引力优势

帕罗奥多凭借其优越的地理位置优势和优质的高等院校教育资源和科研优势，吸引了大批科技创新型企业的进驻。现阶段，人才是一个企业竞争力的重要体现，也是行业创新能力的重要推动因素，斯坦福大学作为全球具有一定竞争实力的教育机构，吸引了世界各地的优秀人才，推动了该区创新能力的提升并保障了企业发展过程中优秀人才的供给。

7. 经验借鉴

依托有代表性的科技创新企业和该区优越的创新人才环境，帕罗奥多形成了以科技创新为代表的具有区域代表特色的小镇建设，形成了一个独具地方特色的世界级小镇。想要打造出一个成功的特色小镇，要将当地的优势企业与自身资源相结合，利用地域性的特色优势，深入挖掘地域传统文化并进行传承与发展，在完善基础设施的同时，充分发挥当地特色，发挥产业的集聚效应和叠加效应，以促进小镇的建设和发展。

2.4　体育小镇案例及发展分析

2.4.1　尤金体育小镇

1. 基本信息

尤金(Eugene)是美国俄勒冈州第二大城市,建立于1846年。小镇有低矮的房子,疏松的街道,参天的古树。尤金拥有高山、溪流、山谷、丰富的矿藏（铜铁矿为主）以及浓密的森林,是典型的地中海气候,季节分明,气候宜人,是最美的宜居城市之一,具备发展体育运动的条件。尤金的户外运动包括夏季（自行车、有氧慢跑）和冬季运动（滑雪）,也包括休闲运动（棒球、高尔夫）和极限运动（漂流和皮划艇）。

2. 地理位置

尤金为俄勒冈州西部雷恩县的县治,面积105平方公里,其中陆地面积104.9平方公里,水域面积0.1平方公里。

3. 发展历程

尤金体育小镇的发展离不开小镇内著名的俄勒冈大学。1919年该大学建设了第一条跑道——海沃德田径场。这条跑道曾举办过九届NCAA的田径锦标赛,以及1972年、1976年、1980年、2008年、2012年全美奥运选拔赛,2016年的选拔赛也在此举行。另外,还有无数场大大小小的田径比赛,比如每年一次的钻石联赛。大大小小的比赛推动了以俄勒冈学校为引导,全民参与的田径赛事运动项目的发展,也因此推动了尤金体育小镇的建设。

4. 发展现状

发展至今,尤金体育小镇已经举办了各类具有代表性的大大小小赛事不少于20场,因此美国尤金特色小镇具有"田径之城"的称号。2015年4月,尤金正式获得2021年世界田径锦标赛的举办权。

5. 运营模式分析

尤金体育小镇的发展主要是以体育赛事为依托,形成了以俄勒冈大学体育项目的筹办为依托的特色小镇的建设发展。

6. 发展优势分析

◆ 自然资源优势

尤金是典型的地中海气候，季节分明，气候宜人，是全美的宜居城市之一，具备发展体育运动的条件，因而尤金的城市宣传语是"艺术和户外运动的伟大之城（A Great City for the Arts & Outdoors）"。

◆ 高校文化背景

尤金是俄勒冈大学所在地，2012 年有 10 名学生代表美国队参加伦敦奥运会，最著名的是获得十项全能冠军的伊顿。俄勒冈大学是尤金的第二大雇主，尤金有 5406 人在该大学工作。美国 NCAA 第一级别学校（即至少开展男女共 14 个项目，且女子不少于男子），各自参与区域联盟的比赛和全国比赛，因此体育气氛好。这所大学获得过 NCAA 男子篮球全国冠军。

◆ 特色赛事

美国约有 350 多所大学是 NCAA 第一级别的高校，他们都要符合至少开展男女共 14 个项目的最低要求。因此，光有基础设施，仅仅是大学所在地，还不一定能成为体育小镇或小城，还要有特色，如特色比赛、拳头产品、核心产业等。尤金有美国"田径之城"的称呼，1973 年开始，每年都要举办国际性田径赛事，之前是普雷方丹精英赛，现在是钻石联赛。除了钻石联赛，尤金还举办许多大学的和职业的、国内的和国际的田径赛事，并且都在建于 1919 年的海沃德田径场举行。这些赛事有世界青年田径锦标赛（2014 年）以及将在 2021 年举行的世界田径锦标赛、美国大学生田径锦标赛及 PAC12 区域联盟田径锦标赛、美国室外田径锦标赛和美国奥运会田径选拔赛。此外小镇还有民间赛事。2016 年 5 月 1 日，第十届尤金马拉松鸣枪起跑，虽然规模不大，几千人参赛，但因气候与赛道的舒适、环境的优美、文化的浓郁，尤金马拉松被《跑者世界》杂志誉为"完美赛事"。

7. 经验借鉴

依托高校发展的运动需求及传统的承接，美国尤金已经形成了具有一定影响力的体育小镇，并且已经具备了"田径之城"的称号。该体育小镇的成功发展离不开高校运动需求的促进，同时每年举办的各类体育赛事也是该区体育小镇延续发展的重要的推动力。因此，想要打造出一个成功的体育特色小镇，要将当地的优势资源与自身资源相结合，深入挖掘地域传统文化并进行传承与发展，在完善基础设施的同时，充分发挥现有的影响力，并积极承办具有影响力的体育赛事，积极鼓励人们参加。

2.4.2　威兰体育小镇

1. 基本信息

威兰是加拿大一个传统的工业制造中心，因连接安大略湖和伊利湖之间的运河而得以兴起。之前依托便利的水路运输环境成为尼亚加拉地区的工业和制造业中心，但是随着传统产业的不断转型，该区逐步转向以体育旅游等新兴事业促进区域发展的发展道路。

2. 地理位置

从美国纽约州著名的运河之城——水牛城驱车往西，越过美国与加拿大的国境线，大概有 30 分钟的距离。

3. 发展历程

威兰小城因修建连接安大略湖和伊利湖的运河而兴起，而正是运河与铁路汇集的红利，使得该城逐渐生长出了一批以钢铁为核心产业的公司，成了尼亚加拉地区的工业和制造业中心。"二战"后，随着全球经济的复苏以及对于钢铁及传统工业的强烈需求，威兰迎来了发展的黄金年代。20 世纪 70 年代，威兰的钢铁及制造企业不再具有竞争优势，陆续宣告死亡或迁离威兰。产业衰退导致大量的人口迁出、土地闲置等一系列问题。1972 年，原本经过威兰市中心的月牙形河道被裁弯取直，昔日繁忙的水面，变成了门可罗雀的闲置资源。被闲置 25 年后，老运河的产权终于在 1997 年转移到了威兰市。

在传统产业衰退的大背景下，威兰小城紧紧抓住了体育旅游这一加拿大增速最快的产业机会。经过 10 年的调研与总结，威兰通过总体规划，下决心用体育旅游引领老运河的发展，故此一个该区有代表性的体育小镇兴起。

4. 发展现状

通过转型发展，加拿大威兰已经成功由工业城市转向以体育赛事为依托的体育小镇。该体育小镇人口仅为 5 万人。截至目前，威兰以体育赛事为中心，不断邀请全省、全国甚至国际体育组织来到威兰，2007 年全年威兰成功举办了 8 场体育赛事，形成了以威兰国际静水运动中心（Welland International Flatwater Center）、1.3 平方公里的静水水面、总长 24 公里的步道系统、水岸艺术中心、配套训练基地为主的体育旅游小镇基础设施矩阵，累计举办从尼亚加拉地区青少年赛艇比赛到国际泳联公开水域世锦赛、国际龙舟冠军赛等不同等级的赛事与活动超过 200 场，每年为威兰及尼亚加拉地区贡献经济效益 5000 万加元，折合人民币 3.2 亿元，实现了存量资源的意义重构。

5. 运营模式分析

以当地独有的公开水域为基础，以开展赛艇、龙舟等水上运动赛事为核心产业；威兰核心区域面积为 4 平方公里，区内建成了国际级的静水比赛场馆；具有明显的旅游目的地属性，每年为当地带来超过 3 亿元人民币的经济效益；并引导了当地的运动风尚，成为社区健康生活方式的驱动引擎。

6. 发展优势分析

◆承办赛事优势

赛事是天然的流量入口，它能凭借赛事自身的 IP 势能以及赛事的参与人群将目的地迅速传播。特别是在社交媒体与移动互联网成为日常生活方式的时代，参赛者与观众的自媒体价值更能让赛事所带来流量形成加乘效应。赛事具有瞬间集客的功能，能超越旅游目的地的季节性，提高目的地资源在旅游淡季的利用率。并且，这些因赛事而产生的客户群体，相较于传统游客，对体育旅游目的地具有更高的黏性。

◆体育赛事能为目的地创造完全区别于日常生活的语境，为目的地的资源赋予新的价值和内涵，实现存量资源的意义重构。在威兰这个案例中，老运河在被时代抛弃后，原本的通航与运输意义已经失去了价值，而在皮划艇、赛艇、龙舟等体育赛事所构筑的语境之下，它被赋予了完全不同的意义，存量资源的禀赋一举转化成助力威兰变身加拿大的静水运动之都的关键因素。

7. 经验借鉴

拥有自然、人文资源等吸引产业和人才进驻的优势资源。加拿大该体育小镇的发展是在传统产业衰退的发展过程中倒逼出来的新型业态。未来体育小镇的发展应结合当地的资源优势，如水资源优势发展水上竞技项目的体育小镇；自然资源优势，发展以田径运动、马拉松运动等体育赛事为依托的体育小镇。除此之外，体育小镇的发展离不开基础设施的布局，因此其区域及周边地区应具备一定的相关产业的基础。

2.4.3　太阳谷小镇

1. 基本信息

爱达荷州（Idaho），位于美国西北部，北与加拿大的不列颠哥伦比亚省接壤，南面连接犹他州和内华达州，东邻蒙大拿州和怀俄明州，西接华盛顿州和俄勒冈州，面积 216413 平方公里。首府博伊西（Boise）。"爱达荷"来自印第安语，意为"山地的宝石"，最初专指科罗拉多州派克斯峰内产宝石的矿区，后来泛指太平洋沿岸宝石矿区。爱达荷州建立后，便成了该州的州名。

太阳谷位于爱达荷州落基山脉，这里坐拥巴尔达山和美元山，能够满足冒险滑雪专家、爱好者和初学者的需求，太阳谷当年也吸引了很多名流，包括作家海明威。如今太阳谷仍然被认为是美洲大陆最好的滑雪地之一。

2. 发展历程

太阳谷是美国太平洋联合铁路公司（Union Pacific）的老板 Averell Harriman 1936 年创立的。Averell Harriman 自己喜爱滑雪。为了增加冬季火车的客流量，他从奥地利请来了滑雪场专家，让他在铁路沿线寻找合适的地方建滑雪场，于是就有了太阳谷。

早年的太阳谷非常兴旺，是好莱坞明星聚集的地方。世界上第一列吊椅就是太平洋联合铁路公司的一个工程师发明并安装于太阳谷的。到了 20 世纪 60 年代，由于航空业的迅猛发展，美国铁路客运无法与之竞争，很快就衰落直至基本消亡。而与此同时，科罗拉多及落基山脉其他地区建成了一批大型滑雪场，太阳谷也就今非昔比了。几经转手，太阳谷现在的业主是 Holding 家族。Holding 以地产和矿业起家，其投资理念是购入，永远持有，决不出售。他购入太阳谷后大手笔投入，使之重现昔日的辉煌。在滑雪场都在向高端发展的今天，太阳谷是低调的奢华，以示与暴发新贵的不同。这点在其主接待厅得到充分体现。三、四层楼高的落地窗镶嵌在整根原木之间，直矗到顶的壁炉由巨石垒成，烧的是直径近半米的木头，而非现在常见取巧的煤气。最震撼的是卫生间，所有水管龙头等金属物件一律由黄铜铸成，每个隔间都是全封闭的花岗岩石板，至少有 10 厘米厚。配以厚重的木门，坚实的质地，精致的制作，均体现了小镇的独特之处。

3. 发展现状

爱达荷州太阳谷小镇是美国最为著名的体育旅游小镇之一，受当地优势的自然资源的影响，太阳岛滑雪运动得到快速的发展，并吸引了大量的游客来此观光、体验旅游，促进了小镇体育旅游业的发展。为了促进旅游业的发展，现阶段该小镇冬季主要以滑雪项目为主，夏季则以观光旅游为主，每年会有大量的游客来此游览。

4. 运营模式分析

太阳岛小镇因其滑雪运动而获得世界各地滑雪爱好者的广泛关注，并且每年会有大量的游客来此体验惊险刺激且有挑战性的滑雪运动，现阶段旅游业也是小镇的核心发展业务，其运营模式以"体育运动＋观光旅游"为主，积极促进小镇经济的发展。

5. 发展优势分析

◆ 自然景观优势

太阳谷的景色有别于松林密布的科罗拉多，也不同于险峰兀起的阿尔卑斯，该区风小雾大，给人一种奇幻森林的体验，每年吸引大量的滑雪及体育爱好者。除此之外夏季也可以体验狩猎项目，不同以往的旅游小镇，小镇的吸引力较强。

◆配套设施建设优势

太阳谷雪场位于博德山上（Bold Mountain），垂直落差约 1200 米。和美国其他雪场一样，高速缆车四通八达，基本覆盖全部雪道山峰。山下有两处基地，相距约 5 公里。面东的主基地有一列八座高速吊厢式缆车和一列四座高速吊椅。另一基地向北，有两列四座高速吊椅。其中一列连续攀升 1200 米落差，直抵山顶，可能是世界上最长的吊椅。太阳谷也是世界上是最早安装上覆盖大部分雪道的造雪系统的主要雪场。

2.4.4　特柳赖德小镇

1. 基本信息

特柳赖德（Telluride）现在是美国著名的休闲运动滑雪小镇，位于圣米格尔河畔，坐落在高耸的圣胡安岛，位于圣胡安山脉的西麓。特柳赖德在夏季为游客提供丰富的鳟鱼及远足的机会，在冬季提供速降和越野滑雪运动。作为世界上最美丽的滑雪胜地之一，这个前淘金潮小镇自 20 世纪 70 年代以来一直深受滑雪爱好者的喜爱。

2. 地理位置

特柳赖德是美国科罗拉多州圣米格尔县的一个镇，位于圣米格尔河畔，坐落在高耸的圣胡安岛，位于圣胡安山脉的西麓。

3. 发展历程

特柳赖德作为著名的休闲运动滑雪小镇，其发展有着悠久的历史。由于位于圣胡安山脉的西麓的重要位置，早在 20 世纪 70 年代，该小镇的滑雪项目就备受滑雪爱好者喜爱。随着近年来体育旅游项目的发展，特柳赖德的休闲运动小镇又得以优化建设。

4. 发展现状

近年来，随着人们对健康重视程度的不断提升，休闲运动游成为继单纯的观光休闲游以外的一个重要的备受关注的旅游关注点。特柳赖德凭借其优越的自然地理位置和资源，积极开拓各类滑雪运动项目、徒步运动项目，开拓了四季体育运动休闲项目，促进了该小镇旅游业的不断发展，每年吸引大量的游客来此体验运动项目，享受休闲旅游带来的身心放松。

5. 运营模式分析

特柳赖德小镇的发展主要是以体育赛事为依托，形成了以冬季滑雪运动＋夏季徒步运动为主要运动项目的休闲运动小镇的运营模式。

6. 发展优势分析

圣胡安山脉是一条环绕特柳赖德市区的山脉，在其顶端是山庄。交通便利，往返于山村和特柳赖德市区之间的主要交通方式是（免费）缆车。游客乘坐缆车上山，途中可以欣赏山间的美丽景色。

◆丰富的冬季资源

特柳赖德滑雪场连续3年被选为北美最受欢迎的滑雪场,山坡雪道维护得很好,不仅适合初学者，也适合滑雪高手。其他热门冬季活动还包括乘雪橇、冰钓、徒步旅行或直升机滑雪等。游客们可以乘雪橇前往很多地方。

◆商业服务

山顶的山庄提供多种舒适豪华的住宿选择，也有酒吧和餐厅。阿贾克斯峰下的特柳赖德的主街，有许多主推健康饮食的餐厅以及时尚精品购物店。

Allred 作为特柳赖德最受欢迎的餐厅之一，拥有别家餐厅不具有的特色元素：由于它坐落于缆车路线的中间站位置，顾客可以在欣赏壮观山景的同时，享用由当地独特食材烹饪而成的新鲜菜肴。

7. 经验借鉴

依托该区优势的自然资源，冬季开展各种体验类型的滑雪项目；为了增强游客的黏性，促进小镇旅游业的发展，夏季开发出徒步和独特风景的观光旅游项目。

因此，其他有相似自然资源的地区在促进其体育小镇发展建设的过程中，应充分
开发小镇的旅游资源，在不同的季节进行有针对性的旅游项目的推广。

2.4.5 布鲁明顿小镇

1. 基本信息

布鲁明顿是美国印第安纳州第 7 大城市，1818 年建镇。这里四季分明，气候
宜人。

以彩色电视机为主的电子工业发达，是石灰岩采掘和加工中心。市东南的门
罗水库是印第安纳州最大人工湖，是旅游和休养胜地。

除此之外，布鲁明顿还有建于 1820 年的美国著名的公立研究型大学——印第
安纳大学。

2. 地理位置

布鲁明顿位于印第安纳州首府印第安纳波利斯西南 80 公里，是印第安纳州中
南部主要文教中心。

3. 发展历程

布卢明顿由来自于肯塔基州、南北卡罗莱纳州、弗吉尼亚州和田纳西州的定
居者建立于 1818 年，这里给他们的第一印象是"花朵的天空"。30 多年来，这座
城市一直被誉为"树城"，是美国十大佳片之一的《突破》的取景地，其石灰石采
矿场还曾出现在电影之中。

4. 发展现状

布鲁明顿是一座一年四季节日不断的城市，包括美国黑人艺术节、巧克力节、
黑色嘉年华电影节、喜剧节等。此外，印第安纳大学每年还会举行"小五百"（Little
500）运动项目，受印第安纳大学每年的自行车赛事举办的影响，现阶段布鲁明顿
已经成为"小五百"自行车赛举办地，每年吸引众多游客到来。

"小五百"自行车赛运动是一项由印第安纳大学举办的场地自行车接力赛。该
赛事于每年四月的第三个周末，在美国印第安纳大学的主校区所在地布鲁明顿的

比尔·阿姆斯特朗体育场（Bill Armstrong Stadium）进行，它也被誉为"世界上最棒的大学周末"。这项历史悠久的赛事是由霍迪·威尔克特斯（Howdy Wilcox Jr）在 1951 年创办的。

5. 运营模式分析

布鲁明顿体育小镇的发展主要是以体育赛事为依托，形成了以印第安纳大学小五百体育赛事的筹办和开展为依托的特色小镇的建设发展。

6. 发展优势分析

◆高校文化背景

印第安纳大学是大十区的成员，美国 NCAA 第一级别的高校之一，曾经 5 次获得 NCAA 全国冠军，在夺冠次数上名列第四。它们的男子足球曾经 8 次夺得 NCAA 冠军。印第安纳素有"篮球之州"的称呼。

◆特色赛事

布鲁明顿举办的特色赛事是"小五百"自行车赛。"小五百"自行车赛从 1951 年以来每年举办，全程男子 50 英里，在 400 米跑道骑行 200 圈，女子为 100 圈，决赛 33 支车队参加。该赛事有"世界最棒大学周末"的称谓，每年 4 月中旬，学生、校友、小镇居民、旅游者都聚集在布鲁明顿欢度周末。

小镇拥有比尔·阿姆斯特朗体育场，场地是 400 米的煤渣跑道，能容纳 6500 人。同时酒吧、餐厅等休闲娱乐场所齐全。

7. 经验借鉴

依托高校发展的运动需求及传统的承接，布鲁明顿小镇已经形成了具有一定影响力的体育小镇，并且随着政客及电影明星来此宣传，形成了小镇体育运动独特的影响力。该体育小镇的成功发展离不开高校运动体育赛事的促进，每年印第安纳大学学生对该运动的期待及庆祝形式，增强了外界对该体育小镇的关注度。因此，想要打造出一个成功的体育特色小镇，要将当地的优势资源与自身资源相结合，在增加参与者运动的积极性的同时，积极地加强对本地运动赛事的宣传，以吸引来自世界各地的运动爱好者来此参加体验。

2.4.6　布雷肯里奇小镇

1. 基本信息

布雷肯里奇（Breckenridge）是美国的一个小山镇，位于科罗拉多州的萨米特县，人口只有四千五百多人。该小镇是远足、滑雪和漂流等户外运动爱好者的圣地。与大多数美国小镇一样，这里的道路、建筑和住宅一看就是经过了很好的规划和设计。从谷歌地球上俯瞰整个小镇，非常整洁漂亮，没有高楼，基本上都是一两层的小楼，并且绿化很好，每年会吸引大量的游客来此参观。

2. 地理位置

布雷肯里奇位于科罗拉多州的萨米特县。

3. 发展现状

旅游业是该小镇发展的主要产业，受旅游业的发展及景区和山区运输成本的提升影响，布雷肯里奇的生活成本明显高于科罗拉多平均指数 27 个百分点，高于美国平均水平 34 个百分点。此外，这里的房屋价格指数更高，是美国平均值的两倍多。布雷肯里奇滑雪场是一个迷人的维多利亚风格的滑雪场。它提供了世界一流的滑雪、杰出的购物和足够的乐趣，每年会吸引大量的游客到此游览。

4. 运营模式分析

布雷肯里奇体育小镇的发展主要是以体育赛事为依托，其主要的体育赛事为滑雪运动以及与滑雪运动相关的登山体验的旅游项目，因此现阶段布雷肯里奇小镇的运营采用"体育运动 + 观光旅游"的模式，进一步推动小镇旅游项目的发展。

5. 发展优势分析

◆ 风景优美的自然资源

布雷肯里奇是美国一个独具代表性的旅游小镇，其旅游项目的发展得益于风景优美的自然资源。

◆ 便利的交通

来布雷肯里奇旅行有一个巨大的优势，就是具备便利的交通条件，除了传统意义上的火车、客车等，还可以乘坐萨米特县提供的免费巴士去。

2.4.7　斯托滑雪小镇

1. 基本信息

美国佛蒙特州的斯托小镇充满了田园风光，这里有教堂尖顶、古朴的廊桥，走入小镇，看不到那些无孔不入的连锁店。这里还是一个滑雪胜地，作为全球滑雪地图上最负盛名的度假地之一，斯托不仅保留了新英格兰的传统，还拥有该地区最大的垂直滑坡；两个滑雪区分别是曼斯菲尔德山和思普鲁斯峰，后者的山背靠近走私者峡谷国家公园。另外这里的绿山小旅馆从150多年前就已经开始提供舒适的住所，现在客人们可以选择住在旅馆本身的小木屋里，或者镇上具有代表性的房子内，体验当地的人文风情。

2. 地理位置

斯托小镇位于美国佛蒙特州的拉莫伊尔县、佛蒙特州的北部。美国人口调查局的资料显示，该镇有188.2平方公里是陆地面积，另外只有大概0.10%的即0.2平方公里是水域面积，但就面积来讲，斯托是佛蒙特州第二大的镇。

3. 发展历程

斯托小镇是1763年3月由奥利弗·卢斯和他的家人建立的。经过多年的发展，斯托小镇已经成为集旅游和滑雪于一体的特色小镇。

4. 发展现状

基于其独特的地理位置优势和自然资源优势，斯托小镇推动了滑雪旅游项目的发展。曼斯菲尔德山1339米高，是佛蒙特最高的山，并且其地形适合中级滑雪者，海拔较低的斯普鲁斯山（Spruce Peak）适合初学者。

依托滑雪旅游项目的发展，斯托小镇每年会吸引大量的国内外游客，这促进了小镇经济的发展。

5. 运营模式分析

斯托小镇以其具有代表性的自然资源优势和地理位置优势，促进了小镇滑雪旅游项目的发展，推动了斯托特色小镇的建设和发展。在结合小镇多业态经营的发展形势下，奥兰多采用"体验＋旅游"共同推进的发展模式。基于以上的运营模式，小镇的收入主要为小镇旅游项目相关的运营收入。

6. 发展优势分析

◆ 自然资源优势

斯托小镇滑雪旅游项目的发展主要是基于其具有代表性的自然资源优势，小镇内拥有两个滑雪区，两个滑雪区独特的自然风光为小镇滑雪旅游项目的发展提供了支持。

◆ 历史文化优势

除了具有代表性的自然景观优势和地理位置优势，斯托小镇依据其悠久的历史文化趋势逐渐获得发展。小镇有具有悠久历史的肖家商店，该商店如今已经有一百多年的历史，代表了小镇历史性文化特征。

2.5　特色产业小镇案例及发展分析

2.5.1　好时特色小镇

1. 基本信息

位于美国宾夕法尼亚州的好时镇，又名赫尔希镇，小镇人口约 2.1 万，以巧克力公司——好时公司（Hershey's）闻名，号称是"世界上最甜蜜的地方"，镇上的居民几乎全是好时公司的员工。从人口的统计看，德里镇超过一半的人口居住在好时镇。

2. 地理位置

好时小镇是一个非建制镇（没有法定边界），隶属于宾夕法尼亚州多芬县（Dauphin county）德里镇（Derry town），享誉世界的好时巧克力在此生产，好时得名于糖果巨头米尔顿·S·好时。

小镇位于哈里斯堡东 23 公里，是哈里斯堡卡莱尔大都市统计区的一部分，位于多芬县东南，德里镇的中东部地区，东边是德里镇的帕姆代尔和黎巴嫩县南伦敦德里镇的坎贝尔镇，西边是胡梅尔斯自治镇。

图 2.5-1 好时小镇区位分布图

3. 发展历程

1894 年，米尔顿·好时先生精心制作了第一块好时巧克力，由此开始了好时的巧克力生产。随着好时巧克力公司的发展，好时先生开始计划打造以好时巧克力而命名的好时小镇。在 20 世纪上半叶，好时镇就是好时公司，镇上的居民几乎全是好时公司的员工。好时巧克力小镇是典型的工业小镇，因工厂而生，因工厂而起。创始人好时先生是当时小镇唯一的工业资本家，工厂员工就是小镇居民，后期企业越做越大，工厂利润再投入基础设施、公共服务，完善生活，建成了有特色产业为代表的好时巧克力小镇。

4. 发展现状

好时是美国最大的巧克力制造商，具有百年历史的好时公司给这个小镇每个角落都打上了好时和巧克力的印记。这里有巧克力大道和可可大街，五彩缤纷让人眼花缭乱的巧克力专卖店，如同豪华酒店一般的的巧克力工厂，还有好时游乐园。好时镇拥有 3 家现代化的巧克力工厂，作为北美地区最大的巧克力及巧克力类糖果制造商，每天生产的巧克力仅 KISSES 一个品种就多达 3300 万颗。

图 2.5-2　好时小镇代表性图片展示

5. 运营模式分析

好时小镇的运营模式主要是以好时巧克力的生产为依托，发展相关的旅游业和旅游相关的产业，在带动巧克力的生产过程中也促进相关产业的同步发展。

发展相关旅游业	**以好时巧克力产业为支柱**	**旅游业相关产业带动**
好时特色小镇的建设为该区旅游业的发展提供支持	巧克力产业是该镇的支柱性产业	巧克力与旅游业发展相互促进，带动相关产业发展

图 2.5-3　好时小镇运营模式

6. 发展优势分析

◆ 各类资源优势

随着好时巧克力的知名度提高，影响力增大，好时主题乐园建成后便自然而然成了旅游区。区位交通：位于哈里斯堡市近郊，距离机场仅 10 分钟，距华盛顿 200 多公里；自然资源：周围绿山环绕，自然风光优美；人文资源：好时公司已经成为小镇历史文化的象征。各类资源优势共同推动好时小镇模式的成功。

◆ 产业融合优势

截至目前，好时小镇已经形成了以巧克力为代表，以好时公园、好时博物馆、好时体育馆、好时客栈等为特色，与好时小镇整体发展相融合的相关产业发展模式。

◆ 工业资本推动优势

好时小镇的建设不是由政府推动的，完全是工业资本推动小镇建设的典型，小镇的建设过程也是好时公司不断发展壮大的过程。而该种发展模式和资本类型的推动使得其发展能够形成有针对性的建设模式，更能有效地促进其与当地产业的融合。

7. 经验借鉴

好时小镇是世界上有一定代表性的特色产业小镇，单纯依靠巧克力生产企业的发展而闻名，一个重要的因素是其依托社会资本的工厂而建，建设的目标性较为固定，所有相关产业的融合均是以好时巧克力为依托，能够根据工厂的实际需要进行特色产业的构建及相关产业的融合发展，一定程度上给我们以巨大的启示，即优势特色产业能够带动区域的快速发展，同时又会反作用于企业的发展。未来，企业的发展应着眼于全局，以外围产业促进品牌形象力的构建，以促进产业的联动发展。

2.5.2 奥兰多国际医疗小镇

1. 基本信息

奥兰多（Orlando）是美国佛罗里达州中部城市，位处沼泽地。是柑橘类水果大集散中心，有食品加工、电子部件、火箭发动机等工业。西南 25 公里有著名的奥兰多迪士尼乐园。

奥兰多是世界上最大的旅游目的地，著名的迪士尼乐园每年能吸引全球各地5000 万游客，但除了主题乐园做得好，以医疗为主题的康养小镇也成为人们光临这座城市的目标。

2. 地理位置

奥兰多往东 1 个多小时到大西洋，往西 1 个多小时到墨西哥湾，年均气温 22.2℃，全年阳光明媚，气候温和，很少有飓风，故被称为"阳光之城"，是全球著名的宜居城市之一。

奥兰多医疗城紧邻诺娜湖而建，配套建设了多个市民休闲活动公园，为市民登山、骑车、露营、家庭聚会等提供了良好条件。在医疗中心内设立有安德森博士癌症研究中心、奥兰多退伍军人医疗中心、中心佛罗里达医科大学等。

3. 发展历程

奥兰多从前的名字是杰尼根（Jernigan），是甘霖堡（Fort Gatlin）旁边的一个简陋的聚居地，甘霖堡是跟塞米诺族印第安人（Seminole）作战时的一个美军基地。第二次塞米诺战争结束后，外地人开始迁居此处，并以在伊奥拉湖阵亡的士兵奥兰多·里夫斯（Orlando Reeves）的名字为小城命名。

20 世纪初，奥兰多发展成一个欣欣向荣的农业城市，号称"橘子皮城市"。柑橘种植业的成功，带动了当地的铁路和房地产的发展，但是 1950 年代后期，奥兰多又得到另一个无尽的财源，那就是太空时代。格伦·马丁公司（Glenn Martin Company）即如今的马丽埃塔国防系统公司（Martin Marietta Defence Systems）开始制造导弹；位于佛罗里达东海岸的卡尼亚韦拉尔和肯尼迪航天中心的建立，为该地区带来了丰厚的收入和大量的就业机会。

由于这里阳光充足，自然成了迪士尼乐园建造的首选地。1971 年建成以后，该市迅速发展，成了一个著名大都市。不过，吸引游客的不只是这些主题公园。奥兰多还不声不响地建成了自己的高技术走廊，成为佛罗里达州的硅谷。

4. 发展现状

传统意义上的奥兰多由于其地理位置优势，是美国代表性的旅游小镇，并且有"世界主题公园之都"的称号，总共有七座主题乐园，包括著名的迪士尼乐园、奥兰多环球影城、海洋世界主题公园、橙县会议中心、未来世界（Epcot）、"哈利波特的魔法世界"主题乐园、鳄鱼乐园和野生水上公园等，其中的迪士尼是全球唯一一个可以被称作为迪士尼城、拥有成熟完善的配套体系的完整"主题乐园城"。

除此之外，奥兰多还是国际性的购物天堂，零售商铺共占地 460 万平方米，既有地区性购物中心，如佛罗里达购物中心（Florida Mall）、美年购物广场（Mall at Millenia）、欢乐湾购物中心（Festival Bay Mall）和波因特国际购物广场（Pointe Orlandoon International），亦有工厂和名牌折扣零售中心，如博伟湖工厂商店（Lake Buena Vista FactoryStores）、奥特莱斯（Orlando Premium Outlets），顾客可在此享受到令人难以置信的折扣价格。

这里是基地。"肯尼迪太空中心"是美国航天飞机发射升空的基地之一，每当航天飞机发射升空前夕，必有数十万游客拥入此地，在发射基地附近露营，等待目睹发射的盛况。所在的 Brevard 郡是佛罗里达州太空技术的核心，汇聚高技术人才，每 1000 名居民有 48 名是工程师，较佛罗里达州其他都会区高得多。

奥兰多小镇地位解析 表 2.5-1

特性	分析
1	美国南部第六大都会区
2	每年约有 6200 万人到奥兰多旅游
3	全美拥有主题公园最多的地方
4	全美最繁忙机场排名第 13 位
5	全美第二大会展中心
6	全美第二大注册人数最多的大学校园
7	在人们最想住的城市排名中名列第四
8	两支大联盟职业球队—NBA 奥兰多魔术队和 MLS 奥兰多城队
9	全美工作最开心的城市第四位

这里是全美第二大度假养老医疗城市。近年来，奥兰多成了全美第二大度假养老医疗城市，成为这个城市又一大新兴产业和经济发展支柱，是奥兰多政府继旅游与高科技产业之后打出的又一张"大牌"。奥兰多东部的 Lake Nona 是医学城市，许多全球顶尖的医疗机构及生化技术均汇聚于此，例如 Sanford—Burnham Medical

Research Institute、MD Anderson Cancer Center Orlando 及中佛罗里达大学最近开办的医学院，以及开设的更多儿童医院、美军医疗中心、中佛罗里达大学研究院等。

5. 运营模式分析

奥兰多小镇以其优美的自然资源优势和人文资源优势及旅游资源优势，推动了奥兰多特色小镇的建设和发展。在结合小镇多业态经营的发展形势下，奥兰多采用"旅游 + 多业态"共同推进的发展模式。基于以上的运营模式，小镇的收入主要为小镇旅游项目相关的运营收入和医疗治疗及成果转化的收入。

6. 发展优势分析

◆ 自然景观优势

奥兰多位于美国的佛罗里达州，是美国的一个海滨城市之一。奥兰多市区有多个面积不小的湖泊，市区的街道也非常干净，这里的居民也非常友善，而且这里的气候温度也最适合旅行、露营、水上活动、蜜月及家庭旅行，每年到奥兰多旅游的游客均在不断提升。在具备一系列对世界各地游客吸引力的影响下，奥兰多积极转型经济发展模式，推动对城市医疗事业的发展，建设了国际医疗小镇。

◆ 地理位置优势

奥兰多是美国佛罗里达州中部城市，是世界上最好的休闲旅游城市之一。地理位置优越是成为健身康养小镇的先决条件。这里往东一小时车程到大西洋，往西则到墨西哥湾；全年气候温和宜人，少有飓风，被称为"阳光之城"，是全北美，甚至包括加拿大老年人的退休"养老胜地"。

◆ 配套建设优势

医疗城紧邻诺娜湖而建，配套建设了多个市民休闲活动公园，为市民登山、骑车、露营、家庭聚会等提供了良好条件。在医疗中心内设立有安德森博士癌症研究中心、奥兰多退伍军人医疗中心、中心佛罗里达医科大学等。

◆ 税收优惠优势

该小镇在积极推动旅游业发展的同时，还从税收优惠方式上促进小镇的发展，消费税仅为 6.5%，个人房产税约为 21.58‰，公司所得税为 5.5%，没有个人所得税。

◆ 产业发展优势

截至目前，奥兰多已经具备了迪士尼乐园、魔术王国、未来世界、好莱坞影城、动物王国等主题乐园旅游业发达，促进了旅游业的发展。除此之外，奥兰多还积极顺应时代的发展特征，建设医疗小镇，充分发挥小镇的产业优势特色，树立了其国际特色的医疗小镇地位。

2.5.3 倩美纳斯壁画小镇

1. 基本信息

倩美纳斯（Chemainus）壁画小镇位于加拿大温哥华岛南端城市维多利亚北约80公里，至今约有150年的历史。壁画艺术改变了这个曾经一直依赖林木业的小镇，为小镇旅游业的发展注入了新的活力。政府在小镇的转型复兴中起了非常重要的作用，他们启动了小镇复兴工程，邀请世界各地的著名艺术家倾注全力在小镇的墙壁上绘制了12幅壁画（1982年5幅，1983年7幅）。这些壁画主要描述了这座百年老镇的伐木历史和风土人情，是现代艺术与传统遗产结合的典范。随着小镇壁画影响力的不断提升，小镇逐渐吸引了很多的游客来此游玩观光，也吸引了其他的艺术家陆续加入绘制壁画的队伍，到现在为止已有39幅大型墙壁画（如包括小的壁画大概3000幅左右）和8件雕塑，而由此形成了壁画节，随之相关的旅游观光业开始大放异彩，一个默默无名的小镇开始享有户外艺术画廊之美称。

2. 地理位置

世界著名的壁画小镇倩美纳斯位于温哥华岛乃奈磨市以南30公里、维多利亚以北80公里处，走一号公路可以到达。但镇上精致的小街，纯朴的民风让游客感到分外亲切，尤其是小镇引以为自豪的大量外墙上的壁画，更是让游客流连忘返。

3. 发展历程

传统意义上的小镇是以林木业的发展为支柱产业。随着森林砍伐面积的不断增加，各地区对绿色环保重视程度的提升，小镇传统的林木业发展受到限制。在此影响下，小镇的经济发展基本进入了停滞阶段。为了促进小镇的经济结构转型和发展，小镇启动了复兴工程，邀请世界各地的著名艺术家倾注全力在小镇的墙壁上绘制了 12 幅壁画。截至目前，一个默默无名的小镇已享有户外艺术画廊之美称。

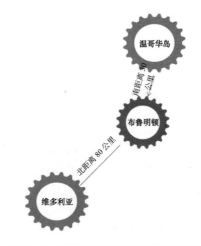

图 2.5-4　倩美纳斯壁画小镇地理位置概览

4. 发展现状

小镇壁画反映了小镇的传统遗产，例如画家伊嘉图（Paul Ygartua）绘制的 "原住民遗产"，就是当地原住民部落科维昌（Cowichan）男子英武的面孔。有的壁画反映了小镇支柱产业伐木业的历史，壁画中有林木工人砍伐参天大树的画面，也有人们最先使用畜力，后来使用蒸汽机车来托运林木的情景；Willow 街上的冰淇淋店则绘制了小镇上出生的第一位欧洲后裔、活了 102 岁的 Billy Thomas 的画像；壁画还反映了其他很多生活场景以及一些居民的音容笑貌。这些壁画分布在小镇的各个角落，信步在小镇的街头，驻足欣赏迎面而立的大幅壁画，遥想画中的当年情景，呼吸着林木在阳光下散发的芬芳，你会觉得时光一下子变得恍惚起来。或者走进小店，喝一杯咖啡，听着老板和顾客絮絮叨叨，隔窗看着对街的壁画，游历了整天的疲惫会顷刻而消，可见小镇具备的让人放松而获得悠闲体验的优势。小镇海边的景色虽然平常，但是看看海中浸泡着的木材，回想在历史的夹缝中挣扎着重生的小镇，一定会让人留下深刻的印象。

5. 运营模式分析

倩美纳斯壁画小镇是在传统林木业发展受到制约而结合小镇的优势开拓出的一种创新的发展模式，推动了具有代表性历史特征的旅游业的发展，推动了小镇的建设和发展。现阶段小镇的主要运营模式以壁画小镇为吸引力，推动小镇旅游业的发展。

6. 发展优势分析

◆ 历史文化优势

小镇有着悠久的历史文化，其传统的产业主要是林木业。但是受林木业发展不可持续的影响，小镇的经济发展受到制约，经济增长严重下滑，小镇启动了复兴工程，依托小镇的历史文化优势，邀请世界各地的著名艺术家倾注全力在小镇的墙壁上绘制了 12 幅壁画。壁画主要描述了这座百年老镇的伐木历史和风土人情，是现代艺术与传统遗产结合的典范，并逐渐吸引了很多的游客来此游玩观光。

◆ 产业转型定位优势

倩美纳斯壁画小镇的成功得益于其小镇内产业的成功转型，由传统的依靠自然资源的林木业，向着依靠历史文化和特色小镇建设的旅游业的发展。

2.5.4 美国康宁玻璃小镇

1. 基本信息

康宁小镇是美国纽约州北部因生产玻璃制品而得以闻名的玻璃制品小镇。该小镇因其拥有玻璃博物馆和玻璃研发中心而享有"玻璃城"的美誉。1868 年之前，康宁小镇是纽约州一个安静的农业小镇，它的英文名字是 Corning，即玉米的故乡。今日之康宁，是一个别具格调、古色古香的小镇，是美国的玻璃之都，位于小镇上的康宁玻璃艺术博物馆，是世界上最大的玻璃艺术品展览馆。

2. 地理位置

康宁玻璃小镇位于美国纽约北部，因每年举办的玻璃艺术博物馆展览而吸引大量游客。

3. 发展历程

1868 年前，康宁仅是纽约州一个安静的农业小镇，随着布鲁克林玻璃公司从纽约迁到康宁以及铁路通车，"要致富，先修路"的奇迹在康宁发生，康宁的玻璃制品迅速红遍全美，享誉世界，康宁的玻璃，就像中国景德镇的瓷器一样，在世界上闻名遐迩。

康宁是玻璃小镇大世界。在过去的 150 年里，开发了爱迪生发明灯泡所用的玻璃，从早先只生产餐具，发展到制造灯泡和电视机显像管，直到今天已成为世界光电通信的领头羊，为世界为人类作出了巨大贡献。

4. 发展现状

康宁玻璃中心有 10 万件左右的玻璃精品及艺术雕刻展示，这些精致的玻璃制品，或七彩灿烂，或晶莹剔透，令人眼花缭乱，目不暇接。除此之外，康宁玻璃小镇的发展离不开当地著名的玻璃博物馆，该博物馆承载着玻璃制品的发展历程，也能展现玻璃制品最为前沿的发展潮流。小镇每年会吸引大量的游客来此参观。

5. 运营模式分析

康宁小镇的文明主要依托小镇的玻璃产业，并因此吸引大量的游客来此参观，在此基础上促进了小镇旅游业的发展。由此，康宁小镇确立了"优势产业＋旅游业"共同发展的综合性的运营模式，从而在继续深化小镇玻璃产业专业化发展的过程中，依托旅游业对小镇的玻璃产业形成相互影响和促进，推动小镇经济的快速发展。

6. 发展优势分析

◆ 特色产业优势

小镇以玻璃产业的专业性和代表性在世界上获得了较为引人关注的优势，在玻璃产业发展的促进下，小镇建设了玻璃博物馆等具有小镇代表性产业特色的历史性建筑。随着小镇玻璃博物馆的建成和对外开放，依托特色优势产业促进了小镇玻璃业的发展。

◆ 基础设施支持优势

康宁小镇原来只是一个安静的农业小镇，以玉米等农作物的生产为主，随着布鲁克林玻璃公司从纽约迁到康宁，并且极度重视小镇交通等基础设施的建设，推动了小镇交通的发展，在交通的推动下，玻璃产业得以发展，玻璃产业在全球影响力日益凸显，促进了小镇旅游业的发展。

欧洲特色小镇案例及发展分析 / 第 3 章

3.1 文旅小镇案例及发展分析

3.1.1 温莎小镇

1. 基本信息

温莎（Windsor）是位于英国伯克郡的一个小镇，坐落于离伦敦 20 英里处，位于查令十字的西边，也在泰晤士河的南方。这里有著名的温莎城堡，是英国王室的行宫之一；还有古老的伦敦伊顿公学（以"精英摇篮""绅士文化"闻名世界，还是英国王子威廉和哈里的母校）。

2. 地理位置

距离伦敦 1 小时车程，以王室温莎古堡为核心要素发展旅游业，年游客量均列英国城市之最。

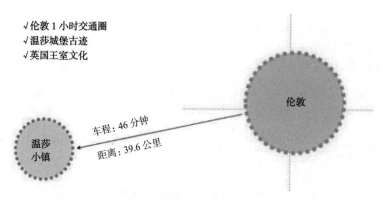

图 3.1-1　温莎小镇区位分布解析

3.发展历程

温莎是英国最著名的王室小镇，位于伦敦近郊，以温莎古堡闻名。而温莎古堡的起源则有着悠久而深远的历史。标志性建筑温莎古堡始建于 1070 年，是当时的君王威廉一世为了防止英国人民的反抗在伦敦郊区选址建造的。后来其军事用途逐渐被削弱，取而代之的是用来展示国家威严，作为王室的活动场所。在经历过历代君王的扩建与改造之后，19 世纪初的温莎古堡已经成了拥有近千个房间的奢华王堡。

4.发展现状

温莎因为有着英国王室行宫之称的著名的温莎城堡和古老的伦敦伊顿公学而吸引了大量的游客。温莎小镇虽然不大，但是由于人们的主人公精神使得市容非常整洁。周围尽是典型的英国建筑。

除此之外，泰晤士河从温莎流过，也给温莎镇的旅游项目增添了风采。

5.运营模式分析

温莎小镇是以文旅项目发展起来的特色小镇，其代表性的景色即为英国的皇室城堡温莎堡，利用温莎堡对游客巨大的吸引力，加之小镇安逸娴静的度假风情，助推了小镇旅游业的发展。

6.发展优势分析

◆ 优势的自然资源

小镇内坐落着英国的皇室城堡温莎堡，为小镇文旅产业的发展提供了较大的助力；著名的泰晤士河从小镇穿过，为小镇美丽的风景增添了卓越的自然风光。

◆ 较好的历史优势

该小镇是英国皇室温莎堡所在地，经历了几百年的发展，积淀了较为浓厚的、有代表特色的历史文化，为吸引游客到此游览观光提供了较大的动力。

3.1.2　英国斯特拉福德小镇

1.基本信息

斯特拉福德小镇是一个充满浪漫文化和气息的小镇，是莎士比亚的故乡。小镇坐落在波光粼粼的艾汶河旁，附近伫立着莎士比亚的纪念碑。远处可见一座高耸的哥特式建筑，即莎士比亚的安息地三一教堂。

2. 地理位置

小镇位于英国的艾汶河畔，在美丽而充满田园风光的沃里克郡乡间，这里是威廉·莎士比亚的出生地。

3. 发展历程

艾汶河畔的斯特拉福德小镇是莎士比亚的故乡。1564年，莎士比亚出生在这里。这座由其父亲买下的二层楼房里，一半做住宅一半做手工作坊。莎士比亚的父亲是个皮匠，也当过镇长。莎士比亚结婚生了两个孩子后去伦敦闯世界。在环球剧场拉过大幕，当过演员，润色过台词，最后成为伟大的剧作家和文豪，一生写过37部戏剧。1616年4月23日，即他52岁生日那天逝世，安葬于镇上的教堂里。

4. 主要景点介绍

该小镇只有2万人口，人口密度较小。莎士比亚的故居坐落在亨利街，是一幢典型的都铎式的两层木房，古朴庄重。作为著名的旅游小镇，小镇的景色展示和代表性的景点如表3.1-1。

5. 运营模式分析

小镇因是著名的剧作家莎士比亚的出生地而闻名。小镇的发展以旅游业为主，其旅游项目也是结合本地的自然旅游风光和与莎士比亚相关的旅游项目为主。

斯特拉福德代表性景点分析 表 3.1-1

序号	景点名称	景点介绍
1	盖里克酒馆	从1718年开业至今已经有300余年的历史，是斯特拉福德小镇的代表性景点之一
2	圣三一教堂	莎士比亚接受洗礼和长眠的地方
3	教堂街	莎士比亚曾经就读过的文法学院教堂街

序号	景点名称	景点介绍
4	皇家莎士比亚剧团演出	皇家莎士比亚剧团的新庭院剧院（Courtyard Theatre），于 2006 年开放，可容纳 1000 人观看演出，是莎士比亚"全集盛会"（Complete Works Festival）的一部分。在皇家莎士比亚剧院改造期间，庭院剧院将成为剧团在斯特拉特福德的主要演出地点。庭院剧院的新礼堂将成为新的皇家莎士比亚剧院的样本
5	蝴蝶园	参观游览
6	泰迪熊博物馆	参观游览

6. 发展优势分析

◆ 便利的交通条件

交通：莎士比亚之乡位于英格兰中部，即英格兰心脏地带，公路、铁路和飞机一应俱全，四通八达，交通便利。离伦敦仅两小时车程，从伦敦的马里波恩（Marylebone）车站到皇家利明顿温泉镇、沃里克和斯特拉特福德，都有直达列车。

◆ 较好的历史优势

该小镇是文艺复兴时期英国著名的戏剧家和诗人的出生地，具备较为深远的历史文化。

◆ 在全球范围培养"粉丝群"

作为名人故居保护与商业开发结合的典范,斯特拉福德享誉海外。成功的背后，离不开一个基金会。设立于 1847 年的"莎士比亚诞生地基金会"是英国历史上最早由公众出资设立、购买古迹并独立运营的基金会之一。在斯特拉福德镇，街道景观、住房、庆典等由斯特拉福德地区和镇两级议会管理，而 5 处与莎士比亚有关的房产则由"莎士比亚诞生地基金会"管理开发。基金会独立运作，不过，由于斯特拉福德地区、镇两级议会领导人都是基金会董事会成员，基金会在做决定时会充分考虑议会的意见。

目前，基金会有近 200 名员工以及 70 多名志愿者，多为文物保护、展出设计、市场运营方面的专业人士。他们除了筹资维护相关建筑之外，还设立研究室、公关等诸多部门，对莎士比亚作品进行整理和推广，并同世界上研究莎士比亚的大学和学会保持密切联系。

◆ 非物质文化景观的塑造

特色小镇之所以能吸引来自世界各地的游客，还得益于其塑造的非物质文化景观。这里充分展示了莎士比亚在小镇上"从摇篮到坟墓"的一生。全镇都是展示莎士比亚文化的舞台，游客可以在这里和自己的文学偶像进行心灵对话，增进情感交流，从走马观花的"旅"向互动交流的"游"提升。游客可以选择自己喜爱的莎剧台词，欣赏身着都铎时代服饰的专业剧团演员进行背诵表演，也可以参加小规模的徒步旅行团，前往莎士比亚在小镇常去的地点，了解一个都铎时期普通市民的日常生活。

3.1.3 意大利五渔村小镇

1.基本信息

五渔村是五个依山傍海的小村庄，其名字分别是里奥马乔列（Riomaggiore）、马纳罗拉（Manarola）、克里日亚（Corniglia）、韦尔纳扎（Vernazza）、蒙特罗索（Monterosso）。它们俯瞰着地中海的北岸，恍若隔世小岛。

2.发展历程

历史上，五渔村有诸多的景仰者，画家、自然学家、作家，如英国的雪莱夫妇曾追慕至此。1997年，五村镇和韦内雷港（Portovenere）、帕尔马里亚群岛（Palmaria）、蒂诺岛（Tino）、提尼托岛（Tinetto）一起被联合国教科文组织列入世界文化遗产名录，1999年被评为国家公园。

3.主要景点介绍

半山腰上，人们都驻足在"生命女神"的礼拜堂前。"生命女神"是对圣母玛利亚的称呼，她是五渔村的守护神。每逢复活节周的星期四，村子里的人都会去参加一年一次的赞美圣母玛利亚的宗教庆典。

下了山，维那察城堡神情严肃地看护着古墙下呈碗形的海港。从古堡向外望，能见到约四百步长的羊肠小道，悠长深邃地通向克里日亚——五渔村中唯一一座远离大海的小村。圣彼得教堂，作为利古里亚地区哥特式的典范，依然保存完好，宛如一座宏大的望景楼，可以从中眺望海边精心铺就的梯田。

继续前行便是马纳罗拉，一座被葡萄园包围的村庄。五渔村的葡萄用来酿造以"五渔村"命名的白葡萄酒和夏克特拉酒。

离开韦尔纳扎后，已经可以从海路往返于马纳罗拉和里奥马乔列之间，然而从前，一条被称为"爱情之路"的小径更为有名。这条小路的历史非常奇特。当年整个地区要通铁路，需要大量炸药挖掘隧道，人们不得不寻找一个安全幽僻的地点来存放这些危险品，而地点正好选在了两村间的半路上，于是一条秘密的小径便从岩石中被慢慢凿出了形状。

铁路完工后，五渔村的居民发现了这条新路，情侣们开始于此约会，这条路也渐渐成了该地区的象征。它全长仅有 2.5 公里，但景致却令人叹为观止。一边是地中海炫目深邃的蓝，另一边则是向过客诉说历史的古怪岩石。

4. 运营模式分析

经过多年的发展，意大利五渔村小镇形成了以旅游业为主的经营模式，以此带动相关酒店、饮食及交通业等服务业发展。

5. 旅游基础设施

◆ 交通路线

把五个村庄串起的徒步线路，沿着海岸而建，是世界上最美的徒步路线，约 15-20 公里，需 5-7 小时，一边是地中海，另一边是山脉，而前面则是意大利渔庄，是诸多徒步爱好者趋之若鹜的胜地。

◆ 交通工具

火车至今仍是村庄之间交通的最佳方式。因为两个站之间只有几分钟的路程，因此很容易打瞌睡或走神忘记下车，这时，错过站的人们只好在下一站下车，一路大笑着跑回家。

从米兰有火车到五渔村的蒙特罗索村，大约 3-4 小时。

◆ 住宿条件

最好选择入住家庭式住宿，体验地道的风土人情。可以选择入住蒙特罗索村，这里依山而建、海湾秀丽，却没有嘈杂，有一分难得的宁静。

◆ 主要美食

五渔村的美食烹调非常简易，纯鲜的橄榄油是每道菜的佐料。许多野生草本在山丘上生长，如麝香草、墨角兰及比萨的经典香料。

游客也可以品尝一下五渔村生产的白酒，以适宜的盐度和纯度著称，与地方海鲜美食相辅相成。鳀鱼是地方名鱼。至今，当地人仍会用传统的"灯光法"捕鱼：为渔船配置大型露营灯，以吸引夜间鱼群。最终，鳀鱼群会被渔网和机器捕获。鱼可以煎炸，填充以肉类、蔬菜和烘焙的土豆，佐以油、蒜、白酒、香菜在盘中烹饪。

3.1.4 瑞士格吕耶尔小镇

1.基本信息

格吕耶尔（Gruyeres）位于瑞士洛桑和伯尔尼之间，是瑞士南部弗里堡州的一个保存完好的中世纪小镇。格吕耶尔北边有狭长的格吕耶尔湖，西南面耸立着莫莱松山，拥有美丽的自然风光。格吕耶尔至今仍保留着其中世纪的特点，旧时伯爵的住所静静地躺在塞恩河畔的山丘上，展示着800年来这里的建筑、历史以及文化。

2.发展历程

Gruyeres 一词来自传说中的仙鹤。传说公元400年，格吕耶尔创始人 Gruyeres 捕捉到一只仙鹤，并把它作为格吕耶尔的象征物。11-16世纪，格吕耶尔的19位伯爵都居住在格吕耶尔城堡里，直到1554年，末代伯爵守不住家业，因差钱宣告破产，他的领地被弗里堡和伯尔尼的债主们瓜分。后经过几次易手，城堡最终在1938年被弗里堡州买下，并改建成博物馆，现在由国际信托基金组织负责保护和维修。而小镇依然完好，一排排哥特式和文艺复兴式建筑矗立在小镇上，展示着原有的风貌。

3. 主要景点

◆ 具有代表性的建筑景点

石板路：像欧洲其他小镇一样，格吕耶尔小镇也拥有代表性的石板路，只不过它的石板路要宽阔得多。一条由五彩石块铺成的古老街道是小镇中最主要的步行街；但是比这石子路更朴素的是很多民居，它们都是古老的建筑，不过有些建筑却是色彩缤纷。小镇历史悠久，因而也就有不少不同风格的建筑，不过与小镇整体格调很协调。

典型的瑞士山地建筑，一般三层楼高，临街的一侧挂满了艺术味十足的招牌，房前、窗台上摆满了花花绿绿的植物，点缀着小镇的生活。露天吧随处可见，几张桌椅一顶遮阳伞，尽显生活的惬意。格吕耶尔小镇中仙鹤形状的招牌随处可见。

◆ 吉格尔博物馆

小镇的另一个特点是会看到许多奇形怪状的造型，这与一位神秘的人物有关，他就是神秘怪异的著名梦幻现实主义大师吉格尔——电影《异形》的美术设计（吉格尔获奥斯卡最佳视觉效果奖）。吉格尔购买了格吕耶尔镇上的一个房屋，把它作为博物馆，里面陈列了吉格尔不同时代的作品。

◆ 其他有代表性的旅游景点

小镇内餐厅、酒吧、旅店、商店、露天啤酒铺参差，但许多窗户都被鲜花点缀，明媚阳光下，各种小木屋茶馆、骷髅艺术馆、露天大平台和中世纪建筑杂陈，可以看到小镇各个历史时代留下来的建筑；在这其中，整个小镇几乎完整保留了中世纪的城镇建设模式，城堡、城墙、石子路、民居，除了现代公路和生活设施，这里完全保留了欧洲中世纪城镇形态，吸引了大量的世界各地的游客。

4. 运营模式分析

小镇以旅游业为主要的经营模式，并以此带动相关酒店、饮食及交通业的发展。

5. 旅游基础设施

◆ 交通路线

到达格吕耶尔可以从伯尔尼坐火车，也可以从蒙特拿坐火车。还可以从施皮茨转车，条条大路通格吕耶尔。

◆ 交通工具

火车至今仍是该旅游景区交通的最佳方式。

◆ 住宿条件

最好选择入住家庭式住宿，体验地道的风土人情。

3.1.5　希腊圣托里尼小镇

1. 基本信息

圣托里尼是在希腊大陆东南 200 公里的爱琴海上由一群火山组成的岛环，岛环上最大的一个岛也叫圣托里尼岛，别名锡拉岛（Thira）。历史上这里曾多次发生火山爆发，以公元前 1500 年最为严重，岛屿中心大面积塌陷，原来圆形的岛屿成为现在的月牙状。圣托里尼岛的首府是费拉市，位于岛的西岸。

2. 发展历程

古名为希拉（Thera），后来为纪念圣·爱莲（Saint Irene），于 1207 年改为圣托里尼。

3. 主要景点

◆ 卡玛里海滩（Kamari Beach）

卡玛里海滩距离费拉市较近，是一个长方形黑色沙滩。圣托里尼岛独特的火山地质造就了卡玛里独特的黑色沙滩：沙是黑的，水也是黑的。

卡玛里海滩方圆 500 米，聚集了几十家旅馆，从最高档的五星级酒店到民舍都有，可见其热闹的程度。平行于海岸的海滨大道上餐馆、酒吧、纪念品店、运动用品店林立。入夜之后，这里的酒吧、餐馆热闹非凡。

◆ 柏莉萨沙滩（Perissa Beach）

柏莉萨沙滩是圣托里尼岛著名的海滩之一，位于该岛的南面。海滩最大的特色是沙全是黑色的，实际上，该岛的沙滩沙粒都是黑色的火山灰粒。

Pykgos 是柏莉萨海滩和菲拿市之间的一个风景点，从菲拿乘巴士 20 分钟可到。

这是一个堡垒群落，雪白的教堂沿山脚至山顶而建，教堂前有钟塔和钟楼，景色十分迷人。爬上教堂顶，可眺望近处的葡萄田野和悬崖景色。

◆ 阿科罗提利遗址（Akrotiri）

在岛的南面，这座曾被火山灰覆盖的城市于 1967 年被发掘出来。

阿科罗提利遗址的历史可追溯到公元前 16 世纪，考古学家在这里发现了二三层楼高的建筑群，墙壁分隔成许多房间。发现有仕女房，故认为当时已有男女不同房的观念。还有复杂的水渠系统。阿科罗提丽遗址被挖掘出来时，考古学家找不到任何骨骸和珠宝，出土的大酒瓶中有葡萄酒渍。

遗址中最精彩的是墙上的壁画。由于大量火山灰的覆盖，3000 多年前的阿科罗提利壁画表现了该城居民当时的生活情景，具有高度的艺术水平，其中有"春之图""打拳少年""渔夫""航海图"等作品。这些最具历史价值的真迹原作保存在雅典的国立考古博物馆。

◆ 伊亚小镇（Oia）

伊亚小镇建立在海边的悬崖上，是圣托里尼岛第二大镇，被认为是世界上观看落日最美的地方。每天都会有成千上万的来自世界各地的游客聚集在这里享受落日余晖，在太阳落下的那一瞬间，时间仿佛停滞了，太阳慢慢消失在地平线，镇上却突然变得宁静安详。每个人脸上都突然带上微笑，安静地送走夕阳的最后一抹余晖，每个人都陶醉在这人间美景中。

伊亚的建筑最让游人感兴趣的是石洞屋，这种称为"鸟巢"的房屋不再是原始黄色穴洞，而是白色门墙屋顶、蓝彩窗棂，摆上几盆红花，表现出基克泽斯群岛的建筑风格。这种朴实又美丽的建筑吸引了许多艺术工作者住在这里，激发创作灵感。

伊亚商店出售的也是艺术气息浓厚的商品。纪念品商店、艺廊、银饰精品店都表现出不俗的格调。伊亚被称为"艺术家的村落"。

伊亚的旅馆多面海而建，景观好，价格较高，如果有泳池设施，通常是五星级宾馆的入宿价格。游客也可以不在伊亚住宿，但应来伊亚看看落日景色。

伊亚镇上一步一景，无论向那个方向望去，都是一幅绝美的图画。小镇上依山而建的白色房屋，蓝色门窗，其间还点缀着红、黄、粉以及无数种渐变的颜色，高高低低，错落有致，主人在房前屋顶种植香气扑鼻的鲜花。这些别致的小房屋可能是咖啡馆、可能是小旅馆，也可能是小餐馆，游客可以根据喜好坐在其中一家俯瞰令人陶醉的爱琴海，任凭时间的流逝、任凭浮世的喧嚣，这里与世无争、这里安静和谐、这里静谧温馨。游客可以选择到小岛上住一晚，享受难得的静谧和温馨。

◆ 圣托里尼的教堂

Santorini 有两层含义，而这两个含义的任何一个，都使 Santorini 不朽。第一层含义为地名。Santorini（圣托里尼岛）是希腊的一个小岛，位于爱琴海南部基克拉泽群岛最南边，面积 73 平方公里。岛上共有 13 个村落，常住人口约 7000 人。这里是世界上最美丽的地方之一，只要是关于希腊风光的明信片里必有圣托里尼的照片，它是爱琴海中最璀璨的一颗明珠。这里有世界上最美的日落，最壮阔的海景，这里是艺术家的聚集地，是摄影家的天堂，是蜜月旅行的圣地。在这里，人们很容易成为一名诗人或画家，因为人人都想尽自己所能地描绘出圣托里尼那无边的美丽。

4. 运营模式分析

小镇以旅游业的发展为主要的经营模式，在旅游业快速发展过程中，以旅游业带动了该小镇相关酒店、饮食及交通业的发展。

5. 旅游指南

◆ 交通设施

航空：从雅典乘飞机 1 小时可到达圣托里尼岛，圣托里尼机场每天有数班航班前往麦克诺斯。在夏季的旺季，还提供到达罗德斯岛以及克利特的中转航班。

水运：搭乘轮渡从雅典到圣托里尼岛大约用时 9 小时，夏季每天有数班轮渡，在淡季每天大约一两班轮渡，中途会停靠帕罗斯、纳克索斯、依奥斯、麦克诺斯岛以及 Sifnos 岛等岛屿。旅游旺季可乘快艇，4.5 小时即可到达圣托里尼岛，但价格较贵。

　　岛上交通：参观火山有缆车可以搭乘，或者借助村民的驴子。岛上路况还不错，如果会开车，可租车游览。岛上还有摩托车出租，因租车人较多，夏日旺季最好提前预订出租车。

　　◆ 旅馆住宿

　　圣托里尼岛上的小镇比较多，注意看清楚旅馆的位置。圣托里尼岛最好住在费拉，去各处比较方便，也可在伊亚住宿一晚，欣赏日落。可选择住在海边，再去游览锡拉、伊亚和奇幻的火山，或者住在火山上面，然后再乘车去海边畅游。

　　◆ 餐饮

　　海滩或社区附近开设的一些由家庭经营的希腊海鲜餐厅价格较便宜。希腊烤肉卷（pitta）是价廉物美又节约时间的好选择。在锡拉和伊亚也很多餐馆。炸西红柿球（Keftades）是当地的特色菜，如果点沙拉，可以要求加入当地西红柿，十分美味。

　　1）Scaramagas 小酒馆（Tavern Scaramagas）：位于 Monolithos 海滩边（机场对面）。该酒馆是一家具有传统风格，以鱼类为主打的希腊餐馆。他们的渔船每天为酒馆以及其他海鲜店提供最新鲜的海鲜产品。餐馆由家庭运营，父亲和儿子出海打鱼，母亲负责烹调美食，儿媳妇和女儿就负责招待客人。招牌菜为炸西红柿（Tomatokeftedes）以及用圣托里尼当地西红柿、洋葱和橄榄油炒的白茄子，价格超级便宜，而且非常友善热情。

　　2）Svago 意大利餐馆（Svago Italian Restaurant）：位于 Perivolos 海滩，一家相当优雅的意式餐馆。对于那些喜欢吃意大利面的人，佐有新鲜贝类、蛤以及虾的 Di Mare 意大利面是一个不错的选择。

　　3）卡提那鱼鲜餐厅（Katina Fish Tavern）：位于伊亚下面的阿毛迪（Amoudi）港口。在这里可以享用到一种叫 Chorta 的乌贼和章鱼烧烤。在夏日的晚上，这家餐馆通常会门庭若市。

　　4）Captain Dimitris 船长餐厅（Captain Dimitris）：位于阿科罗提利前，距灯塔

三公里。就像 Scaramagas 小酒馆一样，这是一家家庭运营的小餐馆。他们提供各式新鲜鱼类、前菜（mezedes）以及自酿红、白酒。

◆ 娱乐

圣托里尼岛上有众多的海滨夜间休闲娱乐项目，这里的夜生活丰富多彩。酒吧也成了结交各国朋友的好地方。酒吧中恰到好处的气氛能让你忘了城市的喧嚣，世俗烦恼，体验这一刻的悠闲和自在。

3.1.6　奥地利哈尔施塔特

1. 基本信息

哈尔施塔特镇（Hallstatt）是奥地利上奥地利州萨尔茨卡默古特地区的一个村庄，位于哈尔施塔特湖湖畔，海拔高度 511 米。哈尔施塔特的"Hall"可能源自古克尔特语的"盐"，得名于村庄附近的盐矿，历史上这一地区就因盐而致富。因此这里又被称作"世界上最美的小镇"或"世界最古老的盐都"。

2. 主要景点

（1）古墓遗迹

曾被发现有大量的史前古墓遗迹——这就是人类历史上独一无二著名的哈尔施塔特史前文明古迹。整个遗迹位于盐山谷地出口处,高于哈尔施塔特湖约 450 米。在古墓发掘地，最古老的墓穴是公元前 800 年，其中出土了铜或铁质的砍刀，还有被称之为 Hallstatt 的剑，以及众多铜质陪葬物。较年轻的发掘层中装饰物更多。最有价值的是一具在盐矿中发掘的保存完整的古尸（"盐中人"）。

（2）千年盐矿

追溯到公元前 2000 年末期，正是盐矿的开掘使得哈尔施塔特开始有人居住。古老的凯尔特人在此开采生活的白金——山盐。这里有世界上最古老的盐坑，于 2010 年停止作业成为观光区，有兴趣也可以去体验一番，在休息室里穿上作业服，然后导游会带你坐着轨道推车，进入 440 米深寒气逼人的盐坑底部，最惊险的是坐木制滑座往下滑，一路上看沿途的风景并感受盐矿工人的生活。

（3）达克斯坦冰洞

阿尔卑斯山中的传奇就是千年不化的达克斯坦冰洞,更有厚达 25 厘米的冰壁,让人叹为观止。冬天则可以拿着火把踏着雪路来到洞口,进入其中聆听奇妙的水声、探寻湖水的声源。头顶上点滴如钟乳石笋,在蜿蜒的溶洞漫游,又是另一番体验。

（4）木屋小镇

哈尔施塔特湖清澈透底,在高山峡谷之中,像一条宽阔的绿色绸带。一排排临湖而建的木屋,在阳光的照耀下显得格外引人注目。这些木屋与中国江南民居非常相似,但墙壁、窗户、阳台等都采用木头做材料。为了不同于别家,每家每户还会在屋形、色彩上表现自己的风格。由于处于湖边,每户人家还在临岸的水中建有木船屋,专门停靠自家小木船或游艇,作为交通工具。

3.运营模式分析

该小镇具有悠久的历史文化,凭借悠久的历史文化特征和小镇独特的建筑风格和风景优势,促进小镇形成了以旅游业+相关服务业的运营模式,在小镇旅游业发展的过程中,带动了相关酒店、饮食及交通业的发展。

4.旅游基础设施

（1）公共交通

◆ 铁路

由奥地利的主要城市,如维也纳、萨尔茨堡到哈尔施塔特需要先坐火车到达 Attnang—Puchheim,再换乘 R 或 REX 的火车车次到达哈尔施塔特火车站,因小站是在靠山的湖东侧,而镇子在湖西侧,需要再坐渡船过去。

从哈尔施塔特到其他城市需上火车之后再买票,因为哈尔施塔特火车站是无人车站,没有售票窗口。

◆ 公路

哈尔施塔特交通不是非常方便,游客需要先到圣沃夫湖畔的施特博尔镇（Strobl）,再根据指示牌转乘到被誉为萨尔茨卡默古特心脏的巴德伊舍（Bad Ischl）。

在巴德伊舍的汽车总站，还要再转搭一程汽车到哈尔施塔特的隧道前，然后再换另一趟巴士接驳到哈尔施塔特。如果是从萨尔茨堡过来则容易得多，从萨尔茨堡的火车站前搭长途车就可到达哈尔施塔特，途中还会看到许多美丽的风景。

（2）特产购物

哈尔施塔特镇上的街边随处可见当地人制作的手工艺品，每位镇民都是艺术家，每户人家的门全打开，里面是他们展示和出售那些自制的手工艺品的展示厅。精美的手编线制装饰品、民族娃娃、小巧玲珑的粗陶饰品、淳朴的家用制品、木雕等让人驻足忘返。最常见的是放在五颜六色的玻璃瓶中的岩盐，不仅是很好的装饰品，而且还可以食用，最能代表哈尔施塔特这个产盐小镇的形象。

（3）旅馆住宿

哈尔施塔特是个面积很小的城镇，但来此游玩的人们却总觉得住上一天不过瘾，美丽的湖泊、青青的草地、茂密的树林、清新的空气和童话般的小屋子，让人感觉如同在仙境一般。

3.1.7 法国安纳西塔特

1. 基本信息

安纳西（Annecy）又译作安娜西，为法国东南部小城，位于罗纳—阿尔卑斯（Rhone Alpes）大区的上萨瓦省（Haute-Savoie），日内瓦（Geneva）以南35公里。安纳西地区有13个自治市，是其管辖的三个行政区的首府。

2. 地理位置

安纳西小镇位于法国的上萨瓦省，位于日内瓦（Geneva）以南35公里处。

3. 发展历程

安纳西位于日内瓦与尚贝里（Chambery）之间，10-19世纪深受这两个城镇的影响。安纳西一开始是日内瓦地区的首府，后来被转让给日内瓦伯爵。1401年，安纳西又被合并到萨瓦王室，萨瓦国王把安纳西作为Genevios、Fancigny和Beaufortain的首府。随着加尔文教派的发展，安纳西成了反宗教改革运动的中心，日内瓦主教也迁移到了安纳西。法国大革命期间，安纳西同萨瓦区一起被法国占领。1815 年波旁王朝复辟之后，安纳西被还给撒丁王国。法国于 1860 年吞并萨瓦地区，安纳西也成了上萨瓦省的首府。

出生于 1567 年的圣弗朗斯瓦德萨拉主教（Francis of Sales）于 1602-1622 年任安纳西的主教，其在位期间进一步提升了安纳西的宗教性与权威性，使安纳西成为"萨瓦的罗马"。

安纳西是 1949 年第二轮关税及贸易总协定谈判的举办地。近年来，安纳西的旅游业务不断发展。

4. 主要景点

（1）中皇岛（Palaisdel Isle）

中皇岛也称为"老监狱"（Old Prison），是小城运河中的一座岛，形状像一艘船停在河边。这是一座石造建筑，又叫利勒宫，是安娜西城中最具代表性的古迹。三角船形的皇宫坐落在河中小岛上，始建于 12 世纪，是欧洲上镜率最高的建筑之一。安纳西自然风光具有独特魅力，其依山傍水，背靠阿尔卑斯山，南面安纳西湖。阿尔卑斯山融雪形成的湖泊、穿城而过的运河、青黛色的远山，以及近处的绿树繁花，构成了一幅世外桃源般的美景。安纳西也是令人回味的，因为 18 世纪的法国伟大启蒙思想家让 - 雅克·卢梭曾在这里度过了他一生中最幸福、最浪漫的一段时光。安纳西城堡历史上曾是日内瓦伯爵所在地，12-16 世纪为萨瓦王室所有，是安纳西音乐学院的历史与艺术中心。

（2）安纳西湖（Lake Annecy）

安纳西湖位于阿尔卑斯山脚下，被誉为全欧洲最纯净的湖泊。湖水来自阿尔卑斯的高山雪水和雨水,绵延 15 公里,如翡翠般碧蓝耀眼。在安纳西湖畔漫步骑车，或是在湖中游泳划船，眺望远处连绵起伏的阿尔卑斯山脉，无疑是人生一大快事。法国启蒙思想家卢梭曾经在安纳西度过了他一生中"最美好的 12 年"。

（3）安纳西老城

安纳西老城记录着安纳西的发展历程，因此到安纳西要先去老城。从西部山区来的休河流经整个老城，并在市政厅前注入安纳西湖。老城主要的街道都在休河的两侧，许多楼房建造于 12-17 世纪，而且保存完好。古老的石板路仍是中世纪的模样，大部分都开辟为步行街。沿河的小街上都是露天咖啡馆、纪念品商店、旅店和餐馆，而楼房的拱廊前和过河的桥头上种满了鲜花。休河中央岛上的锥形宫殿"岛宫"和老城主要小街圣克莱尔路尽头高坡上的安纳西堡，都是安纳西标志性的古代建筑，它们与城区的小街、流水、鲜花和游客构成了安纳西老城浓烈的旅游景观。

5. 运营模式分析

安纳西塔特以中皇岛、安纳溪湖和安纳西老城为主要代表性的旅游景点，在小镇旅游业发展的促进下，形成了以旅游业发展为主的经营模式，并以此带动相关酒店、饮食及交通业的发展。

6. 旅游优势分析

（1）地理位置优势

小镇作为法国上萨瓦省的一个湖边小镇，距离日内瓦 35 公里。这为安纳西旅游业务的发展提供了充足的客源保障，同时地理位置的优势也帮助小镇摆脱了旅游业务发展的周期性，促进了旅游项目的持续性发展。

（2）自然景观优势

安纳西小镇毗邻安纳西湖，是一个具有独特自然景观优势的湖边小镇，除了安纳西湖的自然风光，小镇还有中皇岛、安纳西老城等旅游观光景区，也为小镇旅游业的发展提供了支持。

3.1.8　法国依云小镇

1. 基本信息

依云小镇全称 Evian les Bains，意为"依云浴室"。Evian 这个词来源于凯尔特语，就是"水"的意思。依云小镇因世界知名的依云矿泉水而闻名，并曾在诗歌中被誉为"雷蒙湖之珠"，主要是依云水来源于阿尔卑斯山上的高山融雪和山地雨水，其珍贵之处在于要经过长达 15 年的天然过滤和冰川砂层矿化。号称世界上唯一天然等渗温泉的依云温泉，其 pH 值几近中性，对皮肤很有益处，因而用珍贵的温泉水疗养，就成为游人趋之若鹜的事。

依云小镇的大部分建筑在 1870 年与 1913 年之间完成，市政厅、博彩中兴、大教堂等地标性建筑都面朝莱芒湖，是典型的 19 世纪温泉建筑风格。

2. 地理位置

依云小镇坐落在阿尔卑斯山区的中心，法国和瑞士的交界处——日内瓦湖边上。日内瓦湖东边三分之一的部分属于法国，依云刚好是在日内瓦湖的法国境内。小镇离距离日内瓦 45 公里，约 30 分钟左右的车程。日内瓦湖是欧洲阿尔卑斯山区最大的湖泊，呈月牙形，总面积 583 平方公里。依云镇位于月牙的凸面，站在岸边可以清楚看到湖北面的瑞士洛桑。

3. 发展历史

法国依云小镇有着上百余年的悠久历史，主要经历了初创期、探索期和高端发展期三个阶段。

第一阶段：初创期，特征是"因水而生、疗养胜地"

1789 年，法国贵族 Marquisde Lessert 饮用了 Cachat 绅士花园的泉水，结果此无心之举竟然奇迹般治愈了其罹患已久的肾结石，其后经医学专家们证明，依云矿泉水的确有治疗多种病症之疗效，随即将其列入药方。依云小镇绅士花园的泉水吸引了大量人群涌入小镇。1864 年，拿破仑三世赐名依云镇。

第二阶段：探索期，主要特征是"完善配套、度假胜地"

1902 年，依云小镇开始创立依云专业水疗中心，并于 1984 年改建为依云水平衡中心。游客可以在依云水平衡中心享受专业按摩师针对病痛部位的按摩，获得全身心保健。为了满足游客运动健身需求，1904 年依云小镇开始兴建高尔夫球场，定期举办高尔夫球锦标赛，促进了依云小镇温泉康养保健业与体育产业的融合发展。1870-1913 年间，依云小镇集中建设了大量度假设施和各项市政配套，使小镇的度假服务接待水平进一步提档升级。

第三阶段：高端发展期，特征是"借助赛事进行品牌推广"

1994年，依云小镇成功举办了第一届依云大师赛（Evian Masters），随后迅速发展成为国际高尔夫球界的知名赛事，每年有来自全球的球星前来参赛，也吸引了大量温网、美网、澳网的官方赞助商。高尔夫球赛事成为推动依云小镇转型升级的新动力，使依云小镇实现了从单一的温泉康体小镇向运动休闲度假胜地的华丽转身。

4. 发展特色

依云的发展得益于水，依云人当然也极为重视保护这一得天独厚的水资源的品质。1992年当地就成立了保护水协会，和第三方的达能依云水集团合作，致力于对面积35平方公里的环境进行保护，尤其是鼓励绿色耕种，减少水质污染风险。2009年，按照全球政府湿地公约，当地一共有70个1~24公顷的湿地登记进入国际重要湿地名单。

直至现在，矿泉水和温泉SPA仍然是依云小镇的名片，来此的游客多是慕水之名而来。尽管销售到世界各地的依云瓶装水已经成了奢侈品的代名词，价格不菲，但在依云小镇上，依然保留着若干公共取水口，无论是附近城镇居民还是远道而来的游人，都能免费无限量地取用。在依云小镇上有4个公共饮水点，依云水长年累月地流淌着，供免费饮用。到依云的游客，除了可以游览并不大的依云老城，欣赏中世纪至被称为"美好时代"的一系列建筑，包括市政厅、水公园、卢米埃尔广场等充分体现依云"水"特色的建筑外，一定不会漏过排队饮用依云水的项目乐趣。

因为水质的原因，依云小镇的温泉也是举世闻名，目前依云小镇知名的温泉景点有：1）水疗中心：公共温泉洗疗中心，有温泉淋浴、温泉泡浴、香薰、温泉游泳池和温泉理疗等服务内容；2）依云皇宫SPA：五星级酒店，针对高端消费人群，建筑富丽堂皇；3）依云维特尔酒店：以推拿为主；4）依云希尔顿：主营泰式温泉沐浴。

除了依云水之外，依云镇的鲜花也是极具鲜明特色的标志之一。依云小镇气候宜人，特别适合花草的生长，当地居民也擅长用美丽的花卉打扮家园，镇里还专门有一个培养鲜花的温室，供整个城市之用。除了水和鲜花，小镇还有一个地标就是最负盛名的世界女子高尔夫球赛事——依云大师赛的举办地——依云大师高尔夫俱乐部。这个海拔 500 米的球场是法国历史最悠久的球场之一，建在一片森林地带。1994 年，第一届依云大师赛在这里举办。

5. 经营模式

依云小镇收入来源主要是旅游和依云矿泉水。依云小镇通过成功的对"水"的营销，除将依云小镇打造成举世闻名的温泉旅游胜地外，依云矿泉水更是成了贵族的象征并销往世界各地。数据显示，依云矿泉水年产量为 15 亿升，其中 40% 在法国销售，60% 出口到世界各国。依云水的贵族定位奠定了其成功营销的基础，而"品牌定位是被积极传播形成的"，企业通过广告传递贵族气质、口碑传播、彰显尊贵、独特包装等策略，强化贵族地位，全球市场表现突出。Evian 矿泉水（我国译为"依云矿泉水"）为当地小镇带来的经济效益也非常可观。依云矿泉水拥有高达 10.8% 的全球市场占有率，工厂平均每月生产量为 4000 万瓶，全镇 70% 的财政收入来自和依云矿泉水公司相关的水厂、温泉疗养中心、赌场等，3/4 的居民成为依云水厂员工。

6. 经验借鉴分析

从依云小镇发展经验来看，主要包括两大要素：一是得天独厚的资源条件。依云小镇背后是雄伟的阿尔卑斯山，依云水来自阿尔卑斯山上的高山融雪和山地雨水，经过长达 15 年的天然过滤和冰川砂层矿化，pH 值几近中性，不仅适宜人体饮用，对皮肤也很有益处。二是依云矿泉水的成功营销。依云水被发现具有神奇疗效后，当地政府就加大了保护力度并进行深度推广，并不断通过广告、口碑、独特包装等强化贵族气质，从而最后成功打造出了具有全球最贵矿泉水之称的依云矿泉水，并受到富人阶级的热捧。

图 3.1-2　依云矿泉水

3.1.9　捷克克鲁姆洛夫小镇

1. 基本信息

处于欧洲中心位置的捷克，除了饮誉世界的双遗产城市布拉格，还有一个位于伏尔塔瓦河上游的世界文化遗产古城克鲁姆洛夫。克鲁姆洛夫是欧洲最美的小镇之一，位于捷克波希米亚南部地区，离布拉格约 180 公里，捷克语全称为 Cesky Krumlov，所以也被人称为 CK 小镇。全镇仅有 14100 多名居民，却蕴含着深厚的历史底蕴，属于为数不多的"世界文化和自然双重遗产"。

2. 发展历史

克鲁姆洛夫的历史可追溯至 13 世纪，南波西米亚豪门贵族维特克家族开始在这里建造城堡，14 世纪罗森博格家族接替了衰亡的维特克家族，成为这里新的主人。罗森博格家族在此地苦心经营了三百多年，给这座小城带来了空前的繁荣。拥有极高艺术造诣的罗森博格家族，用独到的艺术审美眼光，更把克鲁姆洛夫打造成一个充满艺术范的精致小城，而良好的自然环境和远离战争与纷争，为这座古城带来持久的发展和安宁，使其成为欧洲中世纪古城的一个杰出典范。1989 年捷克爆发了著名的"天鹅绒革命"，小镇在新政府领导下进行了"修旧如旧"的全面整修，恢复了 18 世纪古镇的面貌，1992 年被联合国教科文组织列入世界遗产名单之中。

中世纪的克鲁姆洛夫，处于重要的贸易要道上，被捷克的母亲河伏尔塔瓦河环绕拥抱，城市以壮丽的城堡为中心展开，哥特式、巴洛克式和洛可可式的建筑比肩而立、和谐悦目。其中最引人注目的是全城最高的城堡塔，塔身绘满了彩色花纹，充满童话故事的色彩。

克鲁姆洛夫城堡是波西米亚地区仅次于布拉格城堡的第二大城堡。古堡共有五重庭院，由 40 座建筑组成，包括贵族府邸、教堂、修道院、美术馆、剧院、桥廊、花园、广场等。

站在小镇的高架廊桥上，可以俯瞰克鲁姆洛夫城堡的全貌：绚丽的红屋顶，白色或黄色的墙在阳光的照射下分外夺目；地标性建筑古堡塔以及高高耸立的哥特式教堂将人们的思绪带到中世纪；远处山坡上的绿草茵茵，还有那环抱着古城堡静静流水的伏尔塔瓦河告诉人们这里依旧生机盎然。

城堡建筑墙壁上都有精美的古典彩绘艺术品装饰。古城堡塔是整个古城堡的制高点，也是一个瞭望塔，塔身用彩色瓷砖镶嵌而成。随意在小镇的任意一点，都能看到她的身影。

走过横跨伏尔塔瓦河的小桥就进入了城堡，中心市政厅广场旁白色楼房是这个城市的市政厅。小镇顺山势而建，石块铺就的路在光的映照下斑驳沧桑。沿着这一条条小路顺山势而行，可以达到最高点。每条巷子里都有一些小商铺，或者出售一些手工艺品，或者是一些旅游产品，还有一些食品等。

3. 特色介绍

（1）世界自然遗产属性

克鲁姆洛夫的自然遗产属性，归功于环城而过的伏尔塔瓦河。在拉丁文和老德文中，"克鲁姆洛夫"是指"高低不平的草地"或"曲折的草地和水面旁的地方"，这一称谓恰如其分地描绘出了伏尔塔瓦河蜿蜒环绕这片土地的地貌特点。

由于地势高低不平，伏尔塔瓦河流经这里，水势不免有些湍急，聪明的克鲁姆洛夫人在河道上筑起了几道水坝，于是弯曲的河道变得平静起来，镜子般的水面映照出河边的城堡、高塔和彩色的民舍，美丽而富有诗意，喜欢漂流的年轻人划着皮艇，荡漾在宁静的河中，连空气中都弥漫着浪漫与幸福的气息，而水坝侧边泄洪道中湍急的水流，又给喜欢冒险的年轻人带来很多刺激与惊喜，人们在宁静中荡漾，在激流中冲浪。

（2）世界文化遗产属性

克鲁姆洛夫的世界文化遗产属性，则应归功于小镇深厚的历史沉淀和后人的保护意识。早在公元 6000 多年前，这里就有人居住，但克鲁姆洛夫的兴起却开始于 13 世纪南波希米亚时期。1240 年，豪族维特克家族在这里的山坡上建造克鲁姆洛夫城堡，之后，罗森博格家族和施瓦岑贝格家族先后成为当地的统治者，并不断扩建，使之成为一个巧妙融合各时代建筑风格的大型建筑群。如今，这座始建于中世纪、与城市同名的城堡，已成为仅次于布拉格古堡的捷克第二大古堡。

3.1.10 马尔萨什洛克

1.基本信息

马尔萨什洛克是马耳他最南部的一个渔港，位于马尔萨什洛克湾的顶端，是马耳他三大海港之一，是地中海地区集装箱运输的一个中转港。

该港北、东、西三面陆地环抱，一面直通地中海，是天然的深水海港。始建于 20 世纪 70 年代中期，由于地处地中海的中部，地理位置重要，并有免税的自由港设施，因此，已发展为国际航线的重要港口。

该港主要从事集装箱业务，也有油轮专用码头和杂货码头。港内有众多专用浮筒，可系小型船作业,浮筒设在 10 米等深线上,浮筒连线内侧是小游艇的聚集地，也是专供人们活动的沙滩、海水浴场。

2.特色介绍

马尔萨什洛克风景秀丽，港口停泊着色彩鲜艳的渔船，五颜六色的渔船拥有自己传统的名称"鲁祖"（Luzzu），亮丽的条纹色彩和船头"荷鲁斯之眼"装饰，是它独有的特征。渔船"鲁祖"宛如仙女撒落在港湾的片片花朵，不仅吸引着世界各地的游人，更是地中海岛国马耳他的主要标志。因为每周日的海鲜市场都很热闹，鱼货多样又新鲜，什洛克港口在当地广负盛名。

除了渔村和自由贸易港口，马尔萨什洛克还有马耳他最大的集市，卖的东西包括服装鞋帽、日常生活用品，以及旅行纪念品等。

3.1.11　爱尔兰丁格尔小镇

1. 基本信息

丁格尔小镇位于爱尔兰西海岸凯里郡，是丁格尔半岛的中心城，也是欧洲最西部的海滨小镇。

丁格尔半岛起自特拉利以南的米什山，终端是布拉斯基特群岛。西部为丘陵和低地，在丁格尔、文特里和斯梅里克 3 个海湾周围主要是低地。丁格尔英文本意即为"树木掩密的幽谷"，是绿色爱尔兰的翡翠之地，曾被《国家地理杂志》称之为"地球上最美的地方"。

2. 特色介绍

丁格尔在十四五世纪时曾是重要的海港城镇，现在码头上还是一片繁忙，仍有大小渔船出出进进，显示着小镇的生气和兴旺。

酒吧一条街在小镇很有名气，粉刷得五颜六色的酒吧热热闹闹地拥挤在街道两旁，使小镇显得朝气蓬勃、喜气洋洋。每一个酒吧都有自己独特的色彩，白色和绿色是这家酒吧的主色调，墙上两朵绿色的白三叶草（White Clover）是爱尔兰国花。

芬吉（Funji）是当地明星海豚的昵称，自 1983 年以来，芬吉经常在丁格尔海湾戏水玩耍，深受人们的喜爱。出海观豚已成为这里的旅游热点，无数游船载着客人去寻逐海豚的踪迹，如果幸运的话，就能与芬吉如期相遇，目睹其英姿。小镇里很多商店都出售与海豚有关的纪念品，芬吉绝不会想到，它给人们带来快乐的同时，也给小镇增添了一笔丰厚的经济效益。

丁格尔被誉为世界上最浪漫的海滩之一，很多著名的电影都在此取景，给人们留下了难忘的印象。《雷恩的女儿》电影海报的主画面就是这美丽的海滩，一把洋伞随风飘向茫茫的大海，表现了女主人公的悲怆与无奈。

3. 旅游建议

丁格尔半岛历史遗产丰富，被誉为"地球上最美丽的地方"。这里的游客不像相邻的伊弗拉半岛那么拥挤，仍然保持着远古时代的景色和纯朴无华的风情。为详细观赏这些景观，租车环岛游是最佳的选择，驱车行驶在崎岖蜿蜒的公路上，左侧是陡峭险峻的海岸，右边是碧绿清幽的原野，头顶是变幻莫测的风云，远方是连绵起伏的山峦。

3.1.12　荷兰羊角村

1. 基本信息

羊角村位于荷兰西北方 Overijssel 省 DeWieden 自然保护区内。冰河时期 DeWieden 正好处在两个冰碛带之间，所以地势相较于周边来得低。羊角村又有"绿色威尼斯"之称，也有人称"荷兰威尼斯"，因为水面映像的都是一幢幢绿色小屋的倒影。这里房子的屋顶都是由芦苇编成，使用年数在 40 年以上，而且冬暖夏凉、防雨耐晒。据说从前芦苇是穷苦人家买不起砖瓦而用来的替代品，现在的芦苇可是有钱人家才买得起的建材，价格为砖瓦的几十倍。而这里的地价也早已水涨船高，所以大部分的居民是医生、律师等高收入职业人群，这与从前的困苦情况似乎形成一种时空交错的对比。

2. 地理位置

羊角村位于荷兰西北方，东面与德国相邻，南面和比利时接壤，西面和北面濒临北海。

3. 发展历史

"羊角村"得名于 18 世纪。当时，当地缺乏优质土地资源，几乎 28% 的土地都是砂质。一群挖煤的工人定居这里之后，有人发现地底下有泥煤，他们的挖掘工作使得当地形成了大小不一的水道及湖泊。而在每日的挖掘过程中，除了煤，他们还在地下挖出许多"羊角"，经过鉴定确认这些羊角应该是一批生活在1170年左右的野山羊。因此，他们便将这里称作"羊角村"。居民为了挖掘出更多的泥煤外卖赚钱，不断开凿土地，形成一道道狭窄的沟渠。后来，居民为了使船只能够通过、运送物资，将沟渠拓宽，而形成今日运河湖泊交织的美景。

4. 旅游攻略介绍

羊角村没有汽车、没有公路，只有纵横密布的河网和176座连接各户人家的小木桥。因此这里家家有游艇，快艇、独木舟、机动艇、非机动艇各展神通。在水路纵横交错的羊角村，最好的休闲方式莫过于租条特色电动平底木船，来次运河巡礼，边欣赏两岸的建筑和风景，边听船夫兼向导娓娓细说当地的历史文化，享受身与心的放松。

交通方面，到达羊角村比较便捷的方式是从阿姆斯特丹或者鹿特丹乘火车到 Steenwijk 镇上，在 Steenwijk 火车站门口乘坐前往羊角村的公交车，车程大约 40 分钟。

3.1.13　德国施陶芬小镇

1. 基本信息

施陶芬是一座在地图上几乎找不到的小镇。这个"与世隔绝"的小镇位于德国南部黑森林边缘地区，总面积 23.26 平方公里。从斯特拉斯堡出发，穿过满是葡萄园的群山，当看到一尊憨态可掬的裸露酒神巴克斯的雕像向你招手时，城镇小小的闹市区就到了。通向商业市场的大街两侧都是粉色的房屋，市场的中心是城镇大厅。大街两旁到处都有露天的酒吧，这是小镇的一大特色。

2. 特色介绍

施陶芬小镇有三样出名的东西：浮士德与魔鬼、古堡遗址还有葡萄酒。

首先是浮士德与魔鬼。传说浮士德当年在施陶芬小镇的一家旅店把灵魂卖给了魔鬼，歌德诗剧中的"浮士德"原本是一个真实人物，他满腹经纶、博学多才，但内心里却对感性的世俗生活感到茫然，几欲自杀。此时，魔鬼跟浮士德签了一份协议：将满足浮士德生前的所有要求，但是将在死后拿走他的灵魂。当与魔鬼签约时，浮士德说"思想的线索已经断头，知识久已使我作呕"。借助魔鬼的帮助，浮士德冲破书斋的束缚，开始了对世俗生活的追逐，爱上了少女玛甘泪。浮士德称："我生前当及时享乐，死后哪管他洪水滔天"，连浮士德也无法抵御施陶芬这尘世的安逸。

其次是古堡遗址。施陶芬小镇的后山坡上有唯一的一座古堡，这里是小镇人民的狂欢地，不时举行派对来感恩酒神的庇佑。古堡四周的山坡下是大片的葡萄，而古堡上没有水也没有电，所有的设施在举办派对的时候临时从山下运送上来，派对结束时再带走。

最后是葡萄酒。从斯特拉斯堡开车过来，一路上绿意盎然，穿过满是葡萄园的群山，在临近小镇中心前，可首先看到一尊憨态可掬的裸露酒神巴克斯（Bacchus）的雕像。巴克斯是罗马神话里的酒神，跟希腊神话里的酒神狄奥尼索斯（Dionysus）是同一位神祇。

古希腊神话里的酒神狄奥尼索斯是葡萄酒与狂欢之神，也是古希腊的艺术之神。他是宙斯（Zeus）和塞墨勒公主（Semele）所生的儿子。塞墨勒是众神之神宙斯爱上的美丽迷人的凡人。宙斯的妻子赫拉因为嫉妒，唆使塞墨勒要求宙斯以神的面目出现。塞墨勒受到蛊惑提出了这一要求，但最终在见到宙斯真面目的那一刻因为无法承受伴随主神出现的雷火而被烧死。宙斯从塞墨勒的腹中取出未足月的胎儿，缝入自己的大腿。几个月后，赛墨勒遗留的孩子酒神狄俄尼索斯诞生了。在罗马统治古希腊后，他的名字变作了酒神巴克斯。

酒神巴克斯是施陶芬小镇的守护神，大片的葡萄园将小镇环绕起来，也使小镇后山坡上的唯一古堡格外凸显。

因为当地尚种葡萄，酿葡萄酒，因此在小镇中心的大街上，随处都可以找到露天的酒吧。小镇居民日子过得很安逸，时常三三两两沐浴在午后的阳光里聊着家常，尽享这安静、祥和、近乎世外桃源般的小镇时光。

鲜花是施陶芬小镇最靓丽的装点，路边的一隅、临街的窗台上莫不是花团锦簇，再加上那明黄、嫩绿、桃粉、湛蓝的排排彩色房屋，似乎所有的颜色都要来为小镇的美丽献一份力。

遍布小镇的灌溉水渠是又一道风景，在夏天你会看到赤脚的女孩们在路边灿烂地戏水。当地有个传说，谁要是不小心掉到了灌溉水渠里头，他将注定要和一个本地人结婚。

除此之外，现在非常有名的黑森林蛋糕，也与施陶芬有非常密切的联系。因为黑森林蛋糕的雏形最早出现于南部黑森林地区。相传，每当樱桃丰收时，农妇们除了将过剩的樱桃制成果酱外，在做蛋糕时，也会大方地将樱桃一颗颗塞在蛋糕的夹层里，或是作为装饰细心地点缀在蛋糕的表面。而在打制蛋糕的鲜奶油时，更会加入大量樱桃汁。制作蛋糕坯时，面糊中也加入樱桃汁和樱桃酒。这种以樱桃与鲜奶油为主的蛋糕从黑森林传到外地后，也就变成所谓的"黑森林蛋糕"了。

3.1.14　英国拉文纳姆小镇

1. 基本信息

拉文纳姆（Lavenham）位于英格兰萨福克郡（Suffolk），距伦敦东北 70 英里，驾车大约一个半小时就能到达，可能是英国最小的小镇了，但因 15 世纪的教堂和半木质结构的中世纪小屋和林间小道而闻名于世。拉文纳姆小镇上有令当地人引以为傲的 300 多所古老房屋以及排满各色饰品的商店和茶社，给当地人提供香酥可口的烤饼和香浓美味的浓奶油，这些不起眼的小店被列入英格兰乡村濒危景点名单。

2. 发展历史

拉文纳姆小镇是英国保存最完好的中世纪村庄，由亨利三世于 750 年前创造。在 15 世纪和 16 世纪，大批商人来到拉文纳姆，在这个小镇做起了羊毛生意，当时拉文纳姆因充裕的高质量羊毛和由此生产的蓝绒面呢而颇有声誉，到 15 世纪晚期，它跻身于英格兰最富有的 20 个居住地之一，所交的税收甚至超过了比它大很多的城镇如约克（York）和林肯（Lincoln）。并且，在这座小镇上，有许多建筑可以显示出其惹人注目的富裕，如拉文纳姆羊毛大厅和基督圣体节羊毛行会会馆，据说亨利七世在 1487 年造访这座小镇时让好几个家庭缴纳了罚款，原因就是他们显示出了太多的财富。

拉文纳姆小镇在那个时局动荡的年代，一直保持着安逸和谐的环境，远离尘世的喧嚣与纷争，可以说是一个不大不小的奇迹。

如今当年的羊毛商铺大多已经被改造成了咖啡厅、旅馆或者博物馆，随处可见的木屋颜色不一，形状各异，傍晚时分还会从屋顶的烟囱里冒出袅袅的炊烟。小镇上的人们热爱自己的家乡，同时也十分热爱生活。这里的街道一尘不染，镇上有华丽的哥特式教堂，各类店铺门口都挂着传统的欧式招牌，几个精致的铁艺花架盛满鲜花，使得古老的木屋焕发着新的青春。优美的环境、古朴的建筑和惬意生活气息使得这里成了名副其实的乌托邦。

3. 特色介绍

对于热爱历史和建筑的游客来说，拉文纳姆小镇无疑是最值得去的地方之一。因为这里是英国保存最完好的中世纪村庄，其中有约 320 座木构建筑被列入遗产，受到英国政府保护。拉文纳姆小镇环境安逸、和谐，没有尘世的喧嚣与纷争，小镇上随处可见的小木屋别有风趣，它们颜色不一，有白色的、粉色的、黄色的，斜斜的屋顶上烟囱直立着，到了傍晚就会炊烟袅袅，小镇上的人们也是享受着这里休闲、安逸的生活。

4. 旅游攻略

（1）交通

从伦敦的利物浦火车站乘每天多个班次的火车前往 Stowmarket，路程只有 22 公里。

（2）住宿和美食

拉文纳姆镇中心的 great house 旅馆，双人间 1000 元人民币。Buxhall coach house 旅馆是可供选择的另一个歇息处，双人间有两个卧室，一个壁炉以及一个大厨房，双人间 2400 元。Great house 饭店，是萨福克郡最好的饭店之一，它的餐厅供应传统英式美食，两人就餐 680 元。

3.1.15　保格利风情小镇

1. 基本信息

意大利保格利小镇（Bolgheri）是一个被包围在托斯卡纳南部玛利玛葡萄园之中的小城镇，其历史可以追溯到公元 8 世纪，现在的大部分建筑都是 1496 年后重建的。保格利小镇盛产白酒和玫瑰葡萄酒。这里有着适合葡萄生长的土质、微风的晴朗天气和干燥的中风，因此葡萄长得又大又有光泽，非常适宜制造葡萄酒。

2. 特色介绍

保格利小镇已经有 800 多年的历史，整个小镇充满中世纪的风情韵味，所有建筑都是典型的文化复兴时期风格，巴洛克式教堂也是中世纪的代表作，穿插的空间和椭圆形造型相互交融，多采用赤褐色外墙及房瓦，圆顶和突出的阁楼也是保格利小镇的建筑风格，大胆的外墙色彩也是意大利的建筑特色：白色、米黄、绿色、赤褐色是色彩的主流，一条街道六色建筑随处可见，从整体布局到一砖一瓦都体现了原汁原味的意大利风情。

除了白酒和玫瑰葡萄酒、美食、建筑外，保格利小镇还被称为意大利最美丽的地方，从每年 11 月至第二年 5 月，成千上万迁徙的水鸟在这里停留，广阔的沙滩和茂密的树林将这里与都市分割开，使这里成为自然爱好者真正的天堂。

3. 旅游攻略

（1）交通

从意大利比萨开车向南 64 公里，就可以到达保格利小镇。或者从柏树大道（Viale dei Cipressi）出发，沿着一条栽种了 2540 棵柏树的 3 英里长的笔直的公路可直通保格利小镇。

（2）美食和住宿

美食：在玛缟纳（Magona）餐馆，两位大厨将为你奉上传统的托斯卡纳玛利玛式美食。至于酒类，可以试试（dellaPosta）咖啡馆的葡萄酒。

住宿：Sant'Elena 酒店。

3.1.16　丹麦里伯小镇

1.基本信息

里伯（Ribe）位于日德兰半岛西南靠近北海的地方，距离欧登塞比较近，是丹麦最古老的城市，建于公元 700 年，也是北欧最古老的城市之一，整个城市像座可爱的博物馆。可以说，丹麦文化从这里发源。

里伯小镇坐落在平坦的湿地上。镇内建成于中世纪的房屋、街道和修道院保存完好。里伯市中心至今完整保存中世纪时期样貌，街道两旁坐落木质和石头搭建的房屋，许多房屋的建造历史可以追溯到 1500 年至 1600 年间。

2.特色介绍

里伯有一百多座保留得完整无缺的 16 世纪木筋屋式的古老房子，这里依旧保留中世纪时期最原始的样子，保留着这个国家拥有最美丽、最古老建筑物的街道。木筋屋建筑，也算是欧洲乡村的典型风格，有着悠久的历史。房子以纵横斜交错的木条组成房屋骨架及外墙框架，外面的空隙则以砖块和黏土填满。里伯的木筋屋，不同于德国或英国，它的表面不是那么平整，相对的墙面时而凹时而凸，毫无规则倒也显得随性随意。

小镇有丹麦最古老的市政厅（1496 年），伫立在城中心的 Von Stockens Plads 广场。1709 年这所房子就被城市购买并用做市政厅。

这里有以安斯加大主教于公元 862 年建立的大教堂，经过 1100 年重建，形成了今天的里伯天主教堂（Ribe Domkirke），它用乐高块搭建，集罗马式和哥特式于一身，设计独特的建筑物是丹麦历史上极其重要的教堂之一，内部设计耐人寻味。

教堂有建于 12 世纪的两座塔楼。初建成时曾有两个高塔，其中一个在 1283 年的圣诞夜倒塌，砸死了许多人。目前的高塔是在 1333 年重建的。登上塔顶，整个小镇及其周边尽收眼底。

3.1.17 挪威峡湾小镇

1. 基本信息

峡湾小镇是北欧旅行规划的必选之地，是挪威首都奥斯陆到世界文化遗产松恩峡湾的必经之地，也是每年 500 多万游览峡湾的游客最喜欢的休闲住宿地，更是《世界地理旅游者杂志》评选的世界上最美的地方之一。

2. 景点介绍

（1）弗洛姆高山铁路

峡湾小镇的名字是弗洛姆，是著名的弗洛姆高山铁路的起点。弗洛姆高山铁路连接了松恩峡湾的出发点——小镇弗洛姆和海拔 865 米的米达尔山区，全程 20 公里，单程用时 55 分钟，是世界上最美、最陡峭，也是最为知名的高山铁路之一。这条铁路整整修建了二十年，被誉为是挪威的工程奇迹。在 20 公里的旅程中，游客可以看到高山、峡谷、悬崖、瀑布等种种美景。

为纪念弗洛姆高山铁路的成功修建，在弗洛姆火车站旁还建设了弗洛姆铁路博物馆。这是一个完全免费的小博物馆，展出的展品都是和弗洛姆火车线有关系的史料，包含铁路的计划、设置、开通后的情况等。此外出口处的商店内有各色纪念品和印有弗洛姆铁路品牌的商品出售。

（2）松恩峡湾

峡湾小镇连接了松恩峡湾的出发点。松恩峡湾是挪威最大的峡湾，也是世界上最长、最深的峡湾，全长达 240 公里，最深处达 1308 米。两岸山高谷深，谷底山坡陡峭，垂直上长，直到海拔 1500 米的峰顶。松恩峡湾其实是一个峡湾主干的名称，其还附有许多的小峡湾，其中最著名的纳勒尔峡湾是世界上最狭窄的峡湾，最窄处仅 250 米。这里的崖壁紧挤在一起，以致船只下行时似乎消逝在隧道中。

（3）小镇人文建筑风貌

峡湾小镇处于远离城市喧嚣的山地峡谷中，四周群山叠翠，风景宜人。建筑方面，由于挪威的冬天非常漫长而寒冷，因此小镇的建筑具备两个特点，一个是房屋油漆得色彩艳丽，另一个是屋顶种植草坪。这里 19 世纪中叶，就已经广泛使用草皮的屋顶。屋顶种草并不仅仅是为了装饰，更多的是形成保暖层，当然屋顶建筑的要求是能够承重和排水。

由于小镇处于峡谷、群山中，因此峡湾小镇的天气多变，云雨天较多，但云消雨散也非常快，可以想象，经过一次雨水洗礼后的小镇风光是多么迷人。

3.1.18　马斯特兰德小镇

1. 基本信息

马斯特兰德是西约特兰岛上最袖珍的小镇，这座位于瑞典西海岸、常住人口仅千人的小岛，尽管在中国毫无名气，但它却是瑞典乃至欧洲人眼中的天堂，是最受欢迎的夏季度假胜地。因为气候的缘由，这里是帆船运动的圣地，每一年的夏天，这里都会举办帆船巡回赛，聚集众多来自美国、英国、新西兰等国的参赛选手，以及前来观摩的青少年选手。而除了比赛运动员，聚集在这里更多的是帆船爱好者们，有帆船赛的日子，小岛上到处都是游客。

从哥德堡驱车前往马斯特兰德，大约不到一小时。从岸边转乘摆渡船，不到十分钟，就到达对岸的马斯特兰德。

2. 发展历史

马斯特兰德这座迷人的小城建于 13 世纪。建成之初，该小城还只是挪威国土上一个非常小的小岛。与许许多多海滨小城发展轨迹类似，马斯特兰德最初的发展是因渔而起，在最初的五百年，马斯特兰德是闻名于世的捕青鱼的中心，而青鱼捕捞也赋予马斯特兰德商贸海港繁华的气息。

18 世纪，当有利可图的青鱼被捕杀干净之后，城镇陷入困顿与迷茫。19 世纪之后，当海滨度假的热潮横扫城市上流社会及中产阶级时，马斯特兰德凭借口耳相传的秀美风光将一批又一批满心期待海边完美假期的游客吸引到自己的怀抱中，而这些位于盐碱滩的房子变成了矿泉疗养场所，该城镇也变成了新兴的旅游产业中心。如今，马斯特兰德早已成为瑞典西海岸上一处夏日里人气爆棚的度假胜地。

3. 特色介绍

（1）卡尔斯蒂恩碉堡

马斯特兰德经历了多次的战火，但即便如此，马斯特兰德最古老的石头建筑依然留存了下来——建于 1644 年的市政厅，以及始建于 1270 年的玛利亚教堂。但毫无疑问，岛上最受欢迎的建筑是凌驾于整座岛屿之上的卡尔斯蒂恩碉堡（Carlsten Fortress）。

提起卡尔斯蒂恩碉堡就不得不提到瑞典与丹麦的旧事了。1658 年瑞典国王卡尔十世将丹麦军队击溃，大部队包围哥本哈根，丹麦国王弗雷德里克三世被迫签下罗斯基勒条约，将斯科纳、布莱金厄等丹麦领土让与瑞典，其中就包括马斯特兰德。而卡尔斯蒂恩碉堡就是瑞典军队为防御丹麦敌军，防止其重新挑起战争而建。

卡尔斯蒂恩碉堡的建设延续了两个世纪，如今是北欧保存最完好的堡垒之一，并以瑞典史上最著名的"变装大盗"而成为著名的旅游景点。

（2）国际帆船赛事

马斯特兰德以"瑞典帆船之都"而闻名，每年夏季都有两项国际帆船赛事在这儿举办。那时，来自全世界的游客和顶级帆船运动员们云集于此，热闹非凡。而海岸边光滑的大理石上，永远都坐满了一边观看着比赛一边和朋友谈笑风生的享受欢乐的人群。

（3）鲱鱼罐头

尽管现在鲱鱼罐头在瑞典较为常见，但鲱鱼罐头最开始的发源地便是马斯特兰德。鲱鱼也叫青鱼，是世界最臭的食物，一般在瑞典的短暂的夏天上市（8 月左右）。每年 4-6 月鲱鱼产卵的时候，渔民们打捞起数百吨鲱鱼，为腌制鲱鱼准备好原料。腌制鲱鱼的独特之处在于自然发酵。为了保证鲱鱼不会在发酵过程中腐烂变质，制作者们总是把刚打捞上来的鲱鱼放在浓盐水中用温火煮过，再装入罐头中任其自然发酵。

在瑞典，每年 8 月的第三个星期四，人们会专门为品尝鲱鱼举行派对，据说这时候是腌鲱鱼味道最好的时候。在温暖而短暂的夏夜里，瑞典人在花园里摆好桌椅，然后把一道道鲱鱼端上桌，大饱口福，饮酒歌唱。人们往往就着土豆、洋葱、酸奶油或是淡而无味的饼子吃鲱鱼，细细咀嚼或大块吞咽。当然，口感浓烈的美酒也是人们开鲱鱼派对必不可少的"润喉剂"。

除此之外，岛上静谧美好的小街上遍布着气氛温馨的餐厅、咖啡厅、小旅馆和纪念品商店，而漂亮的雕花木头大房子则依海而建。由于岛上不允许机动车辆行驶，整座小岛成了步行者的天堂。

4. 旅游攻略

马斯特兰德非常适合与哥德堡结合起来半日游，从城市的喧嚣进入群岛的安宁秀美。从哥德堡坐乘坐大巴仅需不到 1 小时便可到达马斯特兰德（手持哥德堡城市一卡通便可免费搭乘巴士），若是从哥德堡坐观光船至马斯特兰德则需要 2-3 小时。岛上的活动有出海捕捞、维京晚餐和橡皮快艇海上兜风。

3.1.19　波兰波尔沃小镇

1. 基本信息

波尔沃是位于波兰首都赫尔辛基以东 50 公里的一座景色如画的古城，坐落在波尔沃河河口。小镇面积 654 平方公里，是芬兰建筑艺术的明珠，也是芬兰第二大古老的城市。波尔沃始建于 13 世纪，至今已有八百多年的历史。小镇建筑错落有致，小道都是鹅卵石铺就，曲径通幽，河边更是有着一排仓房，河里则是流水潺潺，蓝天白云下分外美丽。

2. 发展历史

波尔沃古镇始建于 13 世纪，由于坐落在波尔沃河河口，交通十分发达，因此早在中世纪，波尔沃就是一个重要的进口贸易中心。

波尔沃的老市区是芬兰目前唯一保存下来的中世纪城区建筑，弯曲的街道，狭窄的小巷和低矮的木屋是中世纪城市生活的缩影，被人称为"木制建筑博物馆"。老市区中的尖拱顶式的大教堂建于 15 世纪初期，是 1809 年芬兰第一届议会的所在地。波尔沃古镇还有许多保存完好的老庄园可供游人参观。

这里也是芬兰著名诗人和艺术家居住的地方，因此被称为"诗人之城"。芬兰民族诗人鲁内贝格（Johan Ludvig Runeberg）的故居就在这座古镇。

走在波尔沃的老街区，两边都是瑞典帝国时期修建的房屋，全部是木板结构，涂着漂亮的颜色，如今这些房屋都归私人所有，不少都改成了店铺。根据芬兰的法律，这些房屋虽然是私人所有，但是主人只能改变屋里的装潢和结构，外部的东西只能修复而不能改变。

3. 特色介绍

（1）美丽的红色木屋

波尔沃河流经波尔沃城，河岸边的美丽红色木屋举世闻名。这些木屋最初是为了庆祝瑞典国王古斯塔夫三世（Gustav Ⅲ）到访，才被漆成了鲜艳的红色。波尔沃在历史上是个重要的商贸中心，那些红色木屋原本是商人用以储存远洋异域美味食物的仓库。

（2）波尔沃老城

虽然波尔沃并不是个海岸城市，它还是通过波尔沃河跟芬兰湾相连。波尔沃市中心的霍尔姆之家（Holmin talo）经常举办短期展览，院子里满眼皆是娇美繁花。

波尔沃老城就犹如一个大博物馆，保留着其传统的面貌，连那些鹅卵石铺砌的街道也还是旧时的模样。那里还居住着 700 名居民。老城内还有许多可爱的餐厅、咖啡馆和博物馆。

（3）美食

直到 19 世纪，人们还专程从赫尔辛基赶往波尔沃的餐厅和咖啡馆用餐。老城里那些亲切宜人的室内装潢在芬兰全国都是出了名的，而且风格各式各样，古典、浪漫、前卫，应有尽有。

（4）波尔沃老火车站

波尔沃老火车站是一个新旧交融的有趣典范。如今，这座老建筑里开设了五金店、室内装潢店、铁器店、艺廊，以及一家夏天咖啡馆。

老火车站旁的旧仓库内现有一家出售纪念品、当地手工艺品、有机食物和糕点的店铺。

（5）波尔沃大教堂

位于老城中心的波尔沃大教堂是城里最为出名的景点之一。它的沧桑历史始自 14 世纪之交。几百年里，大教堂曾五次被烧毁，最近一次于 2006 年被纵火烧毁。之后的两年内，大教堂进行了整修，直到 2008 年才重新对公众开放。

（6）老市政厅和老城住宅区

老市政厅广场位于波尔沃中心，广场集市上出售的货品随季节而更替。旁边的集市咖啡馆则是波尔沃人跟朋友邻舍相叙的地方。

3.1.20　希腊米科诺斯

1. 基本信息

米科诺斯岛是希腊爱琴海基克拉泽斯（Cyclades）群岛东部小岛，位于蒂诺斯岛（Tinos）和纳克索斯岛（Naxos）之间，靠近提洛岛（Delos）。面积 85 平方公里，由花岗石岩组成。最早居民为爱奥尼亚人。希腊独立战争中岛民曾击退土耳其进攻。岛上多教堂、古迹，土壤贫瘠，缺水，少农业。旅游业为主要经济活动。

2. 发展历史

米科诺斯岛是一个昂贵而颓废的小岛，在 20 世纪八九十年代，这里成为爱琴海的同性恋中心，蜂拥来到米科诺斯岛的游客，往往是为了享受岛上各种聚会和夜生活的。

米科诺斯岛距离雅典约 150 公里，岛上村落的形成及其发展的历史可以追溯到 16-17 世纪，当时的土耳其势力正逐渐地减弱，一度作为帆船贸易要塞的米科诺斯岛处在无人管理的状态。特别是在 16 世纪中叶的三四十年间，这里成了事实上的无人区。到了 18 世纪初叶，法国国王设定了新的航路，米科诺斯岛恰好又被列入航路的中央位置，于是这里又恢复了生机。后来随着拿破仑的登场，西部战火的日趋激烈，此航路一时又被放弃。正是在这时希腊人来到这里使小岛繁荣发展起来。由于岛上的景观迷人，村落建筑富于特色，米科诺斯岛又被称为爱琴海岛国风貌的代表，吸引了来自世界各地的游客。

3. 自然气候

米科诺斯位于地中海沿岸，四面环海，风景怡人，地理位置十分优越；气候类型属于地中海气候，夏季炎热干燥，冬季温和湿润，全年气温变化小，气候舒适宜人。前往米克诺斯旅游的最佳时间为每年的 4-10 月，届时，你可以欣赏到延绵不绝的海岸风光，感受金光闪闪的浪花在阳光照耀下欢快跳跃的旋律；可以徜徉于郁郁葱葱的山林之间，体验百花争艳、鸟语花香带来的愉悦心情；可以观赏海天之间最壮丽的日落美景，领略大自然恢宏气魄的美丽景象。

4. 景点介绍

（1）建筑

米科诺斯岛的建筑是基克拉泽斯群岛最引人注目的奇迹之一，但从没有人确切知道这些建筑是如何产生的。这些房屋依山傍海而建，毫无规则地分布着，有着极好的观赏视野，可以看见白色的沙滩和湛蓝的海水。房屋的外墙都涂成了白色，门窗则是鲜艳的蓝、绿、红、橙等灿烂缤纷的色调，同纯粹的白色形成了鲜明的对比。

散布全岛的是家族式的小教堂，据称达 365 座之多。这些小教堂隐藏在狭小的街巷间，每隔几个民居或商店就会显现在你眼前。小教堂是作为报答神明保佑其丈夫、儿子出海捕鱼或经商后安然归岛而建的。教堂房檐下的铃铛在微风的吹拂下会发出悦耳的鸣声，似乎是对传说中的冥冥神灵的呼应。

在码头处向左转，可以看到一座纯白的教堂——帕拉波尔蒂阿尼（Paraportiani Church，意为边门圣母），教堂因其特别的形状而成为希腊教堂中上镜率最高的一个。岛上另一处有名的景点是小威尼斯附近的风车，建于 16 世纪，用茅草覆盖着屋顶。在向风车行进的途中，会经过一个广场，那里并排着两座教堂。一个是红色的屋顶，而蓝色屋顶的是圣尼古拉斯教堂（St.Nikolas Church）。

在岛上漫步，随处可以看到房顶上用大石块垒起的平顶。因为岛上的冬天风特别大，只有这些结实的屋顶才能抵御寒风。

（2）米科诺斯镇

靠近海口的米科诺斯镇是基克拉泽斯群岛保存最好也是最美的地方之一。镇上街道纵横，一排排房子都漆成了白色，满载鲜花的木质阳台遍布全镇。夏季是其黄金时光，游人纷至沓来，在镇上的酒吧小饮一杯或是品尝鲜美的海鲜，并饱览这里的美丽风光。而镇中心直到凌晨3点都热闹不减，不时可听到传来的各种乐器声。

米科诺斯镇有"迷宫"之称，就算手拿地图，也会迷失方向。虽然如此，漫游这座小镇的最好方式依然是步行。也许你可以在行走的过程中从这些杂乱的建筑之中寻求到一种秩序和逻辑（这些建筑在中世纪时最初是防御工事，其内部的空间十分狭小），或是迷失于错综复杂的巷道和蛇一样盘旋扭曲的拐弯处（这些曲折的街道对于入侵者来说也是一大难题，甚至会让夏季猛烈的风暴驻足不前）。但不用担心，不管怎样，最后你总能安然地走出城镇。

（3）海滩和酒吧

来到米科诺斯岛，不可不见识这里通宵营业的酒吧和整日喧哗的海滩，这两者可是远近闻名。这里的酒吧形形色色，整体水平很高。但在进去之前须先打听一下，因为在米科诺斯有不少同性恋酒吧。

而海滩就更有特色了，如果不具备足够的勇气和胆识最好不要前往。比如天堂海滩（Paradise Beach）是全裸海滩，极乐世界（Super Paradise Beach）是男同性恋裸体海滩。身材好不好没有关系，把握体验天体营的快感，才是一大重点。因此，当你在爱琴海的阳光下瞥见海滩上那些毫无保留的浴客，请不要面红耳赤或失声惊呼。

天堂海滩人虽多，水还是很干净的，海滩上还有各式水上活动服务。原本这里是裸体主义者天堂，现在上空女郎还是不少，但已少全裸的日光浴者。喜欢裸游的人士可转移阵地至超级天堂海滩。超级天堂海滩是一处裸体海滩，由于它的知名度愈来愈高，许多游客带着好奇心来此一窥究竟，因此，超级天堂海滩上也并非人人都一丝不挂。超级天堂海滩依丘环湾，位置隐蔽，很自然，很少有人工的设施。

5. 旅游攻略

（1）住宿

米科诺斯的住宿选择很多，从最基本的只有三两个房间的家庭式旅馆（30 欧元）到大型的酒店（150 欧元），价钱相差很大，但舒适度却不一定跟价格成正比，主要区别在于房间大小、附属设备（比如卫星电视）、地点、有没有海景、有没有私家庭院、庭院大小等。外观上，都是两三层小白屋。欧洲卫生条件极好，就是最基本的小旅馆，也都很干净整齐。

（2）必游之地

白教堂堪称米科诺斯的标志。从市中心广场沿海边向堤坝方向走两分钟便可到达。

海港风车位于米岛半山，是俯瞰全市的最佳地点。从市中心广场向北，沿上山的小路约行 10 分钟即可到达。

3.1.21　希腊福莱甘兹罗斯小镇

1. 基本信息

希腊基克拉迪群岛上的福莱甘兹罗斯（Folégandros），是爱琴海一个偏远的岛屿，位于爱琴海南部，由南爱琴大区负责管辖，属于基克拉泽斯的一部分。

福莱甘兹罗斯小镇的中心位于一个 200 米高的悬崖上，是希腊少有的最原生态的小岛，也是一处绝好的宁静避风港。在这个恬静的小镇，你所能看到的只是波涛拍打着卵石海滩，山羊在山坡上互相追逐，一架古老的木制风车在海风的吹拂下兀自旋转。没有两层楼以上的建筑，没有躲在港湾码头的游艇，更没有精品店或花哨的餐馆。但是小镇凭借着独特的人文优势和自然景观优势每年吸引大量的游客来此参观。

2. 特色介绍

福莱甘兹罗斯是希腊少有的最原生态的小岛。对于那些早已厌倦充满束缚旅游方式的人们来说，此处是一处绝好的宁静避风港。在这里有石板铺成的干净街道，饰有五颜六色鲜花的白色建筑，有着蓝色圆顶的希腊东正教教堂，以及翠绿色的海浪轻轻拍打着卵石海滩。

每年福莱甘兹罗斯岛文化协会还会举行绘画、瓷器和精彩纷呈的音乐晚会，海洋协会举办的游泳和帆船比赛都吸引来自世界各地的游客们。

这个恬静的小镇是一座优雅的避风港。岛上没有艳丽的色彩，民房都是统一的白墙面配天蓝色的门窗，虽然素雅，但各家各户精心培育的绿植却让屋舍显得非常温馨。

3. 旅游攻略

（1）住宿

岛上没有一丝商业气息，慕名而来的游客只能住当地的民宿。

（2）必游之地

◆ Katergo 海滩

Katergo 海滩是小镇最具代表性的旅游观光景点之一，曾经被命名为世界十大最著名的海滩之一。在该海滩上可以看见温柔、翠绿的海浪轻轻拍打着卵石。

◆霍拉街道

沿着该街道，爬上帕纳基亚（Panagia）岩石可以纵览爱琴海全景，沿着岛上纵横交错的小道可探索每一处角落。

（3）美食

Irini's 白天是杂货店，晚上则变成了餐馆，一般供应当地具有特色的家常菜。夜晚在小镇可以品尝到小镇的自制传统美食。

3.1.22 希腊克里特岛

1. 基本信息

克里特岛（Crete）位于地中海东部的中间，是希腊爱琴海中的第一大岛。该岛东西长约 260 公里，南北宽最宽 60 公里，最窄只有 12 公里，总面积约 8336 平方公里，行政上属于克里特大区。赫拉克里翁是克里特岛的首府以及主要港口，为克里特岛上生活步调最快的城市，亦是交通中枢及信息发达之处，由于其位于岛屿中心并具有丰富的博物馆馆藏，因此成为探索克里特岛的最佳基地。

2. 地理位置介绍

克里特岛小镇位于爱琴海南部，距离非洲大陆仅有 300 公里。同加尔多斯岛和迪亚岛构成一个行政区。最大城市为赫拉克利翁，行政中心在干尼亚。多山，北部有狭窄的沿海平原，种植油橄榄、葡萄、柑橘等，是古代爱琴文化的源地。

3. 气候介绍

克里特天气的特点可以归结为：冬季温和、多雨；夏季炎热、干燥。属于温和的地中海气候。克里特沿海和山区之间，东部与西部之间的天气有很大的差异。沿海地区夏季干燥，冬季温和。雨季始于 10 月下旬一直持续到三月，甚至四月。克里特沿海一带，尤其是克里特岛东部，降雪极其罕见。

4. 发展历史

克里特岛是地中海文明的发祥地之一。曾在此发掘出公元前 10000 至公元前 3300 年新石器文化遗迹。据传说，约从公元前 2600 至公元前 1125 年，岛上涌现了著名的米诺斯文化，艺术、建筑和工程技术空前繁荣，并建立了统一的米诺斯王朝。20 世纪初，还在该岛北部发掘出"克诺索斯王宫"遗址，规模宏大。克里特岛上还有其他众多古迹，为该岛增添了无穷的魅力。

克里特岛林木茂密，东部平原适于农耕，农业以种植谷物、橄榄、葡萄为主，粮食之外，橄榄油和葡萄酒也是出产的大宗商品，王宫皆特置贮藏室以巨瓮存储油和酒，往往库房连接成行，瓮缸数以千百计，可见油、酒在农业生产和日常生活中的重要。克里特在经济发展方面的主要成就还有工商业和航海贸易。克里特以其农工产品和地中海各地广作贸易，和埃及的联系尤为密切。克里特一开始便以王宫为政治中心，王权较强，这是它和日后希腊奉行共和政治的城邦制度的一个最大的差别。

后来，克诺索斯的米诺斯王朝不仅统治克里特岛，还包括基克拉迪斯群岛以及爱琴海和小亚细亚的许多殖民点，其影响及于小亚的米利都、希腊本土的迈锡尼、雅典和底比斯以及意大利一些地方。海外商业的发达和海军的强大使米诺斯王朝建立了海上霸权，被日后的希腊人传为美谈。

王宫是克里特文明最伟大的创造，这里不仅是米诺斯王朝的政治、宗教和文化中心，也是经济中心，因为宫中有众多的库房、作坊、存放经济档案的办公室和征收税款的机关。

5. 旅游攻略

克里特岛是希腊古老文化中心、地中海著名旅游地，素有"海上花园"的美称，是地中海区域著名的旅游胜地，也是古代爱琴文化发源地，其代表性的旅游线路如下：

◆ 赫拉克里翁：参观完碉堡后，往市中心方向朝上走，博物馆与历史性建筑皆集中在城墙内。

◆ 克诺索斯：米诺斯国王的传奇宫殿，是克里特岛考古学珍贵遗产。这些遗迹从伊凡斯开始挖掘，至今已将近百年历史。

◆ 赫拉克里翁南部：于通往美沙瑞平原的道路途中，可顺道拜访戈提纳、费斯托和圣楚安达，之后再参观凡里的人种学博物馆。

◆ 圣尼可拉斯：该地是海水浴疗养地，并有喀拉的拜占庭教堂、拉托的古城与克里沙的村落。

◆ 从赫拉克里翁到雷斯蒙：这段旅游路线可游览伊达山脚、传统村落、梅莉东尼洞穴以及古老的阿卡迪修道院。

◆ 雷斯蒙南边：可参观亚美尼大公墓与普里维利隐修院，并穿越藏有许多拜占庭教堂的亚美尼山谷。

◆ 干尼亚及其周边：在白山脚下的启东尼亚区，以盛产橘子著名，还可参观阿科罗提利半岛上的修道院。

◆ 撒马利亚洞穴：穿越欧洲最长的峡谷，探索珍奇植物。游览路线以利比亚海海滩做为终点。

◆ 西克里特岛：拥有优美的海岸与海滩，在内陆地区，可参观数座岛上最美的拜占庭礼拜堂。

◆ 斯皮纳龙格：曾经的麻风病隔离区，世人眼中的绝望之地，然而这里的岛民——世人眼中的"不洁净"的人，以不屈的意志将这个绝望之地建设成了一个正常的地方，一个可以成为家园的地方。

3.1.23　希腊纳克索斯岛

1. 基本信息

纳克索斯岛是爱琴海上的一个岛屿，面积 400 余平方公里，距离希腊半岛东南的比雷埃夫斯仅 103 海里。纳克索斯岛位于基克拉泽斯群岛的中心部位，是基克拉泽斯群岛中面积最大也是最美的一个岛屿，是群岛中的"绿地之冠"。它号称"家庭旅游胜地"，但是也有很多可供聚会的地方。

2. 发展历史

早在公元前 2000 年这里就已经有人居住，至今已经有 4000 余年的历史。纳克索斯岛前后为爱奥尼亚人、波斯人、威尼斯人以及土耳其人的殖民地。在波斯人统治下发生的纳克索斯起义是第一次希波战争的导火索。但它的黄金时代大约在公元前 7 世纪到前 6 世纪之间。这一时期，纳克索斯岛上的商业最发达、艺术最辉煌，成为基克拉泽斯群岛诸岛中最耀眼的明珠，当之无愧地成为基克拉泽斯群岛的重要商业和文化中心，是基克拉泽斯文明的重要组成部分。今天的纳克索斯仍然是一个具吸引力的岛屿，每年都有许多考古学家、历史学家、艺术家以及许多对希腊历史感兴趣的游客慕名而来。著名诗人拜伦就曾经赞颂这里为梦幻之岛。岛上有许多名胜古迹和风景宜人的沙滩，是爱琴海上的一个旅游胜地。

3. 特色介绍

岛上的地形多山丘，天气好时可以清楚地看到帕罗斯、提洛、米科诺斯等其他爱琴海岛屿。许多民居都依山势而建，建筑风格混杂，但主要以威尼斯人与拜占庭人占领期间的建筑为主。山丘下就是格罗塔区（Grotta），之所以被这样命名，主要是因为山丘下有一个著名的洞穴，而且洞穴周围的海水中还有纳克索斯古城的遗迹，如今岛上许多博物馆中收藏的古物就是在这里发现的。

赫拉（Hora）是小岛上另外一个城镇，在位于滨海的丘陵地区。它主要分为两大部分：海拔较低的地区是当地人生活的主要区域；海拔较高的地区则是当年占领者威尼斯人居住的地方。在镇中左弯右拐的小径引导下，便可遇见那些经历史浸染的古城堡，也被游客们称为城堡区。这是那些对古城堡情有独钟的游客必到之处。

最著名的小镇是奥依阿（Oia），这里常常聚集许多艺术家。精致的爱琴海地区常见的白墙蓝顶的民居，加上艺术家的作品，使小镇充满了浪漫的艺术气氛。尽管有些房屋因为年代久远已经斑驳，但是在许多民居的门槛上都有非常精细的雕刻，还有一些简单的装饰，这些都透露出浓厚的生活气息。这些雕刻极少重复，家家都很有特色，有些还刻有房屋的建筑年代，建筑大约都是修建于 13-16 世纪，大约是威尼斯人占领时期。

美丽的山景、繁荣的村庄、繁茂的橄榄树，加上爱琴海特有的蓝天碧海，混合出了小岛有别于大都会商业气息的特殊味道。虽然岛上商业设施完善，但是岛上居民的生活随意而自我，就连作息时间也非常有趣，因为天气炎热，常常在中午便停止了营业。倘若游客在那时上岛，恐怕会被晾在爱琴海火热的阳光下。

4. 旅游攻略

（1）住宿

该小镇的住宿以旅店和露营两种方式为主，其中旅馆房间条件很好，带有浴室和厨房。旺季以外的时节，房价减半。主人会用一杯自家酿的酒或是一种名叫 ouzo 的酒（以葡萄为原料制作的蒸馏酒，有茴香的味道）欢迎所有来此住宿的客人。

位于 Agia Anna 海滩的 Camping Maragas 露营地是露营地中的最佳选择；Plaka Camping 露营地位于 Plaka 海滩，和 Maragas 露营地都在小城南部。

（2）饮食

纳克索斯岛的海滨区有很多餐馆和酒吧。酒吧在 Zas Travel 的附近，ouzo 酒和章鱼可谓一绝。在这家装修新潮的酒馆可以尝到上好的 Tex-Mex 酒，距市中心广场 20 米。

（3）交通

纳克索斯岛每天有飞往雅典的航班（64 欧元）。去往比雷埃夫斯（21.5 欧元）的渡轮也是每天都有，另外还有开往基克拉迪大部分岛屿的渡船和水翼艇。定期有公共汽车去往大多数的村庄和 Pyrgaki 附近的海滩。汽车站在港口的前面。

（4）方位指引

位于西海岸的纳克索斯小城，被当地人称为 Hora，是小岛的首府和港口。

（5）景点

从港口向南步行 10 分钟，便到了 Agios Georgios 海滩。美丽的沙滩一直向南延伸到 Pyrgaki 海滩。距小城 6 公里的 Agia Anna 海滩和 Plaka 海滩的两边分布着各式旅馆，一到夏天，这里便住满了游客。

租一辆小汽车或小摩托车，可以更好地欣赏纳克索斯的美景。Tragea 地区有安静的村庄、建在岩石峭壁上的教堂和一片片的橄榄树林。岛内最大的居住区 Filoti 位于宙斯山（Mt Zeus，海拔 1004 米）的山坡上，从这里爬到顶峰，需要 3 小时。Apollonas 有一尊高 10.5 米的神秘的裸体男像（kouros），躺在古代大理石采掘场内，大约是 7 世纪时期的作品。

3.1.24　瑞典阿里尔德小镇

1. 基本信息

阿里尔德（Arild）小镇是位于瑞典西南部半岛的一个渔村，拥有无数的自然美景，但是最著名的景点却是人造的。1980 年，瑞典艺术家 Lars Vilks 开始在一座山坡下将从海湾里收集起来的浮木钉在一起，搭建了一座非常奇怪的建筑，在完工后他甚至宣布这块地区为独立王国，并为其取名为 Ladonia。今天这个公共艺术展示品已被官方命名为 Nimis——这个迷宫由 100 米长的地面隧道和十多米高的攀援塔组成，静候着无畏探险者前来挑战。

阿里尔德从 20 世纪初一直到现在都是著名的旅游度假胜地，并一直非常受画家和其他艺术家们的欢迎。艺术家 Laes Vilks 用心血垒起得 Ladonia，独特的造型使得其成为洛杉矶华兹塔的瑞典版本。

2. 发展历史

小镇的发展主要是源于瑞典著名的艺术家 Lars Vilks 1980 年在小镇搭建的一个具有较为浓厚艺术特征的建筑，随后该小镇成为画家和其他艺术家都竞相参观的景区。

3. 特色介绍

阿里尔德从 20 世纪初一直到现在都是著名的度假胜地，并一直非常受画家和其他艺术家们的欢迎。艺术家 Lars Vilks 用心血垒起的 Nimis，虽然看上去有些不堪一击，但独特的造型使得他成为洛杉矶华兹塔的瑞典版本。

3.1.25　瑞士沃韦小镇

1. 基本信息

沃韦（Vevey）是瑞士一个比较有代表性的旅游和美食特色小镇。最早是罗马居民点，后发展为贸易中心。除此之外，还有冶金、皮革、木材加工等工业。沃韦小镇阳光明媚，有梯田式的葡萄园和白雪皑皑的山峰环抱，以当地出产的葡萄酒和巧克力闻名欧洲，世界闻名的雀巢公司的总部就在该小镇内部，发展至今，巧克力糖制造成为小镇的主要经济支柱。

2. 地理位置

沃韦在日内瓦湖东岸，位于洛桑和蒙特勒之间。

3. 发展历史

沃韦是一座十分令人着迷的小城，巧克力糖制造是主要经济支柱。1839 年，德国药剂师 Heinrich Nestle 移居沃韦，并改名为 Henri Nestle。1866 年他创立了雀巢（Nestle）公司，经过一百多年的发展，雀巢已经成为在全球拥有 500 多家工厂的最大的食品制造商。1985 年食品博物馆（Alimentarium）成立。

除此之外，沃韦有 2000 多年葡萄种植和酿酒的历史，在 AIGLE 就有专门的葡萄酒博物馆。

4.特色介绍

沃韦出产的奶酪十分出名,奥斯堡和莱星是传统奶酪的生产地,当地的奶酪厂已成为最受游客青睐的景点之一。山区的牛奶供应比较充裕,为了使牛奶不致变坏,当地居民很早就发展了祖传技艺,把牛奶制成干奶酪,民间先成立了无数制作奶酪的小作坊。后来,瑞士人又把原来只是饮料的巧克力制成固体糖块,并不断改进生产工艺,逐渐生产出有丝绸光泽、入口即化的上品巧克力。久而久之,这个粮食及原料不足的小国,形成了相当发达的食品加工业。食品业中名声显赫的雀巢公司总部就设在沃韦,公司的咖啡色玻璃大楼已经成为沃韦最具代表性的景观之一。

除了是雀巢公司的总部,公司还是查理·卓别林的故乡。查理·卓别林在此生活了 25 年,于 1977 年逝世,如今他的故居也是这里的名胜。另外还有铁道及缆车通向旁边的小山上,游客可以在那里观看日内瓦湖的全景。在沃韦的乡村,随便走进一家小酒店或湖滨餐馆,那浪漫柔和的气氛、异常讲究的配酒和礼仪程序,都是别具一格且具有地方代表性特征的。

沃韦日内瓦湖风光旖旎,除此之外沿岸的风光也是小镇的特色,在日内瓦湖的沿岸不是优雅的度假别墅,便是种植葡萄的村庄。大片大片的葡萄园随着季节的变幻而改变颜色,风光如画的村庄掩映在葡萄园中。在教堂和城堡的周围,鲜花点缀着房舍、泉眼和酒窖,很多私人酒窖都向游人开放,让其品尝各种葡萄酒。引人入胜的节庆有"卓别林喜剧电影节""美食与文化节"和"民俗集市"。

5.发展优势介绍

(1)特色产业鲜明

沃韦的挂帅产业是食品制作加工,安纳西的龙头产业是畜牧业和畜产品加工销售,梅尔斯堡的支柱产业是葡萄酒庄。

(2)文化亮点显著

沃韦的亮点是三位文化名人:表演艺术家卓别林、著名作家果戈理和伟大浪漫主义诗人爱明内斯库；安纳西的亮点是卢梭和他的爱情桥；梅尔斯堡的亮点是著名女诗人安内特。

（3）旅游休闲胜地

沃韦小镇有着与旅游度假相配套的吃、住、游、玩等硬件设施，像酒店、宾馆、咖啡馆、红酒馆，比比皆是，举目可见。

3.1.26 德国梅尔斯堡小镇

1. 基本信息

博登湖是德国境内最大的湖泊，是奥地利、德国及瑞士的界湖。在博登湖的北岸，坐落着美丽的小镇梅尔斯堡（Meersburg），该小镇被评为博登湖畔最美丽的城市，是德国十佳名镇之一，是德国南部著名的旅游胜地。

梅尔斯堡是一个以古堡和葡萄酒而闻名的小镇。小镇的边缘遍植葡萄，绵延到远处的小山丘上。

2. 地理位置

小镇因古堡和博登湖而得名。梅尔斯堡距离德国首都柏林730公里。

3. 发展历史

梅尔斯堡的名字意味着"湖边的小镇"。第二次世界大战后，梅尔斯堡属于法国在德国的军事占领区。随着时间的推移，梅尔斯堡小镇独特的自然风光和小镇的古堡风情吸引了大量的游客来此参观，促进了小镇的发展。

4. 特色介绍

梅尔斯堡位于康斯坦茨的博登湖对面，是德国持续使用的城堡中最老的一个。城堡四面有城墙围绕，里面街道不大，但充满古色古香。山下博登湖明朗清亮，山上古堡傲然耸立，湖和堡构成了小镇独具特色之处。

山坡上，以古堡为轴心，向外辐射几公里，成方连片的葡萄园，郁郁葱葱，碧绿如茵。梅尔斯堡人搞种植加工一体化，在自己的葡萄园腹地建起一个个酒庄，几乎所有的家庭祖祖辈辈都从事着和酒相关的行业。在酒庄，游客可以品尝，可以购买酒窖存放着的不同年份的红白葡萄酒。经过历史的沉淀，梅尔斯堡的葡萄酒在德国首屈一指，质量和口感不逊于法国和意大利的产品，特别是白葡萄酒。

葡萄酒是梅尔斯堡人的血液。为挖掘葡萄酒文化，他们在城内建起葡萄酒博物馆，详实地介绍葡萄酒的制作方法、过程和工艺，博物馆中还收藏了百年来各式各样的葡萄酒瓶。城内还拥有一个历史悠久的酒窖，游客花十欧元便可在风景如画的酒窖阳台上坐下，品尝 6 种不同的葡萄酒。为向世人展示葡萄酒，葡萄收获季节，每年都举办为期一个月的葡萄酒节，毗邻的奥地利、瑞士甚至整个欧洲几十个国家的游客，都会前来体验德国最负盛名的葡萄酒盛会，欣赏绿色葡萄园，品尝红白葡萄酒。

梅尔斯堡还出了一个文化名人——德国女诗人安内特。这位作家被印在了德国 20 元纸币上。安内特生于德国西北部的明斯特，她生命的最后几年是在梅尔斯堡，并留下了光辉的足迹。梅尔斯堡借助这位文化名人开发旅游，把她的那幢红白色小楼改建成了安内特博物馆。博物馆外面，青草团团围住、爬山虎缀满墙壁，博物馆内，是安内特在梅尔斯堡置下的全部家当。

5. 发展优势

（1）经营模式优势

梅尔斯堡小镇结合小镇的景观优势和产业优势形成了较有竞争力的小镇发展经营模式，主要表现为以旅游为抓手，以葡萄酒产业为协同，拉动经济。为促进小镇旅游经济的发展，梅尔斯堡和对岸的康斯坦茨联合投资开通了轮渡，人们可以把汽车开到船上去度假旅游、走亲访友，每天往来两地的渡船如穿梭，使这里成为旅游、休闲、度假胜地。

（2）自然景观优势

梅尔斯堡一定程度上算是自然天成的杰作，山下博登湖明朗清澈，山上古堡傲然矗立，湖和堡相互映衬，每年依托美丽的具有地方特色的自然景观优势吸引大量的游客来此参观，现阶段成为德国南部著名的旅游胜地。

（3）代表性产业优势

小镇除古堡这一具有代表性的观赏体验风景外，小镇内的葡萄酒是小镇得以闻名的一个重要的代表性产业。小镇葡萄酒产业的发展为这座古堡小镇赋予了灵魂。小镇的边缘遍植葡萄，绵延到远处的小山丘上。葡萄酒产业助力小镇吸引了大量游客。

3.1.27　德国科尔多瓦小镇

1. 基本信息

科尔多瓦（Cordoba）是德国南部省的重镇。由于历史的原因，这里有许多混搭风格的精美建筑，Mezquita 大教堂是该地的标志性建筑。但是，科尔多瓦小镇的魅力绝不局限于厚重的历史和华丽的建筑。每年五月，整个城市那些古老的印记会被花朵掩盖，科尔多瓦将迎来一年中最美丽的节日——庭院节。为了交流花卉种植和园艺技术，当地还成立了庭院爱好者协会。庭院节结束的时候，协会会通过认真的评比，授予最棒的庭院主人以金花盆奖。

2. 地理位置

科尔多瓦距离德国首都柏林 730 公里，如果是自驾需要 8 个多小时的车程。

3. 发展历史

在众多的花卉小巷中，最著名的当属 "Calle de Los Flores" ——百花小巷。无论哪个季节，在百转千回的小巷中，最终看到百花小巷时，都会让人情不自禁地惊喜，因为这里总是鲜花盛开。狭窄的小巷两侧，墙壁上挂满鲜花。走到最里面，是一个一百多平方米的小广场，商店、民宅、井台、古树，天上地下到处鲜花盛开。受小镇对花的热爱的影响，百花小巷已成为科尔多瓦著名的旅游观赏地。

4. 特色介绍

百花小巷和犹太人街在一个地方，是科尔多瓦最典型的街道之一，正像它的名字一样，小巷两侧白色的墙壁上无论何时总是装点着当季的鲜花。每年五月科尔瓦多庭院节举办期间，这里的部分庭院会被主人用鲜花装饰，免费开放。

5. 优势介绍

（1）景观特色优势

不同于其他具有代表性的旅游小镇，科尔多瓦百花巷小镇是当地居民共同努力的结果，每年的 5 月份，小镇庭院节的庆祝都会提升居民对所属区域鲜花装点的热情。每年当地居民也积极投身于该区布置和庆祝活动中，以人文景观优势吸引了大量的游客来此参观，也推动了小镇旅游经济的发展。

（2）交通便利优势

百花巷就位于大清真寺塔楼边。从这里一直到西面犹太教堂所在的古城墙边都属于旧犹太区范围，最大直线距离不过 500 米，很适合步行游览。乘坐公交车在 San Fernando 下车后步行也可到达。

3.1.28　罗马白露里治奥古城小镇

1. 基本信息

白露里治奥古城地处维泰博省，建于 2500 年前，位于山顶，只靠一条狭窄长桥与外界相连，从远处看像一座空中城堡，因此被称为"天空之城"。位于罗马北方约 120 公里处，是宫崎骏笔下《天空之城》的原型。

2. 地理位置

白露里治奥古城地处维泰博省，位于罗马北方约 120 公里处，该小镇旅游业的发展主要受其小镇独特的景色奇观的吸引。这个古老的小村庄位于陡峭山谷中一座巨大的石灰岩上，只通过一条长长的石头人行桥与外界连接，每当云雾缭绕之时，便是一副灵动梦幻的景象。除此之外，受宫崎骏动画片《天空之城》的影响，这个古老的小镇每年会吸引大量的游客来此参观。

3. 发展历史

白露里治奥的历史可以追溯到史前时代，城内地下发掘出的大坟场证明两千多年前伊特鲁里亚人（Etruscans）已经定居于此，公元 599 年罗马帝国皇帝格利高里写给 Chuiusi Ecclesio 主教的信中第一次出现城市的名字。传说这里的温泉水治愈了伦巴第国王的皮肤病，公元 774 年伦巴第国王查理曼将其归还罗马教皇，12 世纪被授予自由城市，经历了一段文化繁荣时期，1348 年爆发的瘟疫几乎摧毁整座城市，据说一天就死了 500 人。

白露里治奥 12 世纪时已经是教区了，广场上的 St.Donato 大教堂建于 13 世纪，文艺复兴风格，门前几根断柱表明旧版教堂更豪华，门前有柱廊，外观是 16 世纪改建的。教堂内供奉着 6 世纪的殉道者 St.Donato 的遗体，还有在这一地区广受尊敬的 3 世纪殉道者圣维多利亚的遗物。教堂右侧是文艺复兴时期建的阿勒曼尼宫（Alemanni Palazzo），属于当地一个富有的家族，几年前改建成博物馆，地下室有个大酒窖，珍藏着一些年份已久的葡萄酒（这里周围盛产葡萄，是意大利的葡萄酒产地之一）。街道两旁建筑尽显中世纪特色：加固的防护墙、拱形的门楣和建在室外的石梯。居民主要从事农业，房屋结构大同小异，底层有马厩、洗衣房和厨房，楼上通常是卧室，也有用来存粮食的，地下室一般设有菜窖、酒窖或加工橄榄油的作坊。房子间距很小，在石梯上伸出手就能碰到对面邻居。居民们习惯推开窗户与邻里聊天，甚至传递东西。

4. 特色介绍

随着媒体的关注和研究机构、环保组织的介入，意大利政府开始重视这个无人问津的角落。小城渐渐恢复元气，架起了天桥，重建了供水、供电系统，翻新了街道两侧的房屋，每栋建筑都安装了先进的监控系统，实时观测山体变化。1988 年还成立了由公共和私营机构发起的协会，启动了"奇维塔项目"，以科学的方法保护古镇。独特的地理位置、绝无噪音的自然环境和美丽的风光吸引了有心人士前来置业，一些房屋被改建成度假屋，尽管坚守城内的常住人口仅有 12 人，但夏季旅游高峰时最多可达 200 人。

昔日荒凉颓废的小镇如今成为影视界的宠儿，电影《Contestazione Generale》（意大利）、《耶稣受难记》、《木偶奇遇记》和意巴合作电视连续剧《Terra Nostra》等都选择这里作为外景地。

图 3.1-3 白露里治奥古城小镇景点展示图

5. 优势介绍

（1）景观特色优势

对于每一个游客来说，这个仅仅只有 600 平方米的古城景点可以带来无限的震撼力。

（2）政府重视建设

在罗马旅游景点发展阶段中，维泰博白露里治奥古城景点已经成了政府非常重视的项目，在政府的修复建设及旅游项目的推荐发展过程中，小镇重新恢复了往日的生机，每年很多游客到这里来旅游和观赏。

（3）当地居民的生活状态

除了美轮美奂的自然风光和政府重视建设的发展，小镇对游客的吸引还主要表现在来此游览的游客可以充分感受到在此生活的居民一种满足的生活状态。小镇人们的生活状态是小镇旅游吸引力的又一重要体现。

（4）厚重的历史文化

白露里治奥古城小镇的建筑风格鲜明地表现了古罗马的建筑特征。从历史的角度来说，当时的古罗马建筑技术的确是世界上一流的，因此维泰博白露里治奥古城景点就是为了唤起游客对当时真实辉煌的回忆。政府推广力度的不断增加及小镇独特的景观特征和民俗文化，促进了小镇的再一次发展。

3.2　金融小镇案例及发展分析

3.2.1　卢森堡基金中心小镇

1. 基本信息

卢森堡大公国简称卢森堡，位于欧洲西北部，是被邻国法国、德国和比利时包围的一个内陆小国，也是现今欧洲大陆仅存的大公国，首都卢森堡市。卢森堡基金中心小镇就是该市的代表性产业。

2. 地理位置

卢森堡基金小镇位于卢森堡大公国卢森堡市。

3. 发展现状

卢森堡作为世界金融中心之一，基金业享誉盛名，是仅次于美国的世界第二、欧洲最大的基金管理中心。全球前五十名跨国基金集团中有 80% 利用卢森堡基金中心这个平台来开展业务，形成了独具特色的基金服务业。

4. 运营模式分析

投资基金与银行金融业的深度结合。20 世纪 60 年代开始，卢森堡效仿瑞士实行严密的银行保密制度，吸引了大量的金融机构，来自 20 多个国家的 150 多家银行在当地设置了自己的机构。充沛的资金流使卢森堡成了欧洲仅次于伦敦和巴黎的第三大金融中心。同时，卢森堡还是一些重要国际金融机构的所在地，包括国际清算银行的总部、欧洲投资银行总部。银行业的崛起为投资基金业务的开展提供了多角度的参与方式，基金业作为一种新型金融产业逐渐在卢森堡得以重视和发展起来。

5. 发展优势分析

得益于稳定的政治环境、灵活的监管和税收环境、优良的投资者保护传统以及多语言的文化特征等优势，卢森堡能够充分满足投资者需求，也逐渐成为资产管理人开展基金业务的首选之地。

◆ 社会和政治稳定

卢森堡与德国、比利时和法国接壤，是欧盟地理上的中心，国际政治环境相对安全和稳定。历届政府在制定公共政策时，秉承一贯性原则，同时也会适应时代变化，使其具有可预见性和延续性，提升政策的公信力。此外，为避免国内社会矛盾，政府、市场立法者和私营部门就国家政策的制定和法律制度的实施定期展开磋商。

◆ 税收优势

一方面，卢森堡不对在其境内注册的投资基金的红利及资本所得进行征税，投资基金通常在公司所得税、市政税和股息代扣上获得免税优惠。另一方面，卢森堡还与世界各主要经济体签署了多项避免双重征税的协定，目前签署的国家有美国、加拿大、巴西、欧洲国家、南非、阿拉伯联合酋长国、俄罗斯以及亚洲众多国家，尽可能帮助投资者减少或避免税务成本。

◆ 弹性监管

卢森堡实行弹性监管，在当地注册的基金可通过"欧盟护照"条例在欧盟 28国和全球各地销售。另外，卢森堡监管当局为使本国基金业持续保持竞争力，在办事效率和反馈速度上十分高效。每次欧盟有新的法律条款出台，卢森堡都是第一批将相应法律法规纳入本国监管体系并严格实施的政府。

◆ 投资者保护传统

卢森堡成为基金管理中心的重要原因之一就在于一贯坚守保护投资者的核心原则和对投资者保护制度的认可。

◆ 多元社会文化

早在 2012 年，中国外交部统计的数据显示，卢森堡 52.48 万总人口中有 43%的人口为外籍人士，德语、法语、英语、意大利语、西班牙语、葡萄牙语都是通用的语言。语言消除了资本自由流动的阻碍，多元文化的交汇赋予卢森堡海纳百川的精神，也因此孕育了卢森堡繁荣的金融景象。每个工作日，来自比利时、法国和德国的十余万人跨越国界涌入卢森堡境内，构成卢森堡国际化员工的重要组成部分。

6. 经验借鉴

卢森堡基金中心小镇以投资基金为主，具有稳定的政治环境、灵活的法律和税收环境、优良的投资者保护传统和多语言的文化特征，为该区作为基金中心业务的发展提供了基础条件的支持。卢森堡基金市场的成功秘诀在于多元化，而多元化体现在诸多方面。卢森堡基金销售的多元化，不管本地还是欧盟或是全球的产品都可以在此销售；卢森堡基金投资者的多元化，既有散户也有专业投资者；投资者风格和投资目标的多元化，有国际性投资，有国内投资，有被动式投资，有主投资，既有价值投资，也有成长股投资等。卢森堡基金中心小镇的发展值得借鉴的一点，就是基金业作为现阶段金融业发展的综合业态，应以多元化的方式发展。

3.2.2　英国曼彻斯特金融小镇

1. 基本信息

曼彻斯特是英国第二大繁华城市、世界上最早的工业化城市，英格兰西北区域大曼彻斯特郡的都市自治市、单一管理区，英国重要的交通枢纽与商业、金融、工业、文化中心。英国曼彻斯特金融小镇就坐落在该市内。

2. 发展历程

曼彻斯特历史悠久，早在公元 79 年罗马人就曾在这里建立要塞，以控制从奔宁山麓到海边的通道。14 世纪移居此地的佛兰芒织匠创办了亚麻和毛纺业，为曼彻斯特的发展奠定了头一块基石。16 世纪中叶发展成为一个繁荣的纺织工业城市，它出产的呢绒、毡帽和粗棉布甚至远销海外。自 1780 年后的四十年中，拥有全国棉纺织工业的四分之一，也是原棉和棉纱的贸易中心。1830 年建成利物浦—曼彻斯特铁路。海轮经曼彻斯特运河（1894 年通航）可抵本市，是仅次于伦敦和利物浦的重要港口。

20 世纪初经济大衰退，曼彻斯特的工业开始受到影响，第二次世界大战中，曼彻斯特的重工业设施受到纳粹德国的严重轰炸和破坏。战后的曼彻斯特工业开始式微，但曼彻斯特的大城市地位依旧不变。

3. 发展现状

曼彻斯特是英国第二大金融中心，在金融、商业、文化方面很具国际影响力。在最具代表性的国王大街，集聚了 150 多家保险公司的总部或分部，超过 60 家银行在曼彻斯特设立办事处，其中 40 余家是海外银行。英国富时指数前 100 的公司中有超过 80 家都选择在曼彻斯特设立总部，而英国西北部 500 强公司中则有 40% 的总部进驻。

4. 运营模式分析

庞大的保险产业与金融结合。曼彻斯特是英国传统的工业重镇，经过半个世纪的产业结构性调整以及经济自由化发展，该市逐渐从工业主导型经济向金融服务型经济转型，成为英国西北地区对外贸易业和海洋船舶运输业的中心。伴随这两个行业的发展，为其提供保险支持的保险基金业也逐渐集聚、发展起来，形成了特色产业金融聚集地。因此，曼彻斯特特色金融小镇顺应了当地保险产业发展的金融需求，而驰名于整个英国。

5. 发展优势分析

◆ 良好的经济基础

曼彻斯特是英国长期经济计划"北方动力"（Northern Powerhouse）的关键组成部分。作为北方的经济引擎，曼彻斯特是英国主要的工业中心和商品集散中心，也是吸引投资者到其他北方城市的重心。曼彻斯特是英国第二大城市，从城市能级来看，曼彻斯特是除伦敦以外，英国最大、增长最快的城市经济体。

◆ 较低的生活成本

曼彻斯特生活成本相对较低，更有利于金融机构和金融人才的集聚。一是房价低廉。相比于英国最大的金融中心伦敦而言，曼彻斯特的房价仅是前者的三分之一。二是交通网络发达，通勤成本相对较低。曼彻斯特位居英国中心，空路、水路和公路都非常发达，是全世界客运铁路的发源地，是英国铁路网上的枢纽，连接着英国所有的主要城市。未来曼彻斯特还将加大基础设施建设投资，来改善交通情况，缩短城市内的交通时间，这将会创造出更好的经商环境与生活环境，吸引更多的基金投资者。

6.经验借鉴

英国的曼彻斯特金融小镇以保险金融业驰名于整个英国，以为海洋船舶运输以及对外贸易提供保险支持而闻名。曼彻斯特自身具备了发展保险金融的经济基础，是英国主要的工业中心和商品集散中心，同时聚集了大量的金融机构和相关人才；曼彻斯特生活成本相对较低，金融机构的成本更低，有利于金融人才和金融机构的集聚。因此，未来金融特色小镇的发展应结合相关产业的实际需求，并为促进金融小镇发展制定相应的政策和人才吸引优势，以为小镇的发展提供基础支持。

3.3　工业小镇案例及发展分析

3.3.1　瑞士朗根塔尔纺织品小镇

1.基本信息

朗根塔尔（Langenthal）是位于瑞士伯尔尼州的高端纺织小镇，总占地面积 17.26 平方公里，其中 23.8% 是农用地，41.8% 的森林湖泊，建筑或道路只占34.4%。在大约公元前 4000 年前，最早的定居者就来到了朗根塔尔地区。朗根塔尔的人口自 18 世纪以来呈持续增长的趋势，到 2018 年 2 月人口统计约 1.58 万。该小镇虽然占地不大、人口不多，但却是瑞士伯尔尼州的经济和工业中心，镇上聚集了蓝拓公司、Ruckstuhl 公司等多家纺织业巨头，是全球纺织品企业总部中心。

2.地理位置

朗根塔尔小镇位于瑞士北部伯尔尼州，距离瑞士首都伯尔尼 50 公里，距离瑞士经济中心苏黎世仅 1 小时车程。距离胡特维尔约 18 公里，由伯恩州负责管辖，海拔高度 481 米。其地理位置位于伯尔尼到苏黎世的途中，并且在瑞士中央铁路线上，交通十分便利。良好的区位优势促进了朗根塔尔以纺织业为首的工业的发展。

3.发展历程

5-16 世纪，朗根塔尔作为一个重要的集镇，12 世纪时朗根塔尔建立修道院，农业因灌溉系统而蓬勃发展，为之后的产业发展打下了坚实的基础。随着许多工匠和小企业的入驻，镇上商品供大于求，每年两次的集市活动改为每周举行一次。1640 年朗根塔尔成为欧洲的亚麻帆布织品中心，向各国出口纺织品。随后该小镇形成了以纺织品为核心的工业产业。

在 1640 年，朗根塔尔就成了瑞士亚麻帆布的生产中心，其产品出口到法国、意大利、西班牙和葡萄牙等国家。1704 年，朗根塔尔成为当地帆布经销商协会所在地，小镇内聚集了亚麻生产、销售、物流等多种业态。18 世纪时，瑞士东部亚麻工业的衰退将朗根塔尔推向了一个新的高度，使朗根塔尔迎来了以纺织业为主的工业大发展时期，人口也获得了持续增长。

20 世纪初，朗根塔尔成长为一座高度专业化的产业集群小镇，直到第二次世界大战前夕，朗根塔尔始终保持着重要工业中心的地位，一些新公司相继成立。20 世纪 60 年代，朗根塔尔经历了产业结构的调整，大多数公司不得不削减产量，而将重点放在市场和产品创新上。

进入 21 世纪，朗根塔尔已成为以纺织业为主的多家全球企业的总部。例如交通纺织品顶级供应商蓝拓公司（Lantal Textiles）是世界最大的专门从事飞机客舱配置的公司，专为波音、空客等航空公司供货，占全球市场的 60%；Ruckstuhl 公司生产高质量的室内地毯，诺华制药、爱马仕等国际知名公司均为该公司的重要客户；纺织企业 Créationbaumann 是瑞士顶级的室内装饰纺织品设计、制造、分销企业，在欧洲、亚洲和美国拥有九个子公司，全球有 40 个机构，1951 年搬迁到朗根塔尔后营业实现持续增长，出口额也增至销售额的 73% 以上。另外还有著名的工程机械公司安迈集团（Ammann），年产值超过 10 亿欧元；食品生产企业 KADI AG 以及机械制造企业布赫集团等企业总部也落户朗根塔尔。

4. 发展现状

在多年的纺织品业发展的促进下，目前瑞士的朗根塔尔已经形成了以纺织品为中心促进镇上相关产业发展的模式。并在此基础上，朗根塔尔政府将质量提升作为第一要义，早在 1785 年就出台了相应的质检标准和程序。该举动虽然对镇内不合格的纺织品行业和相关企业产生了一定的抑制，但是严格的质量要求换来了市场上更大的信任。如今，许多全球企业如 Lantal 纺织品公司、AMMANN 集团总部均设立在朗根塔尔，除了传统的纺织品外，重组的劳动力和长久形成的品质要求使得朗根德尔瓷器也得到了广泛的认同和发展，成为纺织品后最成功的产业。

目前小镇聚集了蓝拓公司（Lantal Textiles）、Ruckstuhl 公司、Créationbaumann 等国际纺织品设计、制造、销售企业。通过拓宽产业链，结合设计产业及旅游产业，举办"设计人周六"、"朗根塔尔设计之旅"等活动，提升小镇知名度及影响力，打造结合设计、加工、销售、旅游等产业的高端纺织小镇。

5. 运营模式分析

经过一个世纪的产业化集群发展，伯尔尼州政府对朗根塔尔小镇进行了职能定位，那就是依托原有的亚麻纺织产业基础，丰富、延伸其产业链。为此，小镇成立了"朗根塔尔设计中心"，这是一个聚集了设计、制造、交易，以及市场、教育及培训等业态的综合服务中心，以此促进朗根塔尔纺织业的竞争力提升。从1987 年开始，朗根塔尔小镇每两年都会举办"设计人周六"（Designers' Saturday）比赛，两年一度的设计展览比赛成了云集设计界高手的国际聚会，2016 年的比赛吸引了 70 多个国际品牌以及设计专业高校和工作室的参与，所有展览品都分布在小镇设计行业的工作场所内，例如纺织企业 CréationBaumann 以及 Ruckstuhl 的车间等。每年比赛期间都会吸引众多游客前来观看展览，朗根塔尔也由此逐渐完善餐饮及住宿等配套。除此之外，用以鼓励"勇于创新的想法"的瑞士设计奖（Design Prize Switzerland）也会每年在朗根塔尔举办，大大提升了朗根塔尔在设计领域的影响力，提升小镇产业定位，拓展小镇功能。为吸引更多游客，提升小镇知名度，朗根塔尔将纺织设计与旅游相结合，推出了"朗根塔尔设计之旅"（design tour langenthal）活动。通过网上提前预订，就可以参加由导游带领的朗根塔尔小镇参观游览，游客有机会进入 CréationBaumann、Ruckstuhl、HectorEgger 等纺织品龙头企业的车间以及设计工作室参观，欣赏到最前沿的设计以及精湛的技术，还有机会亲身体验纺织活动。

发展相关旅游业　　　　朗根塔尔设计旅游　　　完善餐饮及酒店等配套功能

以每年举办的纺织品设计　　依托原有的亚麻纺织产业基　　在旅游业发展的过程中逐步
比赛，吸引大量的游客　　　础，举办赛事，开展旅游业　　完善餐饮及酒店配套功能

图 3.3-1　朗根塔尔纺织品小镇运营模式分析

6. 发展优势分析

◆ 传统产业基础雄厚

朗根塔尔是瑞士传统的纺织小镇，依靠历史悠久的亚麻生产以及纺织工业的传承，吸引国际纺织品巨头企业入驻，逐渐发展成为全球纺织品企业总部基地。

◆ 以传统产业带动新兴产业

朗根塔尔作为传统的纺织小镇，具有悠久的亚麻生产和纺织工业传承的历史，并且由于在纺织品领域的长期历史积淀，吸引了大量纺织品巨头的进驻，大量优秀企业为了推广公司的产品会举办多项纺织品的生产和交流会，实现了以传统的纺织品业带动新兴旅游业的发展模式。

7. 经验借鉴

朗根塔尔发展的成功之处在于其基于优势的传统产业吸引了大量有代表能力的企业的进驻，从而进一步推动旅游业发展。优势的、有代表性的传统产业是该模式发展的基础，有了良好的基础，传统产业带动新兴产业的转型发展将成为可能。

3.3.2　德国高斯海姆机床制造业小镇

1. 基本信息

高斯海姆小镇以一家世界闻名的生产机床的企业——哈默机床有限公司而闻名。1938 年，贝托特·哈默（Berthold Hermle）在德国高斯海姆创立螺栓和紧固件工厂，通过该镇以哈默机床为代表的企业的发展，高斯海姆机床制造业小镇的名号逐渐获得发展。

2. 地理位置

高斯海姆机床小镇位于德国西南部的高斯海姆小镇。

3. 发展历程

早在 1938 年，哈默机床的创始人贝托特·哈默就在这里创立了螺栓和紧固件工厂。"二战"期间，英国战机曾对高斯海姆小镇进行过长达 1400 小时的轰炸，工业、农业、基础设施和交通基本被摧毁。战后，许多德国难民从南斯拉夫来到这里以小工业谋生，随后小工业从业人口迅速发展壮大。从 1970 年开始，因劳动力需求不断增加，意大利等国的外国居民迁移到高斯海姆。

4. 发展现状

哈默公司是德国最著名的机床制造商之一，其中哈默的五轴立式加工中心更是在国际市场处于领先地位，如今有超过 17000 台哈默生产的万能铣床和加工中心在世界范围内被使用。可靠的产品质量、优秀的售后服务确保了哈默公司成为客户信赖的合作伙伴。

哈默是中小型五轴精密加工领域专家。哈默的产品在复杂曲面加工、负角度加工、高精密度加工和高速加工等方面具有极为明显的优势，哈默在德国中小型模具制造五轴机床市场上的占有率位居第一。

5. 运营模式分析

高斯海姆小镇以哈默公司为代表，以具有较强竞争力的机床的加工和生产为主。

6. 发展优势分析

◆ 专业性技术优势

哈默五轴立式加工中心优势在于能够为客户解决问题：机床高刚性特别适用于薄壁件的加工；此外，工作台摆动角度大，动态性能好，适用于复杂曲面加工（含负角度加工）；机床的几何精度及位置精度高的特点适合高精度零件加工，尤其孔系位置精度（平行度，重复度）要求高的零件加工；机床性能稳定，精度长期保持性好。

◆ 专业化产品优势

哈默公司的万能铣床和加工中心能够用于刀具、模具和系列化生产元件的有效加工。因为具有质量好、精度高的优点，哈默机床被应用到许多生产加工领域，其中包括有特殊高要求部门比如医药科技、光学工业、航空航天、汽车、赛车以及它们的子行业。

3.3.3 德国赫尔佐根赫若拉赫小镇

1. 基本信息

赫尔佐根赫岩拉赫（Herzogenaurach）小镇是德国一处经过改造的美国陆军基地，现阶段，该小镇是著名的体育用品小镇，是全球主要体育用品总部所在地，包含阿迪达斯、彪马、舍弗勒的运动鞋品牌的公司总部。近年来，由于阿迪、彪马等体育品牌在全球范围内影响力的不断增强，小镇除了传统的运动鞋的研发、生产和制造外，还发展了对阿迪和彪马体育运动品生产公司的游览参观活动。

2. 地理位置

赫尔佐根赫岩拉赫距离德国东部城市巴伐利亚州的纽伦堡市仅有 23 公里。

3. 发展历程

赫尔佐根赫岩拉赫是巴伐利亚州埃尔朗根—赫西施塔特县的一座古老城市，距离纽伦堡 23 公里。该城镇手工业发达促进了体育运动品牌阿迪、彪马等在此设立总部。

4. 发展现状

作为全球体育用品商的阿迪达斯是城市区域里最大的公司，每年营业额为 145 亿欧元，在全球共拥有 4.7 万名雇员。在世界范围内，随着人们对体育运动和健康重视程度的不断提升，该小镇体育运动品牌生产企业的加工工序也逐渐对外开放，因此吸引了大量的企业及游客，促进了小镇旅游业的发展。

5. 运营模式分析

现阶段，赫尔佐根赫岩拉赫小镇是阿迪达斯、彪马、舍弗勒的总部生产基地，近年来，随着传统加工制造业的不断转型，小镇运动产品制造业的产业链得以不断延伸，目前赫尔佐根赫岩拉赫小镇形成了以传统的工业制造业为主的运营模式。

6. 发展优势分析

◆ 传统产业基础雄厚

传统上，赫尔佐根赫岩拉赫（Herzogenaurach）小镇的手工业就得到了快速的发展，手工业等传统产业基础为小镇体育产品加工制造业的发展提供了雄厚的产业基础。

◆ 以传统产业带动新兴产业

现阶段，赫尔佐根赫岩拉赫小镇已经成为世界知名运动品牌阿迪达斯、彪马、舍弗勒的总部生产基地，体育运动赛事的不断增加，在加速企业创新能力提升的同时，也促进了人们对专业的体育运动产品的需求。除此之外，近年来，该小镇积极促进有地域特色的小镇的建设，一定程度上在吸引相关企业的同时，也促进了小镇旅游业的发展。

3.4 体育小镇案例及发展分析

3.4.1 法国达沃斯小镇

1. 基本信息

达沃斯小镇,坐落在一条 17 公里长的山谷里,靠近奥地利边境。人口约 1.3 万,主要讲德语。这里气候宜人，为疗养和旅游胜地，20 世纪起成为国际冬季运动中心之一。达沃斯拥有欧洲最大的天然溜冰场，冬天可以在此滑雪、滑冰，进行丰富多彩的活动。

2. 地理位置

达沃斯小镇位于瑞士东南部格里松斯（Grisons）地区，隶属格劳宾登州（Canton Graubünden），坐落在兰德瓦瑟河的达伏斯谷地，靠近奥地利边境，海拔

1529 米，是阿尔卑斯山系最高的小镇。

3. 发展历程

达沃斯最早是以空气出名的。19 世纪时肺结核还是不治之症，到此寻求政治庇护的德国医生亚历山大（Alexander Spengler），发现达沃斯因为海拔高，四面环山，空气干爽清新，对保健有极大的帮助，也是各种肺病患者最佳的疗养地。达沃斯因而也被称为健康度假村。当时城里的医院鳞次栉比，今天当地的很多酒店就是由医院改建而成的。但达沃斯在医学界的地位不减当年，每年仍有不少国际医学大会在这儿举行。

1877 年欧洲最大的天然冰场在达沃斯落成，世界级的选手都在这里训练。此外达沃斯还有一座冰雪体育馆。每年这里的国际赛事不断。1900 年后，发展休闲旅游，完善休闲、体育运动设施建设，达沃斯也因此建设了许多相关设施：世界第一条雪橇道、第一条滑雪索道、第一个高尔夫球场等。在这几十年里，达沃斯不时地根据需要改变着自己的面貌，并一直是阿尔卑斯地区旅游的先驱。冬天旅游旺季的发展也完善了夏季旅游，达沃斯很快成为一个全年旅游胜地。

1969 年，达沃斯会议中心建筑部分建成，促进达沃斯迈向新领域。从那以后的 40 年中，达沃斯不仅承办了许多会议，更使一些世界知名会议在这里安家。其中最著名的是世界经济论坛（WEF）年会，自 1970 年以来都在达沃斯举办。

达沃斯小镇发展历程分析 表 3.4-1

时间	具体分析
19 世纪：疗养地、健康度假村、医院众多	
	最早达沃斯是靠空气出名的。达沃斯因为海拔高、四面环山，空气干爽清新，对人们的健康和保健有极大的帮助，因此被称为健康度假村
1877 年	欧洲最大的天然冰场建成
	欧洲最大的天然冰场在达沃斯落成，世界级的选手都会在此进行训练，除此之外达沃斯还有一座冰雪体育馆，每年都会有大型的体育赛事在此举办，为达沃斯冰雪项目起到了很好的宣传作用
1900 年后	发展休闲旅游、完善休闲和体育运动设施建设

续表

时间	具体分析
	为满足该阶段消费者的需求,休闲和体育运动项目成为该时期达沃斯的重点发展方向,因此建设了许多相关设施:世界第一条雪橇道、第一条滑雪索道、第一个高尔夫球场等。在随后的几十年里,达沃斯不时地根据需要改变自身的发展定位,一直是阿尔卑斯地区旅游的先驱,冬天旅游旺季的发展也实现了对夏季旅游有效的补充,该区很快成为一个全年旅游胜地
1969 年	达沃斯会议中心部分建成
	这是达沃斯迈向新领域的有一个开端,在此后的发展过程中达沃斯不仅举办多次滑雪等体育赛事,更承接了许多项国家会议

4. 发展现状

达沃斯 20 世纪起成为国际冬季运动中心之一。滑雪场分为七个部分,其中帕森地区(Parsenn)是最大也是最受欢迎的滑雪场;毗邻的克罗斯特滑雪场(Klosters)是英国皇室的最爱。此外,达沃斯还因其独特的地理位置和环境,建设拥有欧洲最大的天然溜冰场,冬天可以在此滑雪、滑冰并进行丰富多彩的活动。每年大约有 70 万人来这里游玩度假,是欧洲人心中的"人间天堂"。截至目前,瑞士的达沃斯小镇已经成为著名的疗养地、旅游度假地和国际会议集中地。

达沃斯小镇各业态特征分析 　　　　表 3.4-2

业态	特征
旅游业	酒店众多,接待量大
	达沃斯酒店很多,拥有 75 家酒店,其中 4 家五星级酒店(2 家为相当于五星标准),12 家四星级酒店,23 家三星级酒店,还有众多的经济型酒店。共有床位 2.4 万张。1.3 万居民中直接从事旅游服务业的就有 4000 多人。每年,这个小城要接待来自世界各地的 230 多万名游客
建筑业	多层建筑,空间尺度小
	达沃斯的建筑没有高楼大厦,街道边大多数建筑物只有 4-5 层,很少有超过 8 层的建筑。山脚下,包围市镇的草坡,开遍小黄花,由远至近形成一条花路。独立屋拥有前后花园,周边是辽阔的草地和清澈的河流。饭店小,即使是提前一年预定的 VIP 饭店,也只是一间小得只能容下一张小床和小桌子的房间;宴会厅小,有的宴会甚至是在地下室举行;会议中心小,有些过道两个人通过还要侧身而行,卫生间也经常是要排队才能进入

5. 运营模式分析

达沃斯小镇是国际上具有代表意义的滑雪运动项目的体育小镇，但是随着小镇的不断发展，逐渐形成了以"滑雪胜地"和"国际高端会议"为发展的促进相关酒店、餐饮业务发展从而推动旅游业进一步深化发展的运营模式。

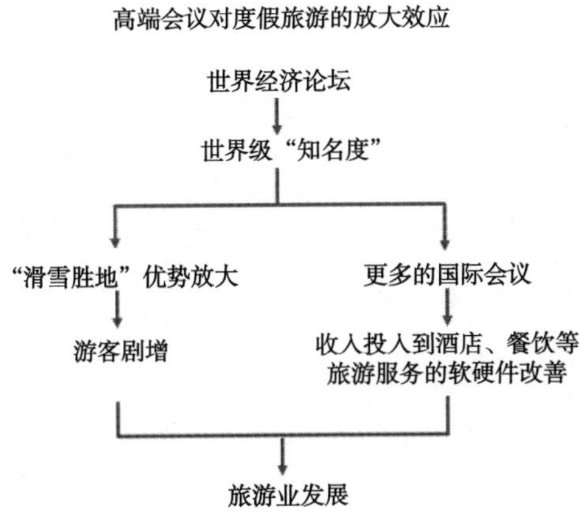

图 3.4-1　达沃斯小镇运营模式分析

6. 发展优势分析

◆ 自然资源优势明显

达沃斯有洁净的空气，绝美的雪域景观，这就是生态环境。于是，有了康养项目，有了冰雪项目，促进了以冰雪旅游运动为依托的产业链的发展。于是引来了高端人士，有了与高端人士相关的一系列产业。医疗康养当然不只是生活质量的提高，而是高端人士生命质量的提升。最后又有了一个顶级品牌——达沃斯世界经济论坛。

◆ 地理位置优越，交通便利

开车或者乘火车都可以到达达沃斯小镇。从苏黎世机场到达沃斯，汽车两个半小时，而火车需要三个小时行程。参加达沃斯会议的大佬们，可以直接乘坐直升机从苏黎世去达沃斯会场。一般游客可在住宿的饭店购买车票，使用当地的巴士及火车等交通工具。

◆ 经营管理、市场运作

随着小镇旅游及相关会议的发展，吸引了大量高端人士在此处聚集，达沃斯小镇通过提供宾客差异化且持续化的服务，提升消费者的满意度。

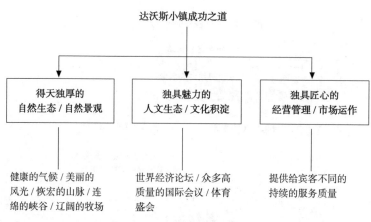

图 3.4-2　达沃斯小镇的优势分析

7. 经验借鉴

达沃斯成名之因，首先是其环境的独特性，使得它在医疗和旅游上都有不可替代和复制的特点。这就是"特色小镇"的"特色"，是其一切出发点和落脚点。

其次，完整产业链的形成，是达沃斯小镇闻名于世最重要的原因。特色小镇建设的核心在于产业的发展。

达沃斯在原有的旅游资源中以滑雪、滑冰等活动不断发展壮大旅游业，增加旅游业的趣味性和知名度，吸引各界名流，逐渐形成完整产业链条，带动小镇进一步发展。

再者，不断强化的文化资源 IP。达沃斯最先成名于它独特的医疗资源，而后的世界经济论坛更是确立其独特地位的开始。然而经济论坛那么多，为何独独它闻名于世？主要是论坛传递出来的自由、平等的学术精神。

3.4.2　英国温布尔登

1. 基本信息

温布尔登分为两部分：温布尔登村和温布尔登小镇。温布尔登村是个中世纪小村庄，一条主街贯穿村子；而温布尔登小镇则靠近建设于 1838 年的火车站，因为出入便捷，许多在伦敦市内上班的白领居住于此。

2. 地理位置

温布尔登是位于伦敦市西南部的一个小镇，离伦敦约 12 公里。跨过泰晤士河上著名的普提尼桥，就到了温布尔登小镇。

3. 发展历程

温布尔登网球锦标赛是现代网球史上最早的比赛，由全英俱乐部和英国草地网球协会于 1877 年创办。首次正式比赛在该俱乐部位于伦敦西南角的温布尔登总部进行，名为"全英草地网球锦标赛"。首届比赛定位为业余选手参加的比赛，而且只设男子单打项目，当时决赛的门票只售一个先令。一位来自哈罗公学的名叫斯班塞·高尔的学生在 22 名参赛者中独占鳌头，获得"挑战杯"（冠军奖杯的名称）。

1884 年，组委会首次设立了女子单打，姆德·沃特森战胜了其他 12 位选手，成为温布尔登历史上第一个女单冠军。同年，男子双打也成为正式比赛项目。1899 年又增加了女子双打和混合双打。从 1901 年开始温网才接受外国选手参赛，当时只限于英国自治领地的小国参加，1905 年正式开放，美、法等国选手才跨海而来参加比赛。1922 年进行了两项改革：一是修建可容纳 1.5 万观众的中央球场；二是废除了"挑战赛"，从这一年起要取得冠军，男子必须从第一轮打起，连胜 7 场比赛，女子必须连胜 6 场比赛。1968 年国际网联同意职业选手参加该项比赛，同时组织者还募集巨额奖金，吸引全世界一流好手参加，竞技水平逐年提高。因此，比赛期间精英荟萃，好手云集，争夺十分激烈，体现了网球技术的最高水平和发展趋势。在此促进下，以网球体育运动为代表的温布尔登体育小镇得以快速发展。

4. 发展现状

温布尔登现在有 18 个草地，9 个硬地和 2 个室内球场。其中，中心球场是决赛举办地，可容纳观众 15800 人；1 号球场可容纳观众 11400 人，2 号球场能容纳观众 4000 人，3 号球场可以容纳 2000 人。比赛举办时，现场观众累计可达 30 万人以上，而观看电视实况转播人次则在 5 亿以上。2016 年，有 50 余万人购买了温网门票，再加上周边商品售卖、赞助及转播等，当年温网的赛事总收入达到 2.03 亿英镑，其中门票、食物和周边商品贡献约 5000 万英镑，赞助商和供应商贡献约 4000 万英镑，剩余的 1 亿英镑则来自转播分成。

5. 运营模式分析

英国温布尔登体育小镇的发展主要是基于网球体育赛事的发展，以每年多次的网球赛事为主要的驱动项目，带动小镇相关基建、旅游、餐饮等的融合发展，其中旅游业的发展是一个重要的促进方向。

图 3.4-3 英国温布尔登小镇运营模式分析

6. 发展优势分析

温网历史悠久，并延续强化其网球赛事的独特地位。从 1877 年举办至今，延续不变的赛事传统为温网打上了重要烙印。

温网不断攀升的奖金也是吸引选手参赛的一大因素。1984 年，温网男子单打冠军奖金为 10 万英镑，女子单打冠军为 9 万英镑；1985 年男单冠军为 13 万英镑；1987 年男单冠军奖金为 15.5 万英镑；1991 年男单冠军获 24 万英镑，女单冠军获 21.6 万英镑，甚至第一轮遭淘汰选手也可获得一笔奖金：男子 3600 英镑，女子 2790 英镑。如今，温网已经实现了男女运动员奖金持平政策，每年共有 2700 万英镑奖金，已经超过美网（2600 万英镑）、澳网（2300 万英镑）、法网（2200 万英镑）成为奖金最多的公开赛。

由于没有支柱工业，温网及其带动的基建、观光、餐饮活动等成为小镇的重要收入来源。基建方面，球场持续翻新刺激小镇经济增长。赛事用品方面，每年温网消耗 50000 余个网球、超过 350000 杯茶和咖啡、超过 28000 公斤草莓（奶油草莓是温布尔登的"官方"零食）。

旅游方面，温布尔登网球博物馆、球场是游客参观的重要景点，著名的温布尔登手巾在赛事期间可以卖出约 28600 包；另外，迷你型小球场可供球迷们在排队间歇期打球娱乐，还可与大牌球星候场对弈；帐篷露营也是旅行的重要活动。据英国媒体报道，温布尔登住户如果选择在温网赛事期间出租房屋，收入约为其一年工资。因此，小镇依附于温网赛事之上，整体生活水平较高。

3.4.3 法国霞慕尼小镇

1. 基本信息

霞慕尼（Chamonix）小镇，因坐落于欧洲屋脊阿尔卑斯山最高峰勃朗峰脚下而享誉世界。

2. 地理位置

小镇坐落于法、瑞、意三国交界处，处于罗纳—阿尔卑斯大区上萨瓦省的勃朗峰山脚下，距离瑞士的日内瓦和意大利的都灵都只有 1 小时左右的车程，在这里可以轻松实现一日三国游！这里常住居民不到一万人，由 16 个村庄组成。

3. 发展历程

霞慕尼地区的近代滑雪历史，可以追述到 1924 年在此举行的第一届冬季奥林匹克运动会。从那之后，霞慕尼逐渐成为欧洲滑雪的天堂。

4. 发展现状

霞慕尼是法国最负盛名的高山小镇和滑雪胜地，有冬季圣城"麦加"之称。1924 年，第一届冬季奥林匹克运动会在这个城市举行。阿尔卑斯群山之间有数不清的滑雪场，而霞慕尼因坐拥美丽的山景和高度发达的周边配备设施而出名。冬日来霞慕尼游玩的多数是有着深厚滑雪情结的欧洲人，他们在这里一待就是一星期，每天的主打活动就是滑雪。

霞慕尼不仅是滑雪胜地，也是登山胜地，登山是霞慕尼的另一张名片。作为攀登勃朗峰最著名的起点之一（另一个是意大利奥斯塔山谷小镇库马约尔），每年有数以万计的登山者来到这里尝试攀登欧洲屋脊。

截至目前，霞慕尼镇附近的大型滑雪场有 13 家，上百条雪道，雪道总长 100 多公里。从初级的绿道、中级的红道到超难度的黑道，各种水平的爱好者都能在这里找到适合自己的雪道。其拥有欧洲最高的缆车，能从山脚直达高度 3842 米的南针峰。1955 年，霞慕尼的缆车道正式启用，它将海拔 1035 米的霞慕尼和海拔 3842 米的南针峰连接起来。霞慕尼目前有超过 150 名的高山向导，每年服务超过数以万计的各地游客。霞慕尼设有高山救援队，负责该区域山区救援，全天候值班巡逻作业。

5. 运营模式分析

法国霞慕尼运营模式主要是依托体育旅游项目的发展，该小镇位于欧洲屋脊阿尔卑斯山最高峰勃朗峰脚下，该山峰具有险、惊、奇的特征，且在 9 月份进入雪季，因此依托此自然资源的优势开展滑雪体育运动和登山旅游项目，以吸引大量的游客，从而促进相关旅游、酒店等产业的融合发展。

6. 发展优势分析

◆ 自然资源优势明显

这里有着得天独厚的自然条件，每年从 9 月开始，霞幕尼地区进入雪季，两场大雪之后，勃朗峰山区被大雪覆盖，成为一个个天然雪场，滑雪季一直能延续

图 3.4-4　法国霞慕尼小镇运营模式分析

到来年 4 月。一年时间内有 2/3 的时间被大雪覆盖，依托优越的自然地理环境，冬季的滑雪项目和夏季的登山项目得以快速发展。

◆ 基础设施建设优势

该区依托独特的自然资源推动一年四季旅游项目的发展，经过几十年的布局发展，已经形成了具有一定代表性特征的完善的基础设施，为旅游项目的发展提供了必要的支持。

3.4.4　意大利蒙特贝卢纳小镇

1. 基本信息

蒙特贝卢纳镇位于意大利北部特雷维索省，有着悠久的手工制鞋历史，20 世纪 70 年代这里便成为世界著名的与冰雪运动有关的运动鞋生产基地。目前，全球约 80% 的赛车靴、75% 的滑雪靴、65% 的冰刀鞋和 55% 的登山鞋等运动鞋产自此镇。大量生产企业的聚集促进了商业、居住及公共服务等城市功能的配套完善，形成了"运动鞋生产集群＋城市服务功能"的小镇发展架构。

2. 地理位置

蒙特贝卢纳镇位于意大利北部畜牧业中心地区，靠近意大利制革中心佛罗伦萨，有着数百年的悠久手工制鞋历史。

3. 发展历程

20 世纪 70 年代起蒙特贝卢纳便因为高水平的制鞋工艺和优质材料，成为世

159

界著名的冰雪活动运动鞋生产基地。伴随着蒙特贝卢纳产品声誉的提高，产业上下游公司的集聚越发显著。不仅如此，其他世界知名体育品牌也开始重视登山鞋等户外运动品市场，以收购该区域公司和建立子公司的方式，加入产业集群之中。1991 年，Benetton 以收购 Nordica 的形式进入户外运动领域。

4. 发展现状

蒙特贝卢纳镇位于意大利北部畜牧业中心地区，有着数百年的悠久手工制鞋历史，20 世纪 70 年代起这里就被世人称为"冰雪产业之都"，全球约 80% 的赛车靴、75% 的滑雪靴、65% 的冰刀鞋、55% 的登山鞋和 25% 的直排轮滑鞋等运动鞋产自此镇。当地整个制鞋产业链上有设计、研发、生产、配送的专业企业 400 余家，就业人员 8600 余名，生产量达到每年 3500 万双，年销售收入超过 15 亿欧元。围绕运动鞋生产，蒙特贝卢纳镇形成了一个庞大、高效的运动鞋生产和服务集群，包括市场分析、产品研发、款式设计、配件生产、塑胶产品、机械及模具制作、打样、制鞋、营销、物流等各方面。随着集群影响力的提升，Nike、Rossignol、Lange 等很多国际知名运动品牌也进驻此集群内，并逐渐培育出 SCARPA、LASPORTIVA、CRISPI、AKU、GARMONT 等顶级户外品牌。

5. 运营模式分析

意大利蒙特贝卢纳镇已经形成了一个庞大的运动鞋生产集群，围绕着运动鞋的生产企业，聚集了大量研发、设计、款式分析、配件生产、模具制作、制鞋机器及塑胶等产前配套生产企业与商业协会以及相关服务产业，形成了体育产业型的小镇运营模式。各类鞋生产企业在地理空间上并不是绝对集中，而是以镇区为中心，在半径约 5 公里范围内沿路发展，形成多个产业集聚区。设计、研发和配件生产等相关企业围绕核心生产企业发展，商业、居住等城市配套功能则主要集中在镇区。

大型运动鞋生产企业、配套企业及城市配套服务功能交错分布，通过产业链间的联系和便捷的交通网络构成一个"大分散、小集中"的布局，核心体育用品的生产推动上下游企业的完善，促进服务业集聚，推动小镇特色化发展。

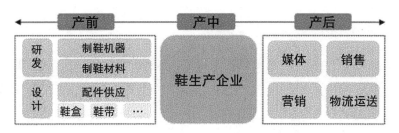

图 3.4-5　意大利蒙特贝卢纳小镇运营模式分析

6. 发展优势分析

各类鞋生产企业在地理空间上并不是绝对集中，而是以镇区为中心，在半径约 5 公里范围内沿路发展，形成多个产业集聚区。设计、研发和配件生产等相关企业围绕核心生产企业发展，商业、居住等城市配套功能则主要集中在蒙特贝卢纳镇区。因此，核心体育用品的生产推动了上下游企业完善，促进服务业集聚，推动周边小镇特色化发展。

3.4.5　瑞士圣莫里茨小镇

1. 基本信息

圣莫里茨（St. Moritz）位于瑞士东南部的格劳宾登州，库尔东南、因河河谷上游。四周是壮丽的阿尔卑斯山峰，有冰川水补给莱茵河、波河和多瑙河。人口仅为 5000 多人，官方语言为德语、意大利语和罗曼什语。该地区交通便利，有著名的雷蒂亚铁路通过，同时也是重要的国际航空站。旅游业是这座城市的支柱产业，冬季旅游尤其受到世界各地政商界名流和皇室成员的喜爱。圣莫里茨也是冬季运动的天堂，滑雪、徒步、雪橇等各色各样的冬季活动每年都吸引无数的运动爱好者来到这里。瑞士唯一举办过的两次奥林匹克冬季运动会都是在圣莫里茨。

◆ 自然景观

圣莫里茨是世界上最令人神往的度假胜地。这座坐落在瑞士东南部、因河河谷上游的小城，自古以来就享有得天独厚的气候条件。干燥的大陆性气候造就了圣莫里茨丰富多样的四季景观，这里冬季湖水会结冰，夏季七八月都可能下雪。

圣莫里茨一年中拥有 320 天的充足日照，每逢气候适宜的季节，干燥的空气和闪耀的阳光交相呼应，空气会似香槟气泡般闪闪发亮，当地人称这种气候为"香槟气候"。

离圣莫里茨不远的 Zernez 有着瑞士唯一的国家公园。公园约 170 平方公里，是阿尔卑斯最古老的自然景区，公园只允许游客在专门修建的人行道上通行。

2. 地理位置

圣莫里茨（St. Moritz）位于瑞士东南部的格劳宾登州，库尔东南、因河河谷上游，被山清水秀的恩嘎丁山谷环抱。其周边有艾拉公园、普拉塔峰等旅游地。

3. 发展历程

150 年前，冬季旅游诞生于此。瑞士第一盏电灯、第一部轻轨电车、格劳宾登第一部电话、第一个高山高尔夫球赛、第一家阿尔卑斯节能酒店等也都源于圣莫里茨。尼采、塞冈蒂尼等大师们都曾与这座城市有过不解之缘，让这座城市的文化艺术烙印分外鲜明。

圣莫里茨常年举办各项顶级赛事和活动，在自然风光的基础上又更添一份吸引力。瑞士分别于 1928 年和 1948 年举办过两次冬奥会，两次都是在圣莫里茨。1907 年，这座城市冰封的湖面上首次举办了激动人心的冬季赛马会。后来演变成了今日一年一度的圣莫里茨冰湖赛马，冰面上赛马飞驰，吸引着各国人士的目光。世界最著名和顶级的雪上马球赛事——圣莫里茨雪地马球世界杯（St. Moritz Polo World Cup on Snow）每年一二月也会定期上演。1934 年、1948 年、1974 年和 2003 年圣莫里茨四度主办高山滑雪世锦赛（Alpine Ski World Cup），并于 2017 年再度举办第五次。除此之外，诸如英国老爷车大赏、恩嘎丁音乐节、圣莫里茨美食节等各项特色活动也让这座典型的瑞士小城倍添风情和魅力。

4. 发展现状

圣莫里茨是瑞士唯一两届冬季奥运会的举办地，拥有相当完善和优质的滑雪设施，每年 11 月到次年 4 月是最主要的滑雪季。这里有总长度约 350 公里的优质雪道，海拔最高超过 3000 米。圣莫里茨周围有 4 个大型滑雪区以及 5 个规模较小的雪道，并且大部分滑雪场都有很人性化的儿童设施。34 家雪山餐馆提供阿尔卑斯美食。圣莫里茨的多家雪具用品商店都可租借或购买滑雪用具。瑞士第一家滑雪学校于 1929 年在圣莫里茨成立，除此之外还有多家滑雪学校，家长可以将孩子送到滑雪学校中学习最基本的滑雪技巧。

城市虽不大，却有着 8 家五星级酒店，是世界上豪华酒店密度最大的城市之一。市中心 300 米长的 Via Serlas 大街上有超过 50 种世界顶级奢侈品牌，新品更迭速度甚至快过巴黎。圣莫里茨的高端奢华公寓价格也跻身世界前十大最独特、最昂贵的房产之列。许多富豪、政客、皇室成员每年都固定来圣莫里茨度假。近年来，每年会有大量的游客来圣莫里兹游览。

5. 运营模式分析

圣莫里茨小镇的运营模式主要是以"滑雪运动 + 休闲游览"为主的一种小镇发展的运营模式，该运营模式为小镇旅游业的发展提供了明确的方向。

圣莫里茨小镇代表性景点分析　　　　　　　　　　表 3.4-3

景点名称	具体分析
塞根蒂尼美术馆（Segantini Museum）	收藏了一生钟爱恩嘎丁地区的画家塞根蒂尼的作品约 55 件。乔凡尼·塞根蒂尼，意大利杰出画家，被誉为"阿尔卑斯的画家"，画作大多都与生命、自然、死亡的主题相关。36 岁定居圣莫里茨，直到 41 岁去世。他的作品细致完整、笔触凝重、富于光感。恩嘎丁天地间的色彩带给这位画家许多灵感和想象
恩嘎丁博物馆（Engadin Museum）	博物馆已有 100 年历史，恩嘎丁风格的藏品和装饰风格向来客讲述着阿尔卑斯的风情与历史。馆内装饰以恩嘎丁松木制品为主，藏品时间范围涵盖 13-19 世纪，藏品 4000 余件。19 世纪末以来，博物馆创始人 Riet Campell 为博物馆收集了许多家具、器具、兵器、书籍和纺织品等
圣莫里茨斜塔（Schiefer Turm）	斜塔原本是 1890 年倒塌教堂的一部分。斜塔高 33 米，倾斜 5.5°。自 12 世纪以来它一直是这座城市的地标，见证着圣莫里茨的历史变迁。如今斜塔成了圣莫里茨的必去景点之一

续表

景点名称	具体分析
圣莫里茨湖（St. Moritz Lake）	圣莫里茨最受欢迎的地点之一。一年四季均可在美丽的湖畔散步。夏季，风帆爱好者的点点白帆倒映在湖面上，夜晚的点点星光承载浪漫梦想。冬季，冰封的湖面上会举办冰湖赛马和雪地马球世界杯等顶级赛事，让寒冷的冬日瞬间热闹起来
迪亚沃勒扎（Diavolezza）	海拔 2978 米的迪亚沃勒扎山峰，不论是高海拔旅游，还是冰川上的远足，都体现着正如它名字"女魔"般的魅力
瑞士国家公园（Swiss National Park）	离圣莫里茨不远，瑞士唯一的国家公园，是瑞士最大的自然风景保护区。公园占地 174 平方公里，步行路线长达 80 公里，只允许游客在专门修建的人行道上通行。它也是阿尔卑斯最古老的自然景区，2014 年是公园 100 周年纪念，公园百年间为许多动物提供了避风港
考尔维利亚（Corviglia）	距离市中心不远的眺望台。从圣莫里茨乘坐缆车 15 分钟即可到达。在此可以尽情眺望湖泊和城镇，还可以选择从这里乘坐缆车继续登至内尔山，或者在此进行徒步旅行

6. 发展优势分析

◆ 自然资源优势明显

圣莫里茨坐落在瑞士东南部、因河河谷上游的小城，自古以来就享有得天独厚的气候条件。干燥的大陆性气候造就了圣莫里茨丰富多样的四季景观，这里冬季湖水会结冰，夏季七八月也可能下雪。除此之外由于干燥的空气和闪耀的阳光交相呼应而形成的"香槟气候"也是小镇的特色景观之一。

◆ 独特的文化优势

圣莫里茨虽隐居恩嘎丁群山之中，却一直是全球著名的王宫贵族的度假胜地，拥有瑞士最多五星级的旅馆，知名手表 Omega 每年都会邀请各国知名艺人相聚于此。街上林立的高级酒店、汇集的 L.V.、Armani 等名牌商店，或许能让人感受到这里"昂贵"的气息！

1856 年，第一个大型旅馆 Engadine Kulm 成立，此时游客以英国人为主，因为工业革命的影响，许多中产阶级兴起，成为新富民族，可以到处旅游，但是，瑞士只是夏天的旅游目的地；1864 年的冬季，Kulm Hotel 说服五位英国游客留下过冬，不好玩不用钱，旅馆为了讨好这五位贵宾，设计许多冬天的户外活动，如越野滑雪、冰上马球等，展现出前所未有的乐趣；1865 年春天，这些游客回到英国之后，大肆渲染冬季瑞士的丰采，吸引许多人追随而至；1878 年 Kulm Hotel 安装瑞士的第一盏电灯，1891 年又安装了格劳宾登州的第一部电话，1896 年铺设瑞士第一部轻轨电车，1907 年举办第一次的冰上赛马，更于 1928 年、1948 年两度举办冬季奥林匹克运动会，可说是家世显赫。今日，圣莫里茨已成为世界上的重点冬日度假地，不少重要的商业、文化或政治高峰会议均选择于此地举行。

在这里，可以选择在恩嘎丁博物馆，参观从史前遗迹到 16-19 世纪的室内装饰，了解古老的恩嘎丁人独特的山居文化。在古代凯尔特民族的巨石遗址——德鲁伊德之石（Druid）面前，感受神秘的远古文明魔力。优雅而高贵的圣莫里茨点燃了无数艺术家的创作灵感，塞根蒂尼博物馆、米莉·韦伯尔之家里面展出的就是这些艺术大师在圣莫里茨创作的绘画、书籍等艺术作品。

7. 经验借鉴

圣莫里茨的发展，首先是其环境的独特性，使得它在滑雪运动项目上有不可替代和复制的特点。

其次，圣莫里兹与达沃斯小镇有着相似的发展模式，主要是通过完整产业链，在滑雪等体育运动发展的基础上促进小镇的商业化能力及高端会议的承接活动，该种模式积极扩展了小镇的影响力，每年吸引大量的滑雪运动爱好者，同时也吸引大量的高端商业人士，吸引了大量的游客，促进了小镇旅游业的发展。

3.4.6　瑞典奥勒滑雪场

1. 基本信息

奥勒滑雪场位于瑞典中部耶姆特兰省，是北欧最大且设备最完善的冬季滑雪胜地，也是不可错过的滑雪区之一，2007 年世界杯高山滑雪锦标赛就在此举行。奥勒滑雪场拥有 98 条独立雪道和 44 条登山缆车，雪道全长达 98 公里。这里既有极具挑战性的越野滑雪坡，也有适宜初学者和儿童的平缓滑雪场地，同时提供惊险的直升机高空滑雪。除了滑雪,还可进行狗拉雪橇、雪地车、冰钓、越野滑雪等运动。

2. 地理位置

奥勒滑雪场位于瑞典中部耶姆特兰省。

3. 发展现状

奥勒是北欧最大、先进和多样的高山滑雪胜地,集滑雪和其他不同的户外活动于一体,适合不同水平人群并能满足人们各种需求。奥勒滑雪场有89条雪道分布在山间,雪道全长达98公里,这里既有极具挑战性的越野滑雪坡,也有适宜初学者和儿童的平缓滑雪场地,同时提供惊险的直升机高空滑雪。除此之外狗拉雪橇、雪地车、冰钓、越野滑雪等运动也是在该地区可以体验的体育运动项目。

4. 运营模式分析

奥勒滑雪小镇的发展主要是基于奥勒滑雪场的发展。作为北欧最大、先进和多样的高山滑雪胜地,奥勒滑雪场每年会接待大量的滑雪运动团体游及各类型的比赛竞技项目。现阶段,瑞典奥勒的主要经营模式为"体育运动 + 观光休闲"。该种运营模式丰富了小镇的旅游项目,也为当地吸引了大量的客源。

5. 发展优势分析

◆ 体育运动项目丰富

奥勒不仅仅是滑雪胜地,除了滑雪,这里还有许多其他的活动,例如雪地摩托之旅、狗拉雪橇、爬冰等。除此之外,夏天奥勒 /Duved 将化身为高山运动胜地如远足、骑山地自行车、爬山、划独木舟和漂流等。奥勒毗邻多条迷人河流、急流和湖泊,也是飞蝇钓鱼爱好者的活动中心。

◆ 体育运动设备完善

2007 年,位于瑞典的奥勒承办了高山世界锦标赛,这表明奥勒的滑雪条件极为优良。滑雪场针对不同层次的游客提供了不同等级的滑道,游客的服务范围广泛,有利于吸引大量的游客前来旅游。

3.4.7　沙木尼小镇

1. 基本信息

沙木尼小镇位于法国中部东侧，毗邻意大利和瑞士这两个迷人的国度。坐落于阿尔卑斯主峰勃朗峰（4807 米）脚下的山谷里，市中心海拔 1035 米，是法国海拔最高的镇之一，在资本推动产业中下游不断拓展过程中成为高山户外运动的旅游目的地。

2. 发展历程

1786 年 8 月，沙木尼的猎人杰克·巴尔玛和医生米歇尔·帕卡尔两人首次登上了海拔 4810 米的欧洲最高峰勃朗峰，引爆了阿尔卑斯登山运动，拉开了沙木尼的户外发展序幕。

1821 年开始，沙木尼开始发展登山服务业，小镇内 34 名本地向导组成了一个向导公司，为各地游客提供各项登山服务。经过百余年发展，高山运动项目及专业服务方面已逐步成熟，成为欧洲乃至全世界最吸引人的高山运动圣地。

1924 年国际上第一届冬季奥运会在沙木尼举办，专门增加了供滑冰和冰球比赛用的冰场，世界性的滑雪教练训练中心也在这里落户，推动了高山冰雪项目的开展和接待服务设施的完善，带动了教育培训、商业住宿等服务业的发展，成为著名的山地度假目的地。

3. 功能区布局

沙木尼小镇发展目标是建设以高山运动服务、特色国际赛事、探险式休闲为核心的世界级综合型山地度假特色小镇，打造国际公认的世界顶级度假目的地。其功能区主要包括高山运动体验区、体育教育培训功能区、文化艺术娱乐功能区、综合服务区。

（1）高山运动体验区

高山攀岩、高山滑雪、登山、溪降、高山滑翔伞、高山自行车、攀冰、滑冰、冰球等高山运动项目，登山、滑雪国际特色赛事之下，还发展了高等级越野比赛。

以专业化的教育培训机构为保障
法国国家滑雪登山学校（ENSA）、高山警察培训中心、高山军校、高山医学培训及研究所

以多元化的休闲运动项目为核心
四季运动体验运动项目：高山攀岩、高山滑雪、登山、溪降、高山滑翔伞、高山自行车、攀冰、滑冰、冰球等

以完善的配套服务为重要补充
住宿服务＋休闲商业服务＋医疗救援服务＋登山向导服务

图 3.4-6 沙木尼小镇发展架构

（2）体育教育培训功能区

沙木尼具有世界上最完备的高山运动教育培训系统，学校设备齐全，配有 6 个可容纳 20 至 80 人的会议室、一个可容纳 220 人且配有录像投影机的阶梯教室、一栋配有 132 个标间的宿舍楼、一个自助餐中心、一个健身房、一个器材室及其他科研场所。学校开设有登山向导、滑雪教练、高山协作、救援、滑翔伞教练等课程。

（3）文化艺术娱乐功能区

沙木尼吸收了不同时期建筑风格的精华，得到良好发展。小镇钟情于古典与现代融合的建筑瑰宝，有着数百年历史的巴洛克教堂、黄金时代的宫殿、"ArtDeco"外观、奢华别墅、传统农舍和古朴木屋。建筑多样性成就了沙木尼独特的城镇魅力，成为其珍贵的文化宝藏，使游客享受其中。

（4）综合服务区

向导服务——有专门的向导公司，拥有众多的注册职业登山向导，能为游客提供沙木尼地区的全方位攀登、滑雪服务。

住宿服务——住宿有星级酒店、青年旅舍、家庭旅馆、公寓、露营营地等 50 余家，并有房屋租赁、度假中心等物业接待服务。

商业服务——有登山、滑雪及纪念品等 40 余家体育用品商店，有提供沙木尼传统美食和西式休闲美食的餐饮服务，有酒吧等娱乐业服务。

医疗服务——形成"急诊＋医院＋研究中心"的综合医疗服务体系，如夏蒙尼医院、高原生态系统研究中心、山地医学培训与研究所。

图 3.4-7 沙木尼小镇四大配套服务体系

4.重点业态和载体项目

重点业态：沙木尼重点发展高山运动及专业服务、体育特色体验、体育休闲运动、体育赛事服务、养生度假、论坛会议、休闲观光、文化艺术、教育培训、商业住宿等业态。

载体项目：一方面小镇拥有多元化的体育项目及国际赛事，涵盖丰富的体育运动项目，攀登资源非常集中，勃朗峰、大乔拉斯峰拥有 5000 多条攀岩路线和众多的攀冰、登山路线，另外滑雪、高山滑翔伞、溪降运动也开展得非常广泛。登山、滑雪国际特色赛事之下，还发展了高等级越野比赛；另一方面小镇具有完善的休闲配套服务项目，涵盖众多的酒店、旅馆、度假屋、餐馆，还有超级市场和娱乐场所。住宿服务上，星级酒店、青年旅舍、家庭旅馆、公寓、露营营地共有 50 余家，并有房屋租赁、度假中心等物业接待服务。

5. 运营管理

（1）组织架构

沙木尼形成了专业的高山运动教育培训机构以及完善、专业的高山运动服务体系。包括世界上第一所登山向导学校——法国国家滑雪登山学校（ENSA）以及高山警察培训中心、高山军校、高山医学培训等相关的高山机构及完善的休闲产业链配套体系。

（2）对外合作

沙木尼小镇的建设需要民众的投资热情和政府的政策配合，通过要素整合和资源整合，达成战略合作，构筑符合体育运动项目良性运营的一整套体系，以整条产业链的形式入住小镇。

（3）重要活动

借助知名国际体育赛事，打造特色体育旅游品牌。登山、滑雪、阿尔卑斯山音乐节国际特色赛事之下，还发展了环勃朗峰超级越野赛，作为世界上最著名的越野赛事之一；为满足多元化消费者的广泛需求，沙木尼成熟开发和运行多项体育运动，使当地居民及外来游客一年四季均可参与丰富的户外活动。例如，勃朗峰、大乔拉斯峰拥有5000多条攀岩路线和众多的攀冰、登山路线，此外滑雪、高山滑翔伞、溪降运动也开展得十分专业。

（4）品牌推广

沙木尼小镇通过口碑传播、媒体广告、与政府合作等多元化战略，不仅在数量上吸引更多游客，也进一步提升了游客的支付意愿；实行国际赛事推动，国际冬奥会的举办综合提升了小镇体育运动的"前—中—后"产业化服务和本地的国际知名度；服务内容从"登山"向"登山＋运动＋休闲"的升级，极大提高了沙木尼作为体育休闲小镇的关注度。

6. 经营借鉴分析

沙木尼小镇以完善的配套服务提升游客体验，冰雪赛事和专业培训共同推动了沙木尼冰雪项目的开展，带动了商业食宿等服务业的发展，使之成为著名的山地度假胜地。基于沙木尼小镇的成功经验，我国在建设冰雪主题小镇时，应当选择具备良好冰雪条件及自然环境、致力于打造特色体育小镇的开发地，不妨以赛事入手，打造优质的冰雪体育活动项目；借助知名的体育赛事，拓展特色体育旅游品牌，最终形成完备的产业集群和产业生态链的体育类特色小镇。

3.4.8　爱尔兰香侬小镇

1. 基本信息

香侬位于爱尔兰中西部地区，是爱尔兰的重要交通枢纽，其市内设有国际机场，可到达欧洲各国的主要城市。香侬机场是欧美航线的中转站，世界上第一家免税商店就在此开设。在入海口右岸的香侬已经从一个海滨小镇发展为重要的旅游胜地。

香侬也是爱尔兰著名的旅游风景胜地。人们可以在市内进行骑马、高尔夫等各种休闲活动；这里经常举行中世纪古堡聚会，别具一格，主人打扮成中世纪骑士模样，女侍则身着传统的细腰拖地长裙等华丽服装为客人们服务并表演民族歌舞，每年都能吸引 10 多万游客。一年一度的香侬河赛船大会更是各国游客饱览香侬河的大好时机。

2. 景点介绍

在爱尔兰，拥有悠久历史的地方往往会在其建筑上得以体现，香侬也不例外。众多教堂、城堡点缀在地平线之上，每一处都是这片神奇土地上文化和文明的实物证明。其中，本拉提城堡（Bunratty Castle）和民族公园（Folk Park）是绝对不可错过的。建于 13 世纪的本拉提城堡是爱尔兰保存非常完整的一座中世纪古堡。要说自然景观，则当属莫赫悬崖（Cliffs of Moher）。

（1）本拉提城堡

本拉提城堡的最初建构者是 13 世纪的一名叫托马斯的诺尔曼人，由于战争的关系，古堡的主人几经更换。它目前是爱尔兰保存最完整、修复最彻底的城堡。

古堡于 1960 年作为国家纪念馆对外开放并终年向游人开放。古堡位于香农河岸，在爱尔兰的香农河沿岸有四座巍峨挺立、庄重壮丽的城堡，本拉提城堡是其中之一。

（2）莫赫悬崖

莫赫悬崖是欧洲最高的悬崖，在爱尔兰岛中西部的边缘。悬崖面向浩瀚无际的大西洋，以奇险闻名。它横跨大西洋 214 米，沿着西海岸覆盖达 8 千米。同时，莫赫悬崖也是爱尔兰最重要的海鸟栖息地，每年有超过 30000 只海鸟在这里繁殖后代，同时悬崖上还生长着许多珍稀植物品种。

除了自然和建筑景观，香侬更是一个以高尔夫闻名的体育休闲小镇。虽然爱尔兰并不是高尔夫这项运动的发源地，山峦起伏的翡翠绿岛却使之成了世界著名的高尔夫球胜地，其中香侬小镇是爱尔兰众多高尔夫球小镇中的明珠。香侬小镇是爱尔兰的重要交通枢纽，也是欧美航线的中转站。为发扬高尔夫球传统，香侬小镇确立了建设高尔夫球特色小镇的发展定位，并采取了如下的措施：

一是将高尔夫球作为香侬小镇最具特色的运动休闲项目加以推动。香侬高尔夫俱乐部拥有欧洲一流的高尔夫球场，坐拥香侬河及其周边的美景，一些高尔夫球场上的传奇明星都曾在这里留下了他们的足迹，在这里会定期举行各种业余锦标赛，全天候开设高尔夫球培训课程，并提供各种酒吧、餐厅和会议室等各种设施，为高尔夫球爱好者提供优质服务。

二是发掘小镇独特自然风光，开拓多元户外运动项目。香侬小镇拥有宁静优美的乡村景色，通过科学规划，香侬小镇开辟建设了数百条的绿道线路，除了高尔夫、自行车，骑马也是深受当地居民和游客欢迎的运动休闲项目。

三是重视发挥俱乐部在户外运动组织中的作用。香侬小镇本地的 GAA 俱乐部主要致力于推广爱尔兰特色体育项目，为外地游客提供如 Hurling 和 Gaelic 等爱尔兰特色运动项目培训是香侬 GAA 俱乐部的核心业务。

3.5　特色产业小镇案例及发展分析

3.5.1　格拉斯香水小镇

1. 基本信息

格拉斯小镇位于法国东南部普罗旺斯，是尼斯和戛纳之间的山区小城。夏季地中海吹来湿润宜人的季风，阿尔卑斯山下的地下水加上充足的阳光，以及山区的海拔高度使格拉斯这个地区特别适合种植花卉，每年在这个地区采集的花朵有700万公斤之多，花卉种植业包括茉莉、月下香、玫瑰、水仙、风信子、紫罗兰、康乃馨及薰衣草等众多品种。

2. 地理位置

格拉斯小镇位于法国东南部，地中海和南阿尔卑斯山之间，是一座环境优美清幽、气候温和湿润、街道交错狭窄的中世纪小城，面积44.44平方公里，距离海边20公里路程，距离尼斯机场40分钟车程，距离戛纳需要19公里。小镇位于海拔325米高山之中，由于地处山区，较为温暖、特殊的气候非常适合花卉种植，再加上地区人文和产业偏好，小镇重点产业逐渐偏向花卉种植业及香水工业。得益于小镇优越的地理位置、气候条件和丰富的花卉品种，格拉斯是世界上最著名的香水摇篮。

3. 发展历程

6世纪，这里的皮革产业十分兴盛，格拉斯的熟皮手套匠人制造出了香精用于改善皮革难闻的气味。

1614年，格拉斯开始种植各种香料花卉，随着王室大量使用香氛产品，此地的香味产业日渐兴隆。

1730年，法国第一家香精香料生产公司诞生于此。从此，香水业逐渐在格拉斯落地生根。法国80%的香水都在这里制造。格拉斯小镇的香水产业促进了其旅游产业的发展，并最终演变成以香水制造和旅游产业为核心的区域产业经济结构。

4. 发展现状

发展至今，格拉斯早已成为名副其实的"香味之都"，承担着为法国名牌香水及精油销售公司配制产品的大部分业务。法国 80% 的香氛制品都在这里制造。该镇生产了法国 2/3 的天然芳香，诞生了香奈儿 5 号等世界知名香水，每年香水业为小镇创造超过 6 亿欧元的财富。

5. 运营模式分析

从小镇的运营模式看，现阶段主要形成了以香水之都为带动的香水销售及香水旅游模式，基于早期香水的生产发展香水旅游业，促进了小镇内多业态的产业运营模式。

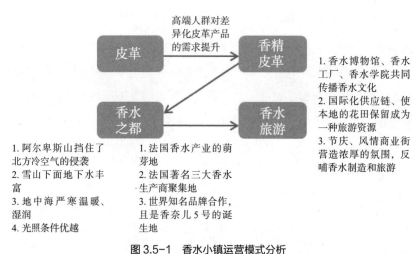

图 3.5-1　香水小镇运营模式分析

6. 发展优势分析

◆ 抓住改革发展机遇

第一次是抓住当时市场需求，依靠小镇得天独厚的地中海气候，从重污染的皮革业逐渐偏向花卉种植业及香水工业这个附加值更高、更具需求的新兴产业。并且积极打造原产地品牌形象，引入知名产品制造企业进行合作，将区域品牌与产品品牌相结合，不仅使法国成为浪漫香水之都，更是让格拉斯闻名世界。

第二次是政府因势利导地发展以花卉、香水制造延伸出的旅游业，辅以丰富的节日盛会，不仅吸引了香水、花卉种植的从业人员前来工作学习，更是吸引了全球爱香游客。

◆ 优越的自然地理环境

法国格拉斯香水小镇位于法国东南部，地中海和南阿尔卑斯山之间，是一座环境优美清幽、气候温和湿润的小城。此处阿尔卑斯山挡住了北方冷空气的侵袭，并且依靠阿尔卑斯雪山丰富的地下水资源和地中海气候温暖、湿润、光照充足等自然资源，具有天然的花卉种植的优势。

7. 发展经验借鉴分析

纵观格拉斯的发展历程，从环境污染严重的基础皮革加工业，到有差异化价值的香味皮革生产，到以花田加工业为主导的香水生产，最后拓展到香水旅游业，实现了产业延伸驱动。

在此过程中出现了两次重要的转型：第一次是工匠们积极抓住市场机遇，从手工皮手套生产转向了香精、香水的生产，这首先实现了皮革产业的升级换代，提高了人们的生活质量；其次是放弃皮手套产业而进入附加值更高、更具需求的新兴产业——香精和香水产业，获取了更高的收益。

第二次转型是随着本地原材料成本的提高，转向国际化采购原材料的模式，而本地则更多地转向旅游业等第三产业。这让格拉斯成了一个融入全球产业链分工的小镇，通过在全球范围内低成本进口原材料资源，再利用强大的加工能力和品牌力量，以最大限度地创造高附加值产品，而自身的环境得以保护，并用以吸引全球的游客。

游客的大量涌入，使小镇经营店铺的市民获得批发和零售的收益，从而真正起到了扩大就业、提高居民收入的作用。在这个转型的过程中，放弃了部分鲜花种植的收益，但是这些土地用于观赏性花田和高尔夫球场等旅游设施的建设，得到了更加高效的利用。

格拉斯小镇两次转型的成功，也给我们的城镇化发展带来不少启示。在劳动力和资源成本持续提高的当前中国，更加全面地融入世界全球化产业链是我们要认真思考的课题，在"Made in China"的基础上，我们还要思考如何加强技术、提升设计、营造品牌，提升自身影响力。

3.5.2 戛纳电影小镇

1. 基本信息

戛纳（Cannes）是法国的一个避暑胜地，位于法国南部港湾城市尼斯附近。戛纳是地中海沿岸风光明媚的休闲地区，它有 5 公里长的沙滩，四季均有不谢之花，在蔚蓝海岸的观光胜地中与尼斯齐名。

2. 地理位置

戛纳位于尼斯西南约 26 公里处，濒地中海，是滨海阿尔卑斯省省会。这里海水蔚蓝，气候温和，阳光明媚，与尼斯和蒙特卡洛并称为南欧三大游览中心，是地中海沿岸风光明媚的休闲小镇。

3. 发展历程

1946 年，戛纳创办第一届电影节，此后 70 多年，它接待的世界级明星不计其数，而巨星们也以登上电影节的阶梯为荣。随着戛纳电影界在业内认可度的不断提升，结合该区每年 5 月举办的戛纳电影节对世界各国明星群体的吸引，法国戛纳以电影特色产业为代表的小镇发展迅速。

4. 发展现状

戛纳已经形成了以电影为特色产业的特色小镇。戛纳和其他蓝色海岸地区的闲适安静不同，它虽然也拥有蔚蓝迷人的海岸线和法国南部明亮阳光下的棕榈树，但戛纳更像是一个社交不断的城市。每年 2 月有金合欢节，5 月有国际电影节，另外还有国际赛船节、国际音乐唱片节、含羞草节等。

5. 运营模式分析

从戛纳电影小镇的主要产业及相关产业的运营模式看，现阶段主要以戛纳电影节为带动，促进相关旅游业、品牌服饰业、酒店住宿、餐饮等相关产业的融合发展。

图 3.5-2　戛纳电影小镇运营模式分析

6. 发展优势分析

蓝色的大海、金色的海滩，还有各种古朴的建筑和保存良好的民居，这应该是戛纳有别于其他城市的优势。

戛纳和其他蓝色海岸地区的闲适安静不同，它虽然也拥有蔚蓝迷人的海岸线和法国南部明亮阳光下的棕榈树，但戛纳更像是一个社交不断的城市。每年 2 月有金合欢节，5 月有国际电影节，另外还有国际赛船节、国际音乐唱片节、含羞草节等。

7. 发展经验借鉴分析

戛纳电影节是当今世界最具影响力、最顶尖的国际电影节，每年 5 月都会如期举办，并在该电影节上评出世界各国电影的最佳奖项。由于业内人士对戛纳电影节的认可，每年的戛纳电影节已经成为明星"争奇斗艳"的竞技场。每年大量的明星会在此聚集，有效地推动了当地旅游、酒店、餐饮等相关产业的融合发展。因此该特色小镇给我们的经验借鉴就是，创办一个在世界或者在国内对某个行业有绝对影响力的评分奖项，能够对有代表性特色小镇的建设起到积极的促进效果。

3.5.3　库肯霍夫

1. 基本信息

库肯霍夫（Keukenhof）号称世界上最美丽的春季公园，也是世界上最大的球茎花卉公园，更是创业农业大国——荷兰最成功的农业特色小镇。库肯霍夫曾无数次荣获欧洲"最有价值旅游景点"大奖，是世界上被拍摄次数最多的地点，也是春天里最受人们钟爱的地方。

库肯霍夫公园占地 32 公顷，四周环绕着多彩缤纷的花田，这块古老的公园十分壮观。由郁金香、水仙花、风信子，以及各类的球茎花构成繁茂的色彩，恰似坐落在花毡中间的春天的花园，据说园中各种花卉达 600 万株以上，有很多稀有的品种。园中有各种风格的亭台楼阁，举办各类植物及珍稀花卉展览。

2. 地理位置

库肯霍夫公园位于阿姆斯特丹近郊的利瑟小镇（Liess），在荷兰阿姆斯特丹以南 80 公里处。

3. 发展历史

15 世纪时，库肯霍夫是雅各布伯爵夫人的狩猎领地，到处被树林和沙丘所覆盖。人们在这里狩猎，采摘蔬菜草药供给城堡膳食，这个地方因此而得名。

1830 年，园林设计师左贺特被邀请来重新规划这片园地。左贺特在原有园地基础上添加了许多英国园林元素，高大的乔木、蜿蜒的小径、青翠的草坪、幽静的水池、喷泉，交织一丛丛花圃，即成为库肯霍夫花园的雏形。

1949 年，一群来自利兹（Lisse）的花农为创造一个开放空间式的花卉展览场地，计划将库肯霍夫规划成可以让花朵自然生长、吐蕊的花园。在市长的倡议下，库肯霍夫被改建成一个开放式的室外球根花卉展示基地。

此后，库肯霍夫花园不仅是培育名贵郁金香的基地，还是花卉交易的展销平台。这里每年都以某个特定国家为设计主题，举办一年一度的花卉展览活动。2006 年的主题是纪念伦勃朗诞辰四百周年；2007 年的主题是纪念瑞典植物学家 Carolus Linnaeus；2008 年的主题是奥运会和中国；2009 年的主题是纪念 Henry Hudson 发现曼哈顿这一历史事件；2010 年的主题是来自俄罗斯的爱，2011 年的主题是诗人与哲学家的国度——德国；2014 年主题是"荷兰：传统与现代的融合"；2016 年主题是"黄金时代"，主要展示对英勇无畏的植物探索者的致敬，在贸易路上的探索阶段，植物学家不断地寻找新的物种，并把它们记录到书籍中；2017 年的主体则是"荷兰设计"，为了纪念荷兰著名的艺术设计家皮特·蒙德里安（Piet Cornelies Mondrian）和赫里特·里特费尔德（Gerrit Thomas Rietveld）。

4. 运营模式分析

库肯霍夫公园花卉供应商共同参与公园运营，保证了公园的循环持续效果，这也是我们俗称的达到了以园养园的概念，现在每年 9 月底至初霜来临之前，各个花卉供应商会挑选各自最新最好的球根花卉品种，按照库肯霍夫公园事先规划好的位置和图案种植下去。

隔年春天，在 32 公顷的公园内，逾 600 万株花朵一齐绽放，其中仅郁金香的品种就超过 1000 个，五颜六色的花卉将库肯霍夫装点成了花的海洋。

公园每年都会有一个创意主题，在公园除了能欣赏到公园的自然美景还能够有很好的体验和互动，公园提供骑行、泛舟、市集、儿童游乐、艺术花园、花车游行、自然餐厅等多样的文创策划来丰富公园的主题内容。

每年的春天，这里都将举行为期八周左右的花展，同时还安排许多相关的活动，包括园艺与插花等的工作坊、各种主题的展览等。这里最让人瞩目的活动是花帽的展览，展出花卉在帽子设计方面的运用。展览展出了 1950-1960 年代由名牌 Dior、Coco Chanel 等设计师设计的古董花帽，以及来自世界各地 100 位设计师与艺术家以花为主题所创作的作品。

5. 盈利模式

公园目前主要靠门票和旅游衍生产品消费盈利。公园的开放时间是 3 月 24 日至 5 月 16 日，最佳旅游时间为 4 月中下旬至 5 月初。

选择性消费有四大类，包括产品、观光、餐饮和其他种类。到了荷兰，木屐和奶酪恐怕是每个旅游者都会买的纪念品。

6. 特色功能介绍

（1）灵感花园

灵感花园是库肯霍夫公园最具特色部分，各个花园大小各异，从 50 至 120 平方米不等；每座均拥有自身的特点和主题，从古典到超现代感，风格百变；游客在设计自家花园的时候，可以借鉴灵感花园的设计。

（2）艺术公园

艺术公园中有由荷兰著名艺术家创作的数百座雕塑及艺术品。公园自然优雅的环境巧妙地映衬了这些艺术品的美妙绝伦。

（3）每日花展

碧翠丝庭苑（Beatrix Pavilion）举办大规模的兰花展；奥兰治拿骚庭苑（Orange Nassau Pavilion）每周都会有令人称奇的新品花展，如郁金香展、小苍兰展、非洲菊展、玫瑰展、黄水仙与特殊球茎花卉展、六出花展、菊花与马蹄莲展、康乃馨与夏季花卉展等。

威廉亚历山大庭苑（Willem Alexander Pavilion）在开园期间举办全球最大规模的百合展，这是库肯霍夫公园的重头戏：在6000平方米的展厅里，共有300多个品种，总计35000多株百合花展出。

不仅如此，其他展厅往往还会举行花卉竞赛，最终评选出质量最佳的园艺产品。常设评估委员会（VKC）对提交花卉进行评判，评选出的每一品种的最佳花卉将获得"库肯霍夫大奖"。

（4）主题花车

按照每年的主题，公园活动期间可观赏满载百万株鲜花驶过库肯霍夫巡游大道的主题花车。

（5）探索旅行

游客可通过影音、图片，采访学习丰富的园艺知识。

（6）摄影指导

在库肯霍夫公园设有摄影工作室，有专门的摄影师指导实用摄影技巧。

（7）儿童乐园

儿童可在园区内学习花卉知识，玩各种游乐设施，餐厅专门设立了儿童菜单。

7. 发展经验借鉴分析

库肯霍夫公园值得借鉴的点很多，主要包括：

（1）生态公园：景观自然是休闲农业的发展基础，以本土特色景观树立核心形象。

（2）创新活动：项目创新是休闲农业的持续动力，通过每年举办不同主题的花展，每年以特色新颖的形象展示公园，持续聚集客流，保证每年都会有大量的游客到公园旅游参观。

（3）特色功能：多元化特色功能是休闲农业吸引各类客群的重要手段，也使游客可以在园区内充分享受 1-2 天的旅行时光而不觉得单一乏味。

亚洲特色小镇案例及发展分析 / 第 4 章

4.1 旅游小镇案例及发展分析

4.1.1 日本北海道美瑛町

1. 基本信息

美瑛町是日本北海道上川支厅辖下上川郡范围内的一个乡镇，因境内的丘陵风光与夏季的花田美景，而成为北海道地区非常著名的观光胜地之一。美瑛町内有许多知名日本电视广告的拍摄地点，因此每年都有大批游客前来此地探寻那些曾在广告中出现过的名景。美瑛町同时也是一个横跨日本境内许多观光乡镇的联合组织"日本最美村庄联合"的发起单位办公室的所在地。

2. 地理位置

美瑛町位于日本北海道上川支厅辖下上川郡范围内，其周边除美瑛町的观光景区外还有石山、丸山公园和农场牧场等景区。

3. 特色及定位

（1）小镇特色

日本美瑛町具有悠久的历史，因为在美瑛农作物无法连作，每年要更换不同的农作物栽种，因此大自然形成了它如拼布版的画面。境内的丘陵风光与夏季时的花田美景，使其成为北海道地区非常著名的观光胜地之一。美瑛町内有许多知名日本电视广告的拍摄地点。

（2）小镇定位

日本北海道美瑛町小镇项目定位为"观光＋休闲＋度假"功能于一体的复合

型景区。

4. 发展现状

美瑛町位于北海道第二大城旭川市和以薰衣草闻名的富良野市的中间位置。美瑛的街道、田园景色与欧洲农村风景相似。广大的丘陵地形、沉静而安稳的山丘和夏季时的花田美景，成为北海道地区非常著名的观光胜地，每年吸引约150万的观光客到访。其有四季彩之丘、拼布之路和超广角之路几个具有代表性的景点。

四季彩之丘旅游风景区介绍　　　　　　　　　　　　表 4.1-1

	具体分析
景点介绍	1. 拥有面积达15公顷广阔美丽的花田，犹如一张七色彩虹般的地毯，季节不同，花样各异 2. 每年4月下旬至10月下旬，在起伏的丘陵上，郁金香、薰衣草、向日葵等30多种花卉竞相开放，远远望去，五彩缤纷，像画家手中的调色板 3. 花田内还有巨型的稻草人屹立着，非常可爱。花园内还贩卖使用美瑛新鲜牛乳制成的香浓冰淇淋。此外，这里还豢养着几头羊驼，供游客参观和喂食 4. 冬季期间（12月到次年4月上旬），广阔的花园被白雪覆盖，变成了一片"雪原"。在雪原里，有雪上摩托车、雪橇溜滑梯等，可以充分体验冬季雪上活动的乐趣
交通情况	1. 距JR美马牛车站约3公里，从JR美马牛车站徒步约20分钟，自行开车约5分钟车程 2. 也可以选择参加JR的Twinkle bus美瑛拓真馆行程，即可畅游包含四季彩之丘等多个美瑛名胜的交通
门票情况	四季彩之丘为免费入场，但希望每人捐助相当于200日元的捐款，作为花圃的维护管理费用

拼布之路旅游风景区介绍　　　　　　　　　　　　表 4.1-2

	具体分析
景点介绍	1. 拼布之路是一条田间的小路，路两旁是起伏的丘陵，有麦田、荞麦田、土豆田等各种颜色的农田，远远望去就像一块块彩色的拼图，因此人们将此处称为"拼布之路" 2. 因各季节种植的农作物不同，所以春夏秋三季颜色也不同，五彩缤纷，而冬季则是一片白雪皑皑的银色大地 3. 拼布之路上有拍摄过Skyline汽车广告的Ken&Mary之树和因七星香烟广告而出名的七星之树等景点，这样色彩斑斓的乡间小路尤其适合散步和骑行，慢悠悠地欣赏周边的田园景色
交通情况	1. 搭乘JR至美瑛站下车，租借自行车后沿237国道向北骑行，看到岔路后左转即进入拼布之路区域 2. 也可以搭乘JR观光巴士来游览拼布之路，从JR富良野站、美瑛站均有巴士始发，可以购买4日自由乘车券
门票情况	免费

超广角之路旅游风景区介绍 表 4.1-3

	具体分析
景点介绍	1. 位于与拼布之路相反的美瑛车站的另一侧,是前往新荣丘展望公园、三爱之丘展望公园、以及四季彩之丘的必经之路,与拼布之路并称美瑛两大经典骑行路线 2. 所谓超广角之路,是指这条路的视野极为宽阔,一望无际的丘陵、延绵横亘的田地、一望无际的天际线,无遮无掩全景呈现在眼前,在这里可尽情眺望美瑛辽阔的自然美景
交通情况	搭乘 JR 至美瑛站下车,租借自行车后向美马牛、四季彩之丘方向骑行
门票情况	免费

5. 运营模式分析

（1）开发运营

美瑛主要是根据当地特色的农作物的种植特征,而形成了一个较为美丽、多彩的世界拼布般的画面,没有经过刻意的、专门化的开发和运营。随着每年接待的游客量的增加,逐渐形成了以当地农户为主的运营主体。

（2）商业模式

日本北海道美瑛町采取观光与度假并重、门票与景区内二次消费复合经营的商业模式。

（3）盈利构成

当前该旅游小镇的主要收入来源:门票 + 旅游经营收入。

6. 建设优势分析

日本北海道美瑛町由于其具有变幻莫测的美丽风景,每年都会吸引大量的游客来此观光。

日本北海道美瑛町优势分析 表 4.1-4

要点	分析
资源优势	日本北海道美瑛町旅游风景区的发展主要依赖农户种植的麦田、荞麦田、土豆田等各种颜色的农田。在供游客游览观光的同时,又不影响农户的收成,反而通过旅游项目带动当地农户收入的增加
设备齐全	日本北海道美瑛町几个风景区的观光均可以采用租借自行车的模式,而在恰当的位置就会有相应的自行车租赁的商铺,为观光游览提供便利

4.1.2　日本岐阜县白川乡

1. 基本信息

日本岐阜县白川乡指岐阜县内的庄川流域。白川乡的荻町地区因合掌造而著称。合掌造房屋是一种建造于约 300 年前（江户至昭和初期）的历史建筑，也是当地人为了抵御自然的严冬和大雪而创造出的适合大家族居住的建筑形式。白川乡与五箇山等具有独特景观的村落以"白川乡与五箇山的合掌造聚落"之名于 1995 年 12 月被登录为联合国教科文组织的世界遗产。

2. 地理位置

岐阜县位于日本列岛的正中，是名副其实的日本的中心。岐阜县的森林覆盖率非常高，占到总面积的 80%，被誉为"森林之国"。漫山遍野的树木既涵养了水源，也净化了空气。而著名的白川乡就坐落在岐阜县。

3. 特色及定位

（1）小镇特色

岐阜县白川乡具有悠久的历史，并且因其合掌村落独特的建筑模式而闻名。

（2）小镇定位

岐阜县白川乡小镇定位为融"观光 + 旅游 + 休闲度假"功能于一体的复合型景区。

4. 发展现状

白川乡合掌村是现存规模最大的合掌造聚落，村里有 100 多幢合掌造，与五箇山的合掌村一起被列入了世界文化遗产，现在仍有村民居住在这里。房屋全部是木制建筑，不用一根钉子，屋顶用茅草覆盖，因为看起来像合着的手掌而得名。该地区美丽的风景和独特的建筑特征，每年会吸引大量游客来此游览。

（1）日本莱茵河

日本莱茵河位于岐阜县南部，是从木曾川中游与飞驒川交汇点至爱知县犬山市约 13 公里的溪谷，由于河岸景观与德国莱茵河十分相似，故取名为莱茵河。沿日本莱茵河顺流而下约用 1 小时就能越过被称为日本三大急流之一的木曾川急流，每年许多观光客为之倾倒。在莱茵河的游览终点，可以伫立在木曾川北边崖壁上的犬山城散发着幽幽情怀。在日本莱茵河周边，伫立着原太田肋本阿林家住宅，修建于 1769 年，具有很高的历史价值；松井屋酒造资料馆，展出修建于 1795 年的母屋建筑和酒藏。

（2）白川乡合掌村

白川乡位于日本中部的岐阜县白山山麓，是个四面环山、水田纵横、河川流经的安静山村，每年吸引世界各地数以万计的旅客前来。

5. 运营模式分析

（1）开发运营

岐阜县白川乡主要以"观光＋旅游＋休闲度假"的模式进行发展，村落发展初期，未针对发展旅游观光项目进行建设。近年来，随着各国经济结构的调整和转型及旅游项目的火热，该区独特的建筑风格和优美的自然风光逐渐获得关注，旅游小镇的发展也逐渐获得政府及村民的关注。

（2）商业模式

岐阜县白川乡采取观光与度假并重、门票与景区内二次消费复合经营的商业模式。

（3）盈利构成

当前该旅游小镇的主要收入来源：门票＋旅游经营收入。

6. 建设优势分析

日本岐阜县白川乡由于被列入世界文化遗产的合掌屋独特的建筑风格，以及日本旅游项目的整体发展，每年都会吸引大量的游客来此观光。

日本岐阜县白川乡优势分析
表 4.1-5

要点	分析
独特的代表性景观优势	岐阜县白川乡最具代表性的景观优势莫过于被列入世界文化遗产中的合掌屋，因其历史性、建筑的独特性和美观性，每年会吸引大量的游客来此参观
便利的交通优势	除了独特的景观优势，便利的交通条件为当地旅游小镇项目的发展提供了基础设施的支持

4.1.3　韩国加平瑞士村庄小镇

1. 基本信息

韩国加平瑞士村庄小镇是参考瑞士小镇的建筑风格，在韩国加平打造的一个融合了欧洲瑞士和亚洲韩国的旅游特色小镇。该小镇以宋慧乔和赵寅成主演的韩剧《那年冬天风在吹》及韩国综艺《我们结婚了》的部分取景地而闻名，其独具特色的建筑和风景将欧洲风情展现得淋漓尽致。

2. 地理位置

加平郡是与韩国首都首尔相邻的一个重要城市，位于京畿道东北方向的山岳地带，北汉江和洪川江在这里汇流后，流向西南方向。东面和江原道的春川市和洪川郡接壤，西面和南杨州杨州市接壤，南面和杨平郡接壤，北面和抱川郡及华川郡接壤。加平郡自古以来就是连接汉城和春川的交通要塞。目前，加平郡位于整个半岛的中心位置，成为整个中部地区交通的枢纽之地。

3. 特色及定位

（1）小镇特色

该小镇位于韩国交通要塞、整个国家的中心位置加平郡，为小镇旅游业的发展提供了优美的风景及便利的交通。

（2）小镇定位

韩国加平瑞士村庄小镇定位为融"观光＋旅游＋旅游线一体化"功能于一体的复合型景区。在该小镇主要形成了以观光为特征，以旅游度假为目标的小镇游览、体验模式。

4. 发展现状

加平郡著名的文化遗迹有云岳山、舞云瀑布和龙椎瀑布等，人工景点有清平大坝和瑞士村庄小镇等，旅游资源十分丰富，每年到访的游客都有所增加。

（1）云岳山

海拔 935 米的云岳山被定为加平八景中的第六景。云岳山正如其名像穿过云的峰一样，上面奇岩怪石组成了绝景，在山腰还有悬灯寺和百年瀑布、眼眉石等景点。云岳山是加平郡所有山中最漂亮的，在登山过程中可以欣赏山和溪谷，还有树林的情趣。另外千年古刹悬灯寺也是可以在静寂中投入观赏的地方。

（2）清平湖

清平湖是 1944 年清平大坝竣工后形成的，湖水面积在满水时可以达到 580 万平方米。湖水两边的虎鸣山耸立，与清澈的湖水和谐交融。清平湖以夏天来此避暑的游客为首，四季来观光的游客络绎不绝。

（3）龙椎瀑布

以海拔 1068 米的恋人山为发源地而形成的龙坠溪谷，据传是龙飞上天空时画出的九道弯的影子似的景色，是首都圈里生态体系没被破坏的独一无二的溪谷。

（4）瑞士村庄小镇

韩国加平的瑞士村庄小镇是因优美的自然景观资源而建设起来的，其地域发展特征与欧洲的建筑风情相融合，打造了亚洲区的欧洲风情，随着韩国影视剧及综艺节目在此取景，瑞士村庄小镇每年吸引的游客数量不断增加。

5. 运营模式分析

从开发运营模式讲，韩国加平瑞士村庄小镇主要以"观光＋旅游＋旅游线一体化"的模式进行发展，该区独特的建筑风格和优美的自然风光逐渐获得关注，旅游小镇的发展也逐渐获得政府及村民的关注。从商业模式讲，韩国瑞士村庄小镇采取观光与度假并重、景区内的旅游经营推广构成了复合经营的商业模式。从盈利模式讲，该旅游小镇的主要收入来源是旅游经营收入和影视作品的用景租赁费用。

韩国加平瑞士村庄小镇优势分析 表 4.1-6

要点	分析
区位优势	该村庄小镇位于韩国重要的加平郡，因其毗邻韩国的首都首尔，能够获得较大的客户源。除此之外，韩国加平郡本身拥有云岳山、清平湖和龙潭瀑布等丰富的旅游资源，该区瑞士村庄小镇的建设有利于承接周边的旅游资源，促进加平旅游线一体化的发展模式
交通优势	除了独特的景观优势，便利的交通条件为当地旅游小镇项目的发展提供了基础设施的支持

6. 建设优势分析

韩国加平瑞士村庄小镇依托其明确的区位优势和景观优势取得了现阶段其在韩国旅游项目中的重要代表性地位。

4.1.4　韩国牙山地中海小镇

1. 基本信息

地中海村是韩国 2014 年悄悄兴起的一个欧洲风的旅游景点。这里一共分为三个区域，主要设计概念分别是以希腊的圣托里尼岛、巴特农神殿以及法国的普罗旺斯建造而成，满是充满欧洲风情的建筑。地中海小镇是一片商业区，建筑都盖成地中海风格的小楼，楼前楼后都种满绿树和鲜花。地中海小镇的风格为欧式休闲风格，主要集中了服装店、咖啡店和餐厅和礼品店。

2. 地理位置

韩国牙山地中海小镇的建设极大展示了欧洲地中海风情的特征，位于韩国忠清南道牙山。

图 4.1-1　韩国牙山地中海小镇地理位置

3. 特色及定位

（1）小镇特色

韩国牙山地中海小镇是模仿欧洲地中海而建设的一个位于亚洲却充满欧洲风情的特色旅游小镇，以其美丽的风景、恬静的生活氛围而闻名。

（2）小镇定位

韩国牙山地中海小镇定位为融"观光＋旅游＋休闲度假"功能于一体的综合型观光旅游风景区。

4. 发展现状

韩国牙山地中海小镇经过几年的发展已经逐渐被各地的游客接受。

5. 运营模式分析

（1）开发运营

韩国牙山地中海小镇主要以"观光＋旅游＋休闲度假"的模式进行发展，该小镇发展初期是亚洲地区根据自身的实际情况打造的具有欧洲风情及特征的旅游小镇综合体。

（2）商业模式

韩国牙山地中海小镇采取观光与度假并重、景区内二次消费复合经营的商业模式。

（3）盈利构成

当前该旅游小镇的主要收入来源：旅游经营收入。

韩国牙山地中海优势分析	表 4.1-7

要点	分析
地域特征明显	韩国牙山地中海位于韩国的牙山城，属于韩国的西海岸城镇，毗邻牙山湾，有建设地中海小镇的地域优势
临近首尔，客源充足	牙山地区接近韩国的首都首尔，正在成为韩国的产业化新城，地中海旅游小镇的建设发展是新城建设发展的一个重要的推动力，获得了当地政府较高的重视

6. 建设优势分析

韩国牙山地中海小镇依托其现有的地域特色，以欧洲地中海的建设发展为方向，在亚洲地区打造欧洲风情小镇，能够让游客足不出国或者足不出洲地感受到地中海的旅游风情。

4.1.5　韩国民俗村

1. 概况简介

韩国民俗村位于京畿道龙仁市器兴区民俗村路，占地面积 30 万平方米，建筑面积 29000 平方米，于 1973 年开工，1974 年竣工，同年 10 月开馆。民俗村将韩国各地的农家民宅、寺院、贵族宅邸及官府等各式建筑聚集于此，再现朝鲜半岛 500 多年前李朝时期的人文景观和地域风情。村内有 240 座传统的建筑物，有李王朝时的"衙门"、监狱、达官贵族的宅邸、百姓的简陋房屋、店铺作坊、儿童乐园等不一而足。民俗村内的店铺和露天集市上的商品大都是当地传统手工制品及别具风味的食品，有木质雕刻、彩绘纸扇、民族服装、彩色瓷器等。瓷器是这里的特产，有 60 余种，均有较高的保存价值。民俗村内的食品种类繁多，最受游客喜欢的是菜饼和米酒。露天场上每日定时都有精彩节目表演，如民俗舞蹈、杂技和乡主鼓乐，热闹非凡。这里的村民穿着古代李朝时的衣着、演绎着古代村民的风俗，迎娶新娘、送亡人入土等礼仪都真实地仿照李朝时代的模样。

2. 小镇定位

韩国民俗村是韩国政府为了向本国及外国游客介绍韩国传统文化而建成，目的是教育国民、保存传统、吸引游客、为地方政府增加财政收入等。除了当初的目的以外还有提供拍电视剧和古装电影的场所。电影或电视剧收视率高的话，该地方变成观光景点，所以韩国地方政府特意提供拍电视剧的场所。

3. 空间布局

（1）民俗村

韩国民俗村坐落于依山傍水的天然风水地理位置，是移建各地区的实际房屋建成的朝鲜时代村落。

韩国民俗村分为南部、中部、北部和岛屿地区。这里有过去的地方行政机关官衙、教育机构书院和书堂、医疗机构韩药房、宗教建筑寺庙和城隍庙、算命店等，保留了古时的生活状况。

民俗村除了游览，还可以进行体验，主要包括生活文化体验，如渡船体验，体验船夫划着古时渡船游览江景；骑马体验，体验骑乘和韩国民俗村英姿焕发的马背武艺团一起表演精彩技艺；天然染布体验，体验使用天然材料栀子和苏木染出美丽的手绢；传统生活体验，走遍韩国民俗村的村落，体验丰富多样的农家生活。

除了生活体验，民俗村还有传统工艺体验，主要包括竹器作坊、木器作坊、陶器作坊、扇子作坊、铜器作坊、铁匠铺、烫画作坊、画具作坊、染布作坊、乐器作坊、烟袋体验、草鞋制作。

图 4.1-2　韩国民俗村传统工艺体验项目

（2）展览村

韩国民俗村的展览村主要展出文化遗产和民俗资料，其中传统民俗馆以四季、二十四节气为中心生动地陈列展示朝鲜时代后期在京畿道龙仁务农的四大家庭的全年生活以及从出生到死亡的一生礼节。传统民俗馆可以让人全面了解朝鲜时代后期的农村生活状况和传统生活文化，更容易学习韩国的传统文化。

韩国民俗村世界民俗馆于 2001 年 9 月 22 日开馆，由 9 栋常设展览空间组成，展有从 5 大洋 6 大洲收集来的 3000 余件文化遗产。在按照各文化圈分类的展览馆中，可以观赏到各国的衣食住行和职业技术、文化艺术。

最后是陶器展览馆。韩国民俗村陶器展览馆将蕴藏祖先智慧的陶器聚集在一处，供游客观赏。另外还有可以亲手制作陶器的陶器体验馆，是家庭、团体、外国游客喜爱的场所。

（3）历史剧村

为增加民俗村收入和提高民俗村知名度，以吸引更多游客来此旅游，韩国地方政府特意在民俗村内提供了拍电视剧的场所。历史剧村主要包括历史剧故事，可以观赏到之前只在电视里看过的景点。

图 4.1-3　韩国民俗村的历史剧村图片展示

在历史剧村还有历史剧体验活动，如历史剧村的内子院是 SBS 电视剧《王与我》的主要拍摄地，剧终后也依然受到许多游客的喜爱，游客可以体验历史剧村拍摄场景，可以体验乘坐古时候被用作交通手段的轿子等。为了回报影迷的支持，在历史剧村还经常举办历史剧特别活动，如举办开机仪式、影迷签名会、印手印仪式等各种特别活动。

4. 品牌介绍

（1）品牌识别系统：韩国民俗村 LOGO 设计意在体现充满韩国传统故事以及想象力十足的趣味体验和风致的传统文化主题。品牌概念：开启传统文化旅行开端的门；品牌定义：欢快地、有雅致地、新鲜地、自由地；品牌含义：传统民俗新世界。

（2）品牌设计概念

与自然为伴、承载着精彩生活的韩国民俗村的全新 BI 以象征传统文化旅行开端的大关门为基本主题，通过韩国的曲线美和空白之美体现韩国的传统故事和想象力。

象征标志则体现了：韩国传统的曲线美和雄壮之感的瓦屋顶形状；兴致勃勃跳着假面舞的人物形象体现充满趣味和体验的生动鲜活的空间；用指引向全新文化世界的敞开之门体现期待与激动；借用传统的云图案，体现大自然的风致和闲适的休息空间以及承载时间流动与一年四季变化的空间；意指韩国民俗村的愿望，即在大韩民国历史与传统的根基上创造文化的新价值与意义。

（3）品牌口号

品牌口号是韩国民俗村向顾客传达的意志与约定。通过对传统的不断思考和努力创造并分享新的传统。

5. 便利 / 服务设施

（1）便利设施

医务广播室：医务室内备有紧急治疗的药品，在韩国民俗村内可作简单的紧急治疗。

婴儿车、轮椅租借处：韩国民俗村入口旁的出租处出租轮椅和婴儿车。轮椅为免费出租，婴儿车可付费出租 2000 韩元（押金是 1000 韩元）。

咨询处：为访问的外国游客提供介绍资料。

（2）服务设施

民俗村为游客提供了美食、购物品、传统食品。

1）美食：主要包括民俗村美食、游乐村美食。

2）购物品：主要包括农特产品销售店、集市纪念商品店、鬼神店、玩具店等。

3）传统食品：韩国民俗村的传统食品为了保留从旧时代传承下来的风味传统，以从技术者身上传习的工匠秘方和与韩国饮食研究会共同研究出来的传统食品的味道和品质为基础精心制作。从材料到完成的整个过程，在细致严格的管理下制成的韩国民俗村传统食品是可以放心食用的健康食品。

图 4.1-4　韩国民俗村传统食品

4.1.6　中国古北水镇

1. 基本信息

古北水镇是京郊罕见的山水城结合的自然古村落，是典型的北方旅游度假小镇。

古北水镇位于北京市密云县古北口镇，背靠中国最美、最险的司马台长城，坐拥鸳鸯湖水库，是京郊罕见的山水城结合的自然古村落。与河北交界，距离北京市 1.5 小时，距离承德市约 45 分钟车程。

古北水镇拥有 43 万平方米精美的明清及民国风格的山地四合院建筑，含 2 个五星级酒店，6 个小型精品酒店，400 余间民宿、餐饮及商铺，10 多个文化展示体验区及完善的配套服务设施。

2. 特色及定位

（1）项目特色

古北水镇具有悠久的历史，是在原有守卫长城军民混建而居的古堡基础上发展起来，其现存的"司马台古堡"是北京市重点文物保护单位，"长城＋古镇"是罕见的雄伟自然、文化景观混合在一起的历史人文风景区。

（2）项目定位

古北水镇项目定位为融"观光＋休闲＋度假＋会议"功能于一体的复合型景区。

3. 规划布局

古北水镇由景区主体＋司马台长城组合构成。

（1）开发历程

古北水镇开发历程　　　　　　　　　　　　　　　表 4.1-8

2010 年	2010 年	2011 年	2012 年	2013 年	2014 年
6 月，与密云县政府签署正式战略合作协议	07.16，成立项目公司、项目筹备	一期土地获取、开建；11 月，二期土地获取	项目建设期	10 月，一期试营业	元旦，一期开业

（2）功能分区

景区沿主路呈东北—西南向条带状分布；古镇与保护区严格分离，古北水镇包含景区主体和司马台长城两大板块；其中，景区主体主要包括以下四大板块：民国街区、水街历史风情区、卧龙堡民俗文化区、汤河古寨区。

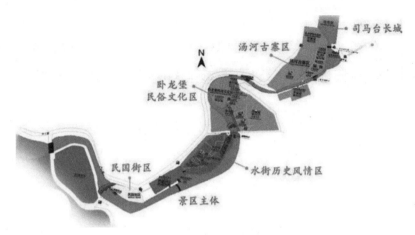

图 4.1-5　古北水镇功能布局图

4. 发展模式

（1）开发运营

古北水镇在开发模式、投资运营团队等多方面深度复制乌镇模式。

◆ 开发模式

借鉴乌镇，以"整体产权开发、复合多元运营、度假商务并重、资产全面增值"为核心，"观光与休闲度假并重，门票与经营复合"，实现"高品质文化型综合旅游目的地建设与运营"。

◆ 开发主体

以旅游公司主要股份的，集政府、企业和基金公司为一体的开发主体，通过集合中青旅公司的旅游资源、IDG（创业基金）的资金实力和政府的政策实力，三驾马车共同推动古镇开发。

◆ 经营主体

中青旅通过增资控股古北水镇旅游公司。

◆ 开发措施

确定设立司马台长城保护专属区和旅游专属区，保护区与旅游区严格隔离。

景区塑造：整旧如故，腾笼换鸟、古镇现代化。具体的做法可归纳为"迁、拆、修、补、饰"五个字。

对于这里的原住居民，安置在古镇外围，原有住房全部作为商业开发，用作酒店、餐饮、商业，而原住居民可以优先返回到古镇参与旅游服务行业。

◆ 股权结构

中青旅主导，先后引入乌镇旅游、IDG、北京和谐成长投资和京能集团等战略投资。中青旅直接控股25.8%，并通过乌镇间接持有15.48%的股权，实际权益比例36%（25.81%+15.48%*66%）。

古北水镇股权结构（单位：万元，%） 表 4.1-9

股东	注册资本出资（万元）	所占百分比（%）
中青旅控股股份有限公司	33600	25.81
乌镇旅游股份有限公司	20160	15.48
IDG	32000	25.58
北京和谐成长投资中心（有限合伙）	18400	14.13
北京能源投资（集团）有限公司	26040	20.00

（2）商业模式

古北水镇采取观光与度假并重、门票与景区内二次消费复合经营的商业模式。

商业业态主要分两种：

◆ 散状分布的特色小吃、书店、服装等店铺，此类店铺多集中在民宿周边，通过购物加深来此游客对水镇风情的情感体验。

◆ 老北京特色商业街商铺，此为古北水镇最大的特色。开发公司负责所有经营权的审批，整体管控。并吸纳原住民作为公司工作人员，解决其收入，客栈及店铺是主要就业领域。

酒店类型主要分两种：

◆ 民宿，即民居，通过对其的整体改造，形成准四星标准的度假酒店，以客栈命名，由开发公司统一经营管理，工作人员为原住居民，公司给予他们餐饮的

经营权，并严格控制经营规模。工作人员需要对客房进行打扫和清洁服务，以此
盘活民宅，提高就业率，发挥原住民的服务意识。

　　◆ 标准的四五星酒店，提供高端的商务配套，满足商务客的需求，成为商务
会议、公司年会的不二场所。

　　（3）盈利构成

　　当前项目主要收入来源：门票＋旅游经营收入。

　　项目一期主要包括水街、1 个五星级酒店，1-2 处会所，部分民宿，司马台长城（包
括上长城的索道），还有一些民俗馆等。二期预计以旅游度假公寓住宅为主。当前
项目的主要收入来自门票＋旅游经营收入。

古北水镇资产经营情况 表 4.1-10

区域类型	投资内容	营业渠道及资产	产权归属
保护专属区	对古长城及各遗存地点大环境整治	索道	公司
	主体适度修复	/	当地政府
	建设游览路线设施	/	/
旅游专属区	景点（民俗特色展示）	古长城保护费	古长城保护基金
		统一门票	公司
	酒店、特色民宿	客房收入	公司
	商业业态（含自营或出租）	销售收入	公司
	各类配套娱乐设施（自营或出租）	销售收入、租金	公司
	大环境营造（区内道路、水域、绿化）	/	公司
	公共配套设施（游客中心、厕所、区内电力、供排水、有线电视、供热等）	/	公司
区域内外	旅游地产项目（待确定）	房产销售收入	公司

5. 建设优劣势分析

　　古北水镇项目开发基础好，乌镇的设计经验和整体运营开发成为其品质保证，
但同时在客源结构等方面尚有待改进。

古北水镇建设优劣势分析　　　　　　　　表 4.1-11

优劣势	要点	分析
优势（S）	资源优势	古北口镇紧邻京承高速，古北口景区素有小承德之称，司马台、雾灵山等为燕郊观光型景区，本身已经具备近郊旅游基本的观光及度假元素
优势（S）	市场广阔	北京短途休闲旅游潜在市场规模约为 5000 万人次 / 年，而其周边缺乏优秀休闲旅游目的地，休闲市场广阔
	政策支持	2012 年，获得密云县财政局 4100 万元基础建设补贴，参与古北项目融资的京能集团也是北京市政府的全资子公司
	渠道完备	可利用中青旅本身的旅行社资源来引导团队游客，中青旅是国内规模最大的商务会议旅游服务商，会议旅游客源广
劣势（W）	客源结构优化不足	目前客流仅集中在周末，工作日流量尚不足，游客群体有待扩大
	文化底蕴相对匮乏	古代地理位置较为偏僻，文化发展相对落后，发掘历史资源相对有限

4.1.7　中国彝人古镇

1. 基本信息

彝人古镇位于云南楚雄市经济技术开发区，占地 3161 亩，建筑面积 150 万平方米，总投资 32 亿元，是集彝族文化、建筑文化、旅游文化于一体的大型文化旅游地产项目。

2. 特色及定位

（1）总体定位

彝人古镇定位为大众消费型民俗旅游商业街区，昆明的后花园、"滇西旅游黄金线"上的第一站。

（2）项目特色

彝人古镇以古建筑为平台、彝族文化为"灵魂"，集商业、居住和文化旅游于一体的大型文化旅游地产项目。

（3）市场定位

中端团体休闲度假、旅游观光游客。

3. 规划布局

项目采取整体设计、分期实施，以路网和水系形成"中间商业、两侧住宅"的商住分区格局。

（1）布局特点

项目利用威楚大街和两条水系形成"中间商业、两侧住宅"的商住分区格局。

（2）分期特点

以特色旅游商业激活片区活力，通过住宅实现价值最大化。

项目前期是以开发旅游商业为主，辅以别墅、院落等住宅物业；中期主要发展住宅物业，其中 4 期以商业为主，实现商住联动；后期主要开发相关配套，进一步提升土地价值。

彝人古镇分期开发情况　　　　　　　　　　　　　　表 4.1-12

分期	规模体量	物业类型	具体产品	商业业态
1-2 期	占地 243 亩，总建 15.9 万平方米	以商业为主，部分别墅	28 个苑、1 家四星级酒店、5 家小型客栈	珠宝玉石街、烧烤小吃街、酒吧街
3-7 期	3 期占地 200 多亩	除商铺外包括大量多层及别墅住宅	彝人部落、清明河、彝人东区等	3 期：古风客栈群，特色小吃街，大型餐饮区、演艺一条街等 四期：韩国城，特色酒吧及休闲娱乐吧
8-9 期	—	区域整体配套	医院、幼儿园	—

4. 发展模式

（1）开发模式

彝族文化与商业有机融合形成特色吸引，地产物业建设随之上马，旅游商业驱动片区开发，住宅占比近 70%。

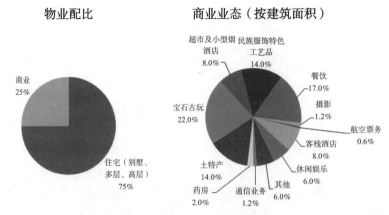

图 4.1-6　彝人古镇商业业态情况（单位：%）

彝人古镇主推情景化、商业化、活动化体验。

彝人古镇体验内容　　　　　　　　　　　表 4.1-13

体验类型	具体内容
建筑景观	建筑立面、街巷景观、文化小品等
特色餐饮	彝家腊肉、粉蒸羊肉、彝家羊汤锅、彝家豆花、彝家豆腐
特色购物	彝族漆器、彝族特色工艺品
休闲娱乐	彝族特色酒吧＋彝族表演
文化体验	彝族街头对歌、牌坊迎客
手工体验	彝族服饰制作、饰品制作
竞技竞赛	太阳女选拔大赛、民俗体育竞技表演
乡间文艺	彝乡恋歌、彝族歌舞、婚俗表演、百人对山歌
节庆活动	火把节、祭火大典、千人彝乡宴

（2）运营管理

彝人古镇项目通过统一运营管理，对商户金融扶持，激活商业活力，使项目在价格和消化速度上领跑楚雄房地产市场。

彝人古镇统一运营管理分析　　　　　　　　　　表 4.1-14

措施	分析
成立招商部	主要职责是服务商家，为商家解决困难，帮助商家盈利
成立商户自主管理商会	为做好项目运营，规范市场行为，维护商户权益，彝人古镇组织商户成立了商户自主管理商会，分设餐饮、酒吧、客栈、旅游商品、缅甸珠宝协会等
建立专项"助业资金"	为确保古镇商户的人气和客源，彝人古镇建立了专项"助业资金"，为商户提供贷款担保

（3）盈利模式

彝人古镇项目"旅游＋地产"收入，双轮驱动古镇盈利。

◆ 门票与二次消费

彝人古镇旅游收费情况　　　　　　　　　　表 4.1-15

收费	情况
彝人部落 B 区成人票	120 元
彝人部落 A 区成人票	160 元
彝人部落 VIP 区成人票	200 元
二次消费	休闲、餐饮、购物等活动构成古镇二次消费收入

◆ 商铺与住宅

彝人古镇地产收入主要分为租赁与销售两种情况。

彝人古镇地产收入情况　　　　　　　　　　表 4.1-16

方式	概述
租赁	主商业街一二层连租 25 元 / 平方米，大部分免租 2 年 辅街一二三层连租 15 元 / 平方米 转租：纯门面 60 元 / 平方米，一二层转租 45 元 / 平方米 主街部分实现全部运营，辅街约 20% 开店，总经营面积达 8 万平方米，租金上涨 80%
销售	2008 年一二期，两层、三层连售 3300 元 / 平方米 2009 年三四期，两层、三层连售 4200 元 / 平方米 转售：7000-9000 元 / 平方米（连售）销售领跑楚雄房地产市场，二手房市场涨幅 2-3 倍

5. 建设优劣势分析

彝人古镇建设优劣势分析

表 4.1-17

优劣势	分析
优势（S）	1. 彝人古镇项目目前已经成型，具备规模优势，区域内没有竞争 2. 从 2006 年项目运营至今，已经形成了品牌，成为云南省内重要的旅游产业平台 3. 项目所在区域经过发展，配套完善，交通便利
劣势（W）	1. 由于政策调控的原因，彝人古镇规模扩展和提升无法进行，项目发展有局限 2. 目前开发商对于业态的改善和提升没有明确方向和战略，短期项目将面临业态老化吸引力下降的问题 3. 区域旅游服务业目前处于低端水平，降低了项目后期住宅产品的投资空间

6. 建设最新动态

◆ 2016 年 11 月 6 日，由永仁县与楚雄州文联艺术品展示中心、楚雄威楚画院共同举办的省、州、县艺术家"大美永仁"写生作品展在彝人古镇楚雄州文联艺术品展示中心开展。

◆ 2018 年 4 月开始，为应对端午小长假的旅游高峰，彝人古镇全面启动了景区景点提升改造工作，通过完善旅游设施，提升服务水平，加大环境卫生投入，添置旅游厕所、旅游标识，调整旅游业态，加强游客疏导等措施，全面提升服务品质，为游客营造更安全、舒心、满意的旅游环境。彝人古镇启动了景区亮化升级工程，根据景点游线和建筑特色，对重要景观节点及街区进行了提升改造，通过美化、优化照明功能等措施，改善游客夜游体验，进一步展现了古镇文化内涵，实现建筑与人文有机融合。在提升景观效果及优化功能照明的基础上，把彝人古镇打造为滇西黄金游线上高品质、复合型的休闲娱乐"夜归城"。

4.1.8 中国歌斐颂巧克力小镇

1. 概况简介

歌斐颂巧克力小镇位于浙江东北部的嘉善县，从小镇出发5分钟到达嘉善南站，高铁到上海仅需 23 分钟，从杭州出发也仅需 34 分钟，2014 年对外营业。2015 年

5 月成功入选浙江省首批服务业特色小镇。目前，小镇旅游市场已辐射到长三角地区乃至东北、广东等地。

2. 特色及定位

小镇以巧克力文化为核心，以巧克力生产为依托，以文化创意为手段，充分挖掘巧克力文化内涵，拓展巧克力文化体验、养生游乐、休闲度假等功能，打造成为集巧克力生产、研发、展示、体验、文化、游乐和休闲度假于一体的二三产业相融合的经济综合体。

3. 规划布局

歌斐颂巧克力小镇凭借"生产中心 + 体验中心 + 浪漫板块"的规划布局构造甜蜜浪漫园区。

歌斐颂巧克力小镇规划布局情况　　　　　　　　表 4.1-18

分区 / 项目	内容
歌斐颂巧克力制造中心	—
瑞士小镇体验区	歌斐颂巧克力市政厅
游客接待中心	—
瑞士小镇特色街区	商铺
浪漫婚庆区	歌斐颂婚庆庄园、玫瑰庄园
儿童游乐体验区	游乐设施
巧克力文化创意度假区	巧克力文化创意园、巧克力国际影视城、巧克力养生度假区
休闲农业观光区	可可文化园、蓝莓观光园

4. 发展模式

◆ 盈利模式

歌斐颂巧克力小镇以巧克力产业 / 销售收入为收入主体，同时以旅游收入作为特色收入补充。

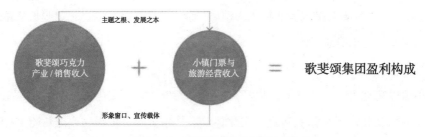

图 4.1-7　歌斐颂巧克力小镇盈利模式

◆ 歌斐颂巧克力小镇门票价格及人均消费

歌斐颂巧克力小镇旅游收费情况　　　　　　　表 4.1-19

收费	情况
门票	35 元
成人票	70 元
门票 + 巧克力 DIY 制作成人票	120 元
门票 +DIY 制作亲子票 1 大 1 小	155 元
总体消费水平	购物消费 + 私人定制巧克力收费 + 餐饮消费 + 游乐消费≈250 元 / 人（成人）

5. 建设优劣势分析

歌斐颂巧克力小镇建设优劣势分析　　　　　　　表 4.1-20

优劣势	分析
优势（S）	1. 歌斐颂巧克力小镇位于嘉善，能够辐射浙江和上海两地的游客 2. 具有特色产业支撑，主要收入来源为巧克力生产 / 销售收入，同时也积极开发旅游和婚庆业务，扩宽收入渠道
劣势（W）	1. 客户群体主要面向拥有低龄儿童家庭和情侣，尚有待进一步拓宽 2. 区域内有其他同类型竞争业态

6. 建设最新动态

◆ 2016 年 9 月 16 日，第二届歌斐颂国际巧克力文化旅游节开幕。第二届歌斐颂国际巧克力文化旅游节"走进巧克力世界"开幕式现场主要由文艺会演、巧克力新品推介会和启动仪式等几个环节组成。

◆ 2018 年 1 月经浙江省旅游区（点）质量等级评定委员会委派的评定小组现场验收，嘉兴歌斐颂巧克力小镇被正式授予"国家 4A 级旅游景区"称号。这是嘉善大云继两大"4A"景区碧云花海—十里水乡和云澜湾温泉小镇后的又一金名片，意味着嘉善大云已成为全面"4A"度假区，并向国家级旅游度假区前进了一步。

◆ 2018 年 6 月，"歌斐颂巧克力小镇"上海市学生社会实践基地、上海市民终身学习体验基地揭牌仪式举行。本次揭牌仪式旨在利用歌斐颂巧克力小镇的产业优势、区位优势，促进上海、嘉善两地青少年在研学旅行和两地市民在职业体验等方面的健康有序发展，是嘉善进一步接轨上海的又一新举措。

4.2　金融小镇案例及发展分析

4.2.1　中国杭州玉皇山南基金小镇

1. 市场主体分析

杭州上城区玉皇山南基金小镇的市场主体为杭州市上城区政府。

2. 资源环境分析

玉泉山南基金小镇资源环境分析　　　　　　　　　　　　　　　表 4.2-1

资源分类	具体分析
区位资源	基金小镇毗邻上海金融中心，与南京、宁波等金融发达地区的交通距离较近。能够利用该地的区位资源优势吸引基金小镇发展所需的资金和人才
政策优势	基金小镇由政府创建，可以享受到政策红利，政策优惠较大
环境资源	紧靠旅游胜地杭州西湖，人文环境较好。对人才有较高的吸引力

3. 布局规划分析

杭州上城区玉皇山南基金小镇较好地利用了本身具有的区位优势以及环境资

源优势，在此基础上吸引众多私募基金机构和金融企业的入驻，从而支持区域内产业的发展。

4. 特色及定位分析

杭州上城区玉皇山南基金小镇的市场定位为金融产业。小镇入驻机构主要有两大类：一是私募基金机构，二是金融企业。

5. 运作模式分析

杭州上城区玉皇山南基金小镇运作模式为通过基金小镇吸引众多私募机构以及具有雄厚资本实力的金融企业进入，为区域内具有投资潜力的项目进行资本的筹集，加强金融资本与产业资本交流的有效性，从而实现以金融业带动产业发展的目标。

6. 投资项目分析

杭州上城区玉皇山南基金小镇内入驻资本公司赛伯乐与凯泰资本合作，投资了互联网游戏项目，经营三个月后，该游戏公司升值 3 倍以上。

7. 发展效益分析

截至 2018 年 7 月，基金小镇累计入驻金融机构 2758 家，总资产管理规模11200 亿元，1 ～ 7 月实现税收 18.3 亿元，小镇企业投向实体经济 3800 亿元，投资项目 1418 个，支持企业上市 112 家，连续 3 年实现翻一番。

4.2.2 苏州金融小镇

1. 市场主体分析

苏州湾金融小镇由联想控股、绿地金融控股集团、君联资本、中信集团、邦盛资本、中国航天科技集团航天投资控股、中银国际投资、启迪金融服务集团、国美集团、熔拓资本、南京长江金融信息服务股份有限公司、东吴证券等 12 家业界知名机构发起。

苏州金融小镇项目由苏州高新区管委会直属金控平台——苏高新创投集团建设运营。

2. 资源环境分析

苏州湾金融小镇屹立太湖之滨，与太湖新城 CBD 区域相依，这里处于江浙沪主要城市一小时经济圈，区位优势明显，交通便捷，环境优美。

一方面吴江的产业基础扎实，有电子信息、丝绸纺织、光电缆、装备制造四大主导产业，新能源、新材料、生物医药等四大新兴产业以及现代服务业。吴江有近四万家民营企业，其中有 12 家主板及境外上市公司，40 多家新三板挂牌企业，民营经济发达。

另外，在落户奖励、用房补贴、人才补助等方面，苏州湾金融小镇也针对机构和高端人才推出了很多的优惠政策。

3. 布局规划分析

小镇分为南、北两个区域，北区 26 栋总部大楼正在建设，德尔、步步高等总部楼宇已竣工，南部低密度区先期启动 127 亩，规划以独栋别墅为建筑模式，在功能业态布局中注重金融产业发展所需要的核心功能以及金融人才集聚所需要的配套功能，通过历史与人文、环境与文化、金融与文创的融合，建成专业型生态金融社区、财富与资产管理的集聚区。

4. 特色及定位分析

苏州湾金融小镇立足"人才新高地、产业新引擎"的定位，依托创投企业和科研及研发相关资源，聚焦基金创投、互联网金融、金融服务外包、金融中介、银行、证券、保险、基金、投行、期货等各类型的新型金融业态，目标是打造成为长三角创新型创投金融副中心、国家级创业投资示范高地，成为引领华东乃至全国的国际化金融中心。

5. 运作模式分析

参与金融小镇发起的 12 家机构具体包括联想控股、绿地金融控股、君联资本、中信集团、邦盛资本、中国航天科技集团航天投资控股、中银国际、启迪金服、国美集团、熔拓资本、南京长江金融和东吴证券。吴江和太湖新城还为投资机构配套了创业投资引导基金、科技创新创业基金、区域扶持基金、产业投资基金等。

金融小镇未来将以企业为主进行市场化的运作，政府在其中起到一定的引导作用。太湖新城、东方国资、绿地金融联合成立的母基金，也将进行市场化运作，为入驻机构提供专业的配套服务。未来国有平台、母基金管理公司、投资建设金融小镇的开发商等，会联合组成管理服务机构，为金融小镇提供后续服务和管理。

6. 投资项目分析

由于金融小镇是吴江层面的，所以会优先扶持本地产业，但服务范围不排除扩充到苏州、长三角甚至全国范围。公司的直投项目会以培育当地产业为主，但跟机构合作设立的产业基金会有更多市场化因素的考虑。

7. 发展效益分析

江苏吴江以往金融业态却十分单一，以银行为主。支持产业发展的方式也很单一，就是贷款的传统模式。这不符合企业，尤其是新兴产业中企业的发展需求。金融小镇建设依托当地的生态环境和城市配套功能，借助苏州和吴江的产业基础，从而培植一个金融业态机构较完备、金融服务功能较齐全的区域性金融产业聚集区。而金融产业可以为其他新型的科技类产业做好金融的配套服务，满足一个企业从刚刚孵化到走向资本市场整个过程中的金融需求。

4.2.3 宁波梅山海洋金融小镇

1. 市场主体分析

宁波北仑区委托中国领先的创业投资与私募股权投资领域综合服务及投资机构——清科集团旗下的清科研究中心作为金融小镇产业研究项目的实施单位。

在专业管理团队配备方面，北仑区专门成立由管委会领导、各部门负责人组成的"海洋金融小镇"项目推进工作领导小组，统一协调推进小镇项目，进一步完善了相关专业人员配备，全面推进小镇开发建设工作。

2. 资源环境分析

2011年，国务院正式批复《浙江海洋经济发展示范区规划》，浙江海洋经济区建设上升为国家战略，宁波—舟山港海域、海岛及其依托城市成为该发展示范区的核心区。

2015 年 4 月，宁波市委、市政府正式提出，要设立宁波国际海洋生态科技城，与宁波新材料科技城形成双子星，共同作为宁波经济转型升级、科技体制创新的两个重要平台和载体。北仑是宁波建设港口经济圈的战略核心区，必须建立新的发展平台，承接起港口经济圈核心区的使命。

北仑梅山保税港区是全国第五个保税港区。梅山是"浙江省文化强乡""浙江省体育强乡"，历史文化传承悠久，民俗文化内涵丰富，村落文艺形式多样，其中"水浒名拳""舞龙""舞狮"是梅山民间文化的三张名片。2016 年 5 月，梅山舞狮走出国门，在日本东亚文化之都展演中充分展现了梅山地域文化风采；保护文化遗产、传承梅山精神的省级文物保护点——梅山盐场博物馆落成，现已成为宁波国际海洋生态科技城开展创业奉献爱国主义教育的重要基地。这些都为特色小镇文化品牌的打造奠定了良好基础。

3. 布局规划分析

小镇总规划面积约 3.5 平方公里。除 1480 亩主体功能建筑外，辅以滨海湿地游廊、养生文化度假区和高端体检理疗区。其中 3 年需新增建设用地 1000 亩。

小镇规划结构为"双核双园"。具体而言："双核"即以梅山大道为分界线，北区为海洋金融研发培训实验区、类金融机构高端私享互动区和金融信息服务公共平台区，主要发展总部经济、金融大数据和公共信息服务经济等。南区为海洋金融创新基地、海洋金融高端会务区和滨海金融创意展示区，主要发展海洋金融产业科研经济、会务经济、金融知识科普展和新产品展示经济。

"双园"：以梅山湾为界，东侧为高端体检理疗区，主要为金融高端人士提供体检和定制理疗服务。西侧为养生文化度假区，主要为金融圈人士提供休闲养生度假项目。

根据规划，到 2017 年底，梅山海洋金融小镇初步实现以下具体目标：

1）海洋金融产业特色优势明显

重点培育船舶租赁、航运保险、离岸金融等海洋新兴金融产业，海洋金融规模年均增幅力争达到 30% 以上。

2）海洋金融企业集聚优势明显

新集聚引进涉海私募股权、债权、创投、并购重组基金公司 600 家，新增单体规模超 50 亿元企业 10 家。

3）海洋金融业态创新优势明显

设立由政府主导、企业参与的混合所有制海洋产业基金，建立以海域使用权、海洋知识产权等为主体的海洋产权交易平台，建立海洋科技金融联盟。

4）海洋金融小镇综合优势明显

成为长三角极具影响力的海洋金融信息汇集地、资金结算地、类金融人才集聚地和创新业务试验地，管理的各类资产总规模达到 3000 亿元以上，总税收达到 12 亿元以上。2016-2019 年到访梅山海洋金融小镇人数总计超 100 万人次。

4.特色及定位分析

坚持"政府引导、市场主导、创新驱动、融合发展"的原则，围绕构建多层次的海洋金融支持体系，重点发展航运基金、航运保险、船舶租赁以及航运价格衍生品等航运金融业务，发起设立海洋主题产业基金、海洋专业银行，集聚引进涉海私募股权、债权、创投、对冲与并购重组等新兴海洋特色金融业态，探索建立海洋产权综合交易平台，推动银行、保险、信托、期货、证券等机构涉海金融业务创新，适度发展与海洋金融相关的蓝海休闲、创意研发等配套产业。

与原先的产业集聚区不同，梅山海洋金融小镇更加注重科技、文化、教育等功能的融合，注重人才培育与引进、产业链延伸和完善。梅山海洋金融小镇与宁波大学共同建设宁波大学梅山海洋科教园；与河海大学签订全面合作框架协议，推进产学研合作；引进"互联网＋人才＋资本"的天使创投。这些重量级项目的投用，为小镇建设提供强有力的科技和智力支撑。

5.运作模式分析

梅山海洋金融小镇将由国有资本和社会资本合作开发。其中，海洋金融创新基地、海洋金融高端会务区和海洋金融研发培训实验区将由国有资本投资建设，类金融机构高端私享互动区、金融信息服务公共平台区、金融高端人士休闲养生区则由实际确定的招商对象建设运营。

6. 投资项目分析

目前，联保投资集团的互联网保险创新中心项目已落户，后期将根据发展情况拟建保险创新示范园；由美的集团投资的美的网络小贷公司，主营面向美的集团上下游供应商提供金融服务；由新三板挂牌的大象股份有限公司投资 30 亿元打造的广告交易中心项目已全面启动，将建设文化创意大厦、广告交易中心、众创平台创业孵化中心、产业基金和创意众包平台。

不仅如此，北仑区还快节奏推进配套设施建设，加速推进小镇规划范围内的有关道路绿化、水道整治、景观休闲等基础配套项目建设，推动宁波大学科教园区、国际互联网（人才）广场等项目建设进程，进一步延伸和完善产业链，加快人才培育与引进，为小镇建设提供强有力的科技和智力支撑。

7. 发展效益分析

梅山海洋基金小镇的建设，有助于在宁波海洋经济实体与金融资本之间搭建桥梁。截至目前，梅山已经累计引进类金融企业 2128 家，注册资本 3291 亿元。代表高端金融发展方向的融资租赁业如船舶租赁等更是一枝独秀，企业数量占宁波全市近七成。在 240 平方公里的土地上聚集了如此多的金融机构，梅山海洋金融小镇已经成为全浙江资本高度集聚的地区之一。

4.2.4 深港基金小镇

1. 市场主体分析

前海深港基金小镇是由深圳前海金融控股有限公司与深圳市地铁集团有限公司共同打造的，双方还将成立前海深港基金小镇发展有限公司，并依托该公司，就前海时代项目其他商办物业、国内其他基金小镇业务展开全方位合作，并将金融地产项目成功的合作经验向全区、全国范围进行推广，形成产业优势互补。

前海金控为深圳市南山区前海管理局的全资金融控股平台。作为前海的核心国资金控平台，前海金控三年来发展迅速，目前直接或参与管理的资金规模已达千亿元人民币，并持有十余项各类金融牌照。前海金控目前已与数十家大型金融机构和行业领军企业开展广泛合作，同时探索推动了前海企业境外发债、首单公募 REITS、跨境人民币银团贷款等一批金融创新举措落地，牵头设立了由社会资本主导的中资再保险公司前海再保险股份有限公司，为前海金融创新和产业集聚发挥了重要作用。深圳市地铁集团有限公司是深圳市国资委直属国有独资大型企业。

该项目由深圳地铁集团负责开发，并由前海管理局全资国有平台前海金控公司与深圳地铁集团成立运营联合经营，双方均持有 50% 股权。

2. 资源环境分析

财富聚集效应在近年来日益突出，截至 2015 年底，包括环渤海经济圈、长三角经济圈、珠三角经济圈以及川渝经济圈的全国四大经济中心区域聚集了全国 GDP 十大城市中的九个，占全国 GDP 的 25.2%。集群效应已成趋势，而前海坐落于珠三角中的深圳，又具备政策优势。

前海背靠香港和深圳两大财富管理中心和科技创新中心，也是境内外金融人才最密集的区域；拥有自贸区、前海深港合作区、和保税港区三区叠加的政策优势，有利于发展成熟发达的交易市场，成为财富聚集高地。

截至 2016 年 9 月底，在前海蛇口自贸区成立的含"基金管理"的企业有 4968 家（其中在前海注册的有 4958 家，在蛇口片区成立的有 18 家）；含"资产管理"的注册企业达到 5977 家；含"财富管理"的注册企业有 620 家。已经注册的这些企业中，已在中基协进行私募基金管理人备案的有 2376 家，每平方公里的基金备案公司达到 150 家，前海是全国基金备案密度最高的区域。

2016 年前三季度前海金融企业实现增加值 378.29 亿元，占前海片区的 57.3%，完成税收 74.37 亿元，占前海企业税收近六成。

3. 布局规划分析

前海深港基金小镇位于前海深港合作区核心片区。项目占地面积 9.5 万平方米，建筑面积近 8.5 万平方米,由 29 栋低密度、高品质的企业墅组成。其中独栋办公 3 栋、叠加办公 9 栋、双拼办公 8 栋、平层办公 2 栋,1 栋基金路演大厅、2 栋投资人俱乐部、2 栋高端餐饮设施、1 个员工餐厅。

基金小镇倡导"小空间大战略""一镇一主业",力求营造业态鲜明、模式创新、环境一流、服务到位的基金生态圈。基金小镇配有政务服务中心、中介服务群、基金路演大厅、投资人俱乐部,将传统垂直密集聚居的金融街模式升级为水平复合分布、空间开阔、功能齐备的金融生态园模式。

前海深港基金小镇主要规划和业态分布为风险投资聚集区、对冲基金聚集区、大型资管聚集区和商业服务配套区等四个金融服务区,于 2017 年下半年投入试运营。

4. 特色及定位分析

深港基金小镇旨在为前海合作区内注册数量庞大的财富管理类企业提供一流标准的生态聚集区,为深圳金融和科技创新提供服务和支撑,加快推动金融资本支持实体经济发展。

目前,前海已经有多个包括前海金控母基金、前海产业引导基金、成都前海产业投资基金、前海现代服务业综合试点资金在内的基金落户区内,发挥母基金集群的引导能力,使前海成为国内顶级与国际一流的基金产业集聚区、国内跨境财富管理的先导聚集区也将是前海基金小镇的重要使命。

从业务上,深港基金小镇将把握前海优势,聚焦发展与前海特征匹配的创投基金、对冲基金、大型资产管理业务。

5. 运作模式分析

该项目以全球盛名的美国格林尼治、沙丘路基金小镇为标杆,聚焦发展与前海特征匹配的创投基金、对冲基金、大型资产管理业务,并配套完善的基金产业链服务机构,形成业态鲜明、模式创新、环境一流、服务精准的深港基金生态圈。

6. 投资项目分析

前海深港基金小镇的建设是前海推动"一带一路"的重要抓手,将携手香港,重点吸引"一带一路"沿线国家最顶尖的基金机构，并将资金的重点投向"一带一路"沿线国家，努力推动"一带一路"沿线国家资金融通，打造国家"一带一路"重要的投融资平台。

7. 发展效益分析

前海深港基金小镇的建立，将充分发挥前海作为国家"一带一路"支点的作用，通过国内外资产管理机构的集聚发展，积极推动打造前海财富管理中心。同时，小镇能够依托深港两地的资源优势，实现以金融支撑全面创新改革的目标。基金小镇将通过境内外资本的高度聚集和相关政策的先行先试，推动前海产业发展，进一步提升深圳的核心竞争力，使其成为珠三角"湾区经济"发展的核心引擎。基金小镇的创立将执行前海作为我国金融业对外开放试验示范窗口的使命，进一步为推动人民币国际化等金融领域的创新实践积累经验。

4.2.5 中国·天府国际基金小镇

1. 市场主体分析

中国·天府国际基金小镇市场主体为成都万华投资集团。成都万华投资集团成立于1995年，2000年公司通过对城市住宅项目、商业项目开发的经验累积，打造了大型高端复合地产项目——麓山国际社区，并开发建设了麓湖生态城，该项目融合经济与创意产业区、休闲旅游产业区、高端住宅区三大板块。中国·天府国际基金小镇即建设于成都城南的麓镇，依托于麓山国际社区。

2. 资源环境分析

中国·天府国际基金小镇位于天府新区新型金融产业聚集带，占地1000余亩，已建成面积14万平方米，现可容纳超过200家公司办公，配套的相关设施占地近千亩。中国·天府国际基金小镇位于麓镇，而麓镇位于国家级经济发展中心天府新区，拥有低密高端社区和高资产家庭以及丰富的商务配套资源，将给中国·天府国际基金小镇发展带来独特的优势。

中国·天府国际基金小镇以城市发展形态、业态、文态、生态"四态合一"

的总体思路建设，目前已形成了包括中高端商务、文化教育、休闲娱乐、医疗服务、餐饮服务、健康健身等相应配套设施齐全的基金小镇。

3. 布局规划分析

中国·天府国际基金小镇由规划机构阿特金斯制定发展规划。共分为三期工程，目前正在进行的一期工程，可入驻区域占地 200 余亩，已建成 14 万平方米建筑群落，现可容纳超过 200 家资本机构。

中国·天府国际基金小镇目前拥有投资服务中心、路演中心、基金机构办公样板区。2016 年内将建设成投资人俱乐部、配套酒店、美术馆、麓村（艺术家村）等设施。二期项目包括创业孵化器、加速器、公寓式酒店等规划。

4. 特色及定位分析

成都作为西南的金融中心，其人才、财富和创业公司数量上在国内占有一定优势，依托于成都建设国际知名度和影响力的西部创新第一城的目标，中国·天府国际基金小镇市场定位于股权投资基金产业的政策洼地，宜居宜业，能够提供系统性的政策支持并为实体经济服务的基金小镇。

5. 运作模式分析

（1）中国·天府国际基金小镇金融机构体系

中国·天府国际基金小镇以汇集 VC、PE、天使投资、对冲基金、公募基金等基金机构为重点，同时吸引集聚银行、证券、保险、信托、租赁、保理等等创新型金融机构为配套，建立服务创新发展的金融机构体系。

（2）中国·天府国际基金小镇优惠政策

为进一步吸引资本及人才，小镇运营管理公司及天府新区政府对入驻机构及高管人才出台多项优惠政策，涉及产业资金支持、股权投资奖励专项活动补贴、金融人才引进培养奖补等多个方面，万华集团为入驻机构提供最高 3 年免租期等优惠、物业费补贴，入驻小镇的机构高管享受最高 200 万元的购房补贴。

此外，天府新区最近出台的促进办法明确了六大方面的政策扶持。

天府国际基金小镇政策扶持　　　　　　　　　　表 4.2-2

序号	政策
1	给予入驻企业一次性落户奖励，并提供办公载体配套支持，着力打造股权投资基金聚集发展高地
2	给予股权投资机构产业发展资金扶持、股权投资奖励，着力形成中国西部资产管理高地
3	给予高管个人年度奖励，鼓励培养引进金融高端人才，着力汇聚金融高端人才
4	给予举办各类金融论坛、专题研讨、行业交流等活动专项资金补贴，着力营造股权投资行业蓬勃发展的氛围
5	专注于提供一流政务服务，设立政务服务分中心，着力提供便捷、简化、高效的一站式、管家式的政务服务
6	精心打造优越配套设施

（3）天府国际基金小镇运作模式

天府国际基金小镇运作模式以企业为主导，政府政策为引导的方式进行。在小镇吸引了 VC、PE、天使投资、对冲基金、公募基金以及银行等配套金融机构后，小镇主要起到一个信息平台的作用。入驻的基金公司借助政府的扶持，在小镇进行整合资源、洽谈合作、孵化项目等，最后形成资金规模效应，带动周边创业氛围和区域经济发展。

6. 投资项目及发展效益分析

小镇于 2016 年 6 月正式开镇，机构和企业陆续入驻，投资的项目主要投向政府着重发展和主导的行业或产业，投资地域以本地为主，旨在以低成本挖掘优质项目。目前，机构和企业陆续入驻中，基金小镇尚未形成持续的发展效益。

4.3 工业小镇发展及案例分析

4.3.1 黄岩智能模具小镇

1. 概况

浙江省黄岩智能模具小镇以模具产业为核心，以项目为载体，嫁接工业旅游及区域特色乡土文化休闲旅游功能。小镇位于黄岩主城区以西，包括新前街道剑山村、下曹村、杏头村、后洋黄村、泾岸村等，规划面积 3.47 平方公里，核心区面积 1 平方公里。

2. 特色及定位

与传统意义上的产业园区相比，黄岩智能模具小镇空间形态上"精致紧凑"。小镇范围内包括模具工业企业、研发中心、民宿、超市、银行、主题公园等多种业态，功能完备、设施齐全，追求小而精、小而美，"麻雀虽小，五脏俱全"。

项目规划布局上"要素集群"。模具产业是小镇的主导产业，其他配套性服务业，如研发、信息、金融等都围绕该主导产业布局，有效集聚技术、人才、资本等多种要素，形成产业链、创新链、人才链、投资链和服务链，实现资源的有机整合和集约共享，加快淘汰落后产能，促进产业转型升级。

3. 规划布局

项目规划建设 6 个项目，分别是高端模具智造建设项目，建设用地 1050 亩；中小企业孵化基地建设项目，建设用地 100 亩；小镇生活商务配套区建设项目，建设用地 200 亩；模具产业公共服务平台建设项目，建设用地 100 亩；工业博览会议中心及工业主题公园，用地 120 亩，其中建设用地 50 亩；民俗乡土文化休闲度假村建设项目，用地 300 亩。

小镇的规划建设要求按照 AAA 级以上景区标准进行，坚持"先生态、后生活、再生产"，通过对其中生活居住区、休闲娱乐区、商业配套中心等公共服务设施及景观进行规划建设，营造绿色环保的生态环境、优美舒适的生活环境、贴心周到的服务环境。

4. 发展模式

项目发展模式采取"产镇融合"。小镇的规划建设将与区域内后洋黄村、剑山村、泾岸村、下曹村、杏头村等旧村改造及"美丽乡村"建设相结合，以产业发展及小镇建设带动区域经济社会发展，带动乡土特色文化的挖掘与传播，增强小镇发展活力，丰富精神内涵。

运营方式上采取"市场导向"。小镇的建设主体是企业,充分发挥市场机制的调节作用,激发企业的积极性和创造性,为小镇的可持续发展注入新的活力。而在这其中,政府只扮演市场监管、社会管理及环境保护等公共服务提供者的角色。

5. 建设优劣势分析

黄岩智能模具小镇建设优劣势分析　　　　　　　　　　　表 4.3-1

优劣势	要点	分析
优势（S）	便捷的区位交通条件	小镇临近甬台温高速公路、铁路,紧挨 104 国道、82 省道,台州机场、海门港为小镇发展架起了通往各地的空中和海上通道。近期拟实施的 104 国道西复线工程,将进一步加强小镇与周边区域的联系,有效提升经济辐射能力
	优惠的体制政策条件	浙江省"加快建设特色小镇"及台州市打造"一都三城"的决策部署,都为黄岩打造智能模具小镇提供了优惠、便利的体制政策环境。黄岩区委、区政府历来重视民营经济发展,积极推动模具产业转型升级,长期以来一直对模具产业予以政策倾斜,每年安排 3500 万元资金用于扶持模具行业企业发展,占区级转型升级专项资金的 55%。这些都极大地促进了黄岩模具产业的发展壮大
	成熟的产业集聚条件	目前小镇规划范围内,已集聚了 30 家规模以上模具生产企业,从塑料件测绘、材料供应,到模具设计、造型、编程,再到粗细加工、热处理、试模,各类专业加工服务一应俱全,极大地降低了模具制作成本和加工周期,为模具接单创造了有利条件。同时,还计划从日本、中国台湾引入 3 至 5 家国际知名大型模具企业入驻,直接投资设立生产基地,作为模具产业发展的标杆
	完善的配套服务条件	为推动模具产业快速发展,黄岩区成功开发建设了中国(黄岩)国际模具博览城、黄岩区模塑工业设计基地,致力打造模塑产业展示交易平台和模塑工业设计公共服务平台。这些为小镇中的模具企业提供了市场交易、工业设计、科技研发等生产性服务,有利于延伸产业链,降低生产成本,提升市场竞争力,推动产业集群的快速发展
	先进的技术装备的条件	目前模具小镇已入驻企业的生产自动化和信息化水平较高,各种现代制造技术、高性能加工中心、网络系统等都在企业中得到应用,模具设计和制造环节全部实现数字化,设备基本实现数控化。同时,不少企业的模具研发水平在国内处于领先地位,获得多项国家级新产品、国际水平模具权威评定,具有较强的竞争力

续表

优劣势	要点	分析
优势（S）	良好的自然人文条件	模具小镇西倚群山，河网密布，临近定位为高品位综合休闲社区的百丈高地及省级划岩山风景名胜区，西南侧有万亩柑橘观光园，自然生态环境优越。新前街道素有"武术之乡"美誉，新前采茶舞列入了浙江省非物质文化遗产保护名录，乡土文化源远流长，具备发展文化休闲旅游的良好条件
劣势（W）	国际环境	国际市场需求疲软、出口减少，致使很多模具企业产品积压，出现生产经营困难
	国内环境	一方面，原材料价格及员工工资上涨，企业生产经营成本上升，生存压力加大。另一方面，国内模具市场竞争日趋激烈，珠江三角洲地区已发展成为我国最大的模具出口地区，产值占全国的四成以上；苏州、萧山等地模具骨干企业抱团经营，合作发展优势明显
	自身发展现况	尽管小镇内产业集聚范围不断拓展，但深度有待加强，企业家单打独斗的思想仍然存在，空间形态上的集聚要远高于产业链式的集群；企业中科技型人才占比较低，技改投入相对不足，在核心技术和关键技术领域，多以模仿引进、贴牌加工为主，产品的精密度、生产周期、使用寿命等与国外先进水平还存在差距；部分大型、精密、复杂的模具仍无法生产，特殊工程塑料等高科技、高附加值的产品市场占有率不高，产业发展处于全球价值链低端；部分企业管理水平较为滞后，作坊式的管理模式仍然存在，现代企业制度有待建立。此外，小镇公共基础设施建设任务较重，资金缺口大，如何引进社会资本参与建设，仍需在体制政策方面加以完善

4.3.2　海门工业园区时尚床品小镇

1. 概况

海门工业园区时尚床品小镇位于江苏省海门市，项目主要依托海门叠石桥国际家纺城产生的产业集群。目前，叠石桥家纺市场占地 1000 亩、建筑面积 100 万平方米，主要包括核心交易区，家纺城一期、二期，公共服务平台，商业步行街，以及名品广场、精品楼和商贸城、物流中心等经营区域。整个市场拥有 1 万多间经营商铺，经营 200 多个系列、560 多个品牌、1000 多种家纺，产品畅销中国近

350 个大中城市，远销全球 5 大洲 130 多个国家和地区。

2. 特色及定位

按照海门城市副中心的定位，全力打造产业升级、都市升级、生态升级的时尚家纺特色小镇。加大对家纺产业的信息化改造、技术改造、组织创新，把附加值做高，产业链做长，使家纺产业变革为前沿时尚产业。以市场改造、AAAAA级旅游景区改造和环境综合整治为抓手，全力推进城市建设，综合运用各种文化生产的观念与技术，对规划区内的各种自然、文化、建筑进行高强度的"时空压缩"与"时空分延"，创造极具体验性质的城市格局。与此同时，加快街道综合改造、违章建筑整治等工作，实现园区环境整洁有序、生态宜居，不断提升百姓的获得感。

3. 规划布局

海门工业园区充分导入家纺文化，依据城市意象"五要素"，即道路、界面、节点、区域、标志物，进行总体设计，创造极具特色与意义的"空间特色"，集聚各类精英人才，为产业转型提供人力支撑。在推进环境综合整治的基础上，加快城市路网建设，形成"五纵五横"的路网格局，进一步拉开城市发展框架，并加快实施一批商贸服务项目，快速展示城市新形象，使其真正成为海门城市的副中心。

4. 发展模式

目前园区已经与东华大学、家纺协会合作，建立家纺设计研发中心。同时，创新营销模式，采用"互联网+"的发展理念，依托市场采购贸易方式，推动家纺品牌企业实现线上线下深度融合发展，拓展国内外市场。目前，园区与阿里巴巴合作建设的实力产业群示范园区已经启动，通过这一平台，将培育 100 家产品质量源头可溯、全程监控的品牌家纺企业，让好品牌的产品卖出好价钱。园区还抓住此次土地规划调整，布局长远，引进新兴业态，围绕供应链，发展电子商务中心、进出口货物物流中心、金融中心、旅游中心、总部经济等。当前重点加快建设邮政速递分拨中心、中铁物流等一批超亿元项目，并充分依托市场采购贸易方式带来的新兴产业溢出效应，发展新材料、智能装备、电子产业等，拓展床品发展领域，推动产业链向高端延伸。

5. 建设优劣势分析

海门工业园区时尚床品小镇建设优劣势分析　　表 4.3-2

优劣势	分析
优势（S）	海门工业园区（三星镇）是全国重点镇，经过三十多年的发展，构筑了一条较为完备的家纺产业链，且产业形态呈现多元化发展，城市建设也初具规模，具备了建设特色小镇的产业基础
劣势（W）	企业单体规模不大，品牌附加值不高，产业对财政的贡献度不大

4.3.3　临沂费县探沂镇

1. 简介

费县探沂镇地处临沂市与费县城区连接处，总面积 168 平方公里，辖 67 个行政村。探沂镇是中国金星砚之乡、全国重点镇、山东省"百镇示范行动"示范镇、临沂市优先发展重点镇和临沂市板材家具产业集群的核心区。

探沂镇以板材加工园区为平台，按照国家级林产工业科技创新示范基地的布局要求，主动对接临沂西部木业产业园，壮大产业集群，努力推进木业家具企业从"铺天盖地"向"顶天立地"转变。目前，共有各类木业家具加工企业 3000 余家，各类制板企业 295 家，其中规模以上企业 72 家。

2. 特色及定位

以打造全国一流的高档家具生产基地和人造板生产及家具加工基地为目标，以产品高档化、装备现代化为主攻方向，以整合提升为重点，依托大企业和大项目的引进，提高产品科技含量和企业竞争力，带动木业产业集群规模发展，把探沂镇打造成新型木业、家具产业发展的聚集区和全国木业、家具产业发展的引领区。

3. 规划布局

根据全市木业产业"一区一廊二带多点"的总体规划，结合探沂实际，规划以发展家具、板材为重点，健全木业产业链条，促进产业转型升级，构建实施"一区一廊一园多点"的现代木业产业发展体系。

临沂费县探沂镇规划分析　　　　　　　　　表 4.3-3

	规划
城镇性质	费县东部以木材加工业为主导的产业新城
人口规模	近期，探沂镇总人口达到 16 万人，其中城镇人口 11.5 万人；中期，探沂镇总人口达到 19 万人，其中城镇人口 15 万人；远期，探沂镇总人口达到 25 万人，其中城镇人口 22 万人
用地规模	近期用地规模 1320.50 公顷，人均 114.83 平方米；中期用地规模 1721.80 公顷，人均 114.79 平方米；远期用地规模 2530.0 公顷，人均 115.0 平方米
规划结构	规划形成"一心两区三轴三廊"的布局结构。 一心：探沂镇行政、生活、文教、科研等综合中心。 两区：产业西区和产业东区，是探沂镇经济发展的主要区域。 三轴：老 327 国道贯穿镇域，西接费县中心城区，东至临沂市，形成探沂镇东西发展轴线；大桥路位于探沂镇中心，北至胡阳镇，南至刘庄，是探沂镇南北方向空间发展轴线；229 省道纵贯探沂镇区，北至新桥镇，南至刘庄，是探沂镇东部南北向空间发展轴线。 三廊：沿祊河、丰收河、朱龙河构建三条滨水景观生态廊道

4. 发展模式

围绕"一个中心"，即围绕做大做强木业产业这一中心，实现产业提升，抓好两区同建，实现产城一体；发挥"两个优势"，即木业产业长期发展形成的产业优势和国家林产工业科技示范园获批的政策优势；打造"三个功能区"，即围绕木业产业发展打造家具产品加工区、高档板材加工区和配套功能区；实现"四个产业形态融合"，即按照国家林产工业科技示范园总体规划，形成集产业聚集区、总部经济区、家居文化创意产业园和宜居新城于一体的新型产业集聚区。

5. 建设优劣势分析

临沂费县探沂镇建设优劣势分析　　　　　　　表 4.3-4

优劣势	分析
优势（S）	产业基础优势：全镇各类板材企业已达到 4478 家，2015 年，实现投资额 3.49 亿元，产值 282 亿，吸纳就业人口 8.8 万人，板材产业基础优势突出
劣势（W）	小镇主导产业为板材产业，在环保方面尚有待加强

4.4 体育小镇发展及案例分析

4.4.1 尼泊尔博卡拉体育小镇

1. 基本信息

博卡拉是尼泊尔第二大城市，也是尼泊尔最为盛名的风景地，市区人口不足10 万，被称为"徒步天堂"。其所处的安娜普尔娜山脉位于喜马拉雅中段，拥有两座海拔 8000 米以上的雪峰，以及著名的美貌神山鱼尾峰，因为禁止攀登，所以至今还是处女峰。

2. 地理位置

博卡拉位于尼泊尔中部喜马拉雅山南坡山麓博卡拉河谷上的城市，东距加德满都约 200 公里。海拔 900 米，基本地形为低山丘陵，河谷宽阔平坦。

3. 特色及定位

（1）小镇特色

博卡拉，以费瓦湖（Phewa Lake）和其北部安娜普尔娜山脉（Mt Annapyrna）以及鱼尾峰（Mt Fishtail）的湖光山色闻名于世。博卡拉周围的雪山因为攀登难度不大，再加上沿途服务设施优越，长期以来一直是世界各国登山运动员攀登喜马拉雅山几座海拔 8000 米以上雪峰重要的准备基地与训练场所，并已成为许多条知名徒步线路的起点或终点，是世界各国旅行者公认的"徒步天堂"。

（2）小镇定位

尼泊尔博卡拉小镇项目定位为"徒步 + 人文观光之旅"的综合型景区。

4. 发展现状

博卡拉有代表性的旅游景点如山峰、博卡拉老城、Varahi Mandir 庙、Karma Dubgyu Chokhorling 寺、博卡拉地区博物馆、色悌河峡谷及魔鬼瀑布等。

（1）泛舟

费瓦湖是博卡拉著名的旅游景点之一，借助该湖泊的自然地理优势，可以去宁静的费瓦湖泛舟。

（2）骑车

博卡拉地势非常平坦，车辆较少，因此特别适合骑车。湖滨区有十几家出租印度产山地车的地方。

（3）划皮艇和漂流

费瓦湖的划皮艇游览也是一个受人欢迎的游览项目。除此之外，同时也提供周游尼泊尔的长途水上之旅。博卡拉是漂流探险的好地方，卡利甘达基河（KalI Gandaki）和色悌河尤其适宜漂流。可以顺纳拉亚尼河（NarayanI River）漂流到皇家奇特旺国家公园，沿途风景秀丽。

（4）滑翔伞

从萨郎科山顶乘滑翔伞俯冲而下是喜马拉雅地区最刺激的运动项目之一。从山谷北侧出发、向安纳布尔纳峰方向横跨城镇。英国饲鹰者 Scott Mason 发明的滑翔盘旋将鹰式盘旋和滑翔结合在一起。

（5）徒步

博卡拉周边的山区里有很名适合短途步行的山路。游客可以沿费瓦湖北岸散步。湖边有一条步行路通往色悌河东岸的 Kahun Danda（1560 米），走完全程需耗时 3 小时。此徒步项目也使得博卡拉成为世界著名的徒步运动圣地。

5. 运营模式分析

（1）开发运营

尼泊尔博卡拉体育旅游项目的发展主要是利用其天然的自然资源优势，依托费瓦湖和其北部安娜普尔娜山脉以及鱼尾峰开展适合人们运动的泛舟＋徒步＋雪山＋滑翔伞等体育运动项目。

（2）商业模式

尼泊尔博卡拉主要结合运动项目的体验及观光项目，采取观光与体验并重、门票与景区内二次消费复合经营的商业模式。

（3）盈利构成

当前该小镇的主要收入来源：项目体验收费＋旅游经营收入。

6. 建设优势分析

尼泊尔博卡拉体育小镇结合其自然环境的资源优势开拓相关的体育运动旅游项目，每年都会吸引大量的游客来此观光。

博卡拉体育小镇优势分析 表 4.4-1

要点	分析
资源优势	该体育小镇的发展主要是依托当地的自然环境，费瓦湖和其北部安娜普尔娜山脉以及鱼尾峰等自然风景资源为该小镇开展相关的旅游项目提供了充足的保障
设备齐全	由于该镇体育运动项目的发展，其安全设备保障较为完善，已经催生出 Sunrise Paraglidina、Bulesky Paragliding 等大型滑翔运动设备提供公司在此经营。吸引大量游客的同时，促进了旅游业发展和该镇整体经济水平的提升，为游客体验该区的运动项目提供了安全保障

4.4.2　土耳其格雷梅热气球小镇

1. 基本信息

格雷梅是土耳其城市卡帕多奇亚的中心，是世界上最负盛名的热气球运动胜地,游客们要想乘坐热气球,就要住在这个小镇上。土耳其宝贵的自然文化遗产——格雷梅国家公园，便处于高原上 3 座城市之间的三角形地带，远古时代 5 座大火山喷发出来的火山岩，构成了格雷梅三角带的地基，面积近 4000 平方公里。

2. 地理位置

格雷梅坐落于土耳其东部，亚洲大陆的最西端，即平均海拔超过 1000 米的土耳其安纳托利亚高原，有着卡帕多西亚地区的奇特地貌，具体地点是安纳托利亚中部的内夫谢希尔省。约公元前 14 世纪,赫梯（Hittite）民族就在此凿洞而居——它曾是西亚最强大的国家。

3. 特色及定位

（1）小镇特色

格雷梅是卡帕多奇亚的中心，是土耳其最具游览价值的景点之一，有世界第八大自然奇迹之称。这里的热气球远近闻名。

（2）小镇定位

土耳其格雷梅小镇项目定位为"热气球＋人文观光之旅"的综合型景区。

4. 发展现状

格雷梅作为世界著名的热气球旅游景区之一，乘坐热气球欣赏当地的石林、石窟、峡谷地貌，仿佛置身于外星球。除了热气球项目，被列入世界文化遗产的格雷梅国家公园等景区的游览也吸引了来自世界各地的大量游客。

5. 运营模式分析

（1）开发运营

格雷梅热气球旅游项目的发展主要是由于其独特的地貌而兴起的。格雷梅是卡帕多基亚的中心，位于土耳其中部安纳托利亚高原，这个地方被雨水冲刷，形成了独特的地貌特征。格雷梅最大的特点是平地上有着许多形状奇特的小山峰拔地而起，有的成了圆锥形，有的则成了圆柱形和蘑菇形，有的上罩圆锥形石块，千奇百怪。独特的地貌特征引起了人们对该区的关注，热气球项目的发展为地貌的欣赏提供了一个完美的方法。除此之外，格雷梅是土耳其卡帕多基亚最具有代表性的地方，以锥状火山岩"仙女烟囱"以及最多可容纳万人的"地下城"闻名，格雷梅国家公园和卡帕多基亚石窟群于1985年被联合国教科文组织评为文化与自然遗产，列入世界遗产名录。

（2）商业模式

卡帕多基亚格雷梅热气球观光游览项目的发展主要结合运动项目的体验及观光，采取观光与体验并重、门票与景区内二次消费复合经营的商业模式。

（3）盈利构成

当前该小镇的主要收入来源：热气球项目体验收费＋酒店、饮食等旅游经营收入。

6. 建设优势分析

卡帕多基亚格雷梅热气球运动项目的发展让人们从整体上了解了整个卡帕多基亚的自然风光和奇特的地貌特征，因此去格雷梅坐热气球成为人们必须经历的一项游览项目。每年都会吸引大量的游客来此观光。优势分析如下：

自然风光优势：独特的地貌使得游客来此旅游不单纯是为乘坐热气球，而是通过乘坐热气球欣赏到该地区独特且神奇的自然风光。

优秀的服务模式：随着格雷梅热气球旅游项目的发展，该区吸引了大量的热气球公司到此发展，最好的公司是 Butterfly Ballons、Royal Ballons 和 Voyager Ballons 三家。除此之外，还有无数的小热气球公司，为格雷梅热气球旅游项目的发展提供支持。

4.4.3　德清莫干山"裸心"体育小镇

1. 概况简介

浙江省莫干山镇位于美丽富饶的长江三角洲的杭嘉湖平原，国家级风景名胜区莫干山在其境内。全镇总人口 16000 余人，总面积 91 平方公里。境内群山连绵，环境优美，气候宜人，物产、旅游资源十分丰富，有林地 11.2 万亩，其中竹林面积 5.8 万亩，茶园 250 公顷，干鲜果 250 余公顷。

莫干山镇曾荣获全国环境优美乡镇、中国国际乡村度假旅游目的地、全国美丽宜居小镇、浙江省首批风情小镇、省级休闲农业与乡村旅游示范镇、浙江省特色农家乐示范镇、浙江最美森林古道等荣誉，承办过全国基层党建座谈会、国际乡村旅游大会等大型会议，同时也是"洋家乐"的发源地。

2. 特色及定位

德清计划在环莫干山地区，打造一个以"裸心"为主题的体育特色小镇，将体育、健康、文化、旅游有机结合，形成极限探索、户外休闲、骑行文化等不同特色。

目前，在德清有体育产业活动单位 72 家，以体育健身休闲、场馆服务及体育用品的销售和制造为主，实现年体育产业销售收入过百亿元，体育产业项目计划投资额达 12.6 亿元。

3. 规划布局

近年来，德清县体育产业围绕体育产品制造、体育场馆运营、体育休闲服务业发展、体育彩票销售和体育协会发展等方面，积极营造有利环境，加大引导投入，已初步形成泰普森、五洲体育、乐居户外、久胜车业等4大产业集群，莫干山户外运动基地、全球"探索极限基地""象月湖"户外休闲体验基地等3大基地为核心的体育产业总体布局。

一方面，德清体育制造产业在泰普森等龙头企业的带动下，整体发展已经呈现良好效应；另一方面，受"裸心谷"等高端洋家乐的发展影响，休闲产业呈现出高端、时尚、国际化的趋势，如何利用丰富的体育产业资源，拉动户外休闲运动需求，需要有效地规划和引领。

在这一背景下，德清县有关部门适时提出了打造"体育小镇"平台这一规划，希望借此为"洋家乐"进一步发展拓展空间，将体育产业开发和城镇建设相互结合，推动整体经济健康可持续发展。

4. 发展模式

莫干山体育特色小镇以打造"裸心"体育为主题，将体育、健康、文化、旅游等有机结合，以探索运动、户外休闲、骑行文化等为特色，带动生产、生活、生态融合发展。

按照规划，体育特色小镇将呈现"一心一带两翼多区"的功能布局。"一心"位于镇区核心区域，规划为产业文化中心，主要承担高端商务、技术研发、产品展览、会议研讨、商业配套、体验娱乐等功能。"一带"主要是沿黄郛路形成的以体育文化为主题的产业展示带，集中了体育产品、文化创意、休闲娱乐、餐饮美食、主题住宿等多种产业形式。"两翼"即位于镇区北侧燎原村的Discovery户外极限探险基地和镇区南侧何村的久祺国际骑行营。"多区"包括竹海登山区、骑行天堂区、森氧居宿区、莫干门户区和历史创意区。

除此之外，小镇还将打造辐射长三角地区的户外休闲运动品牌，积极引进高端体育产业企业，大力开展探索、骑行、攀岩、马拉松等户外活动，使户外爱好者的体验整体向上提升一个档次。

5. 建设优劣势分析

德清莫干山"裸心"体育小镇建设优劣势分析　　表 4.4-2

优势（S）	1. 旅游资源丰富：依托避暑天堂莫干山，风景秀丽，地域特色明显。同时，历史底蕴深厚，古往今来留下无数文人墨客的足迹，拥有浓厚的文化气息 2. 城镇化发展：城镇化推进，使得小镇经济发展较快，客观上能够有力推动小镇现代化建设 3. 交通便利：临近休闲之都杭州市，交通十分便利
劣势（W）	特色点位比较单一；基础设施相对不足；服务水平和服务能力还有待提升

4.4.4　绍兴柯桥酷玩小镇

1. 概况简介

素有"东方威尼斯"之美称的浙江省绍兴市柯桥区，占尽稽山鉴水独特风情，自古富庶繁华。酷玩小镇位于绍兴市柯桥区西南部柯岩风景区内，地理位置优越，区域环境优美，交通便利。

酷玩小镇所在的柯岩街道面积 46.48 平方公里，杭甬高架铁路、104 国道依境而过，距柯桥客运中心 10 分钟车程，距杭甬高速入口和高铁站 15 分钟车程，距萧山机场也只需 25 分钟车程。而且区域内旅游资源十分丰富，可谓是有山有水有文化：柯山、鉴湖、越王勾践独山遗迹、霸王项羽项里首义、祁彪佳殉国捐躯、姚长子绝倭献身等，丰富的旅游资源使得酷玩小镇更有"玩头"。

2. 特色及定位

柯岩街道依托鉴湖—柯岩旅游度假区这个平台，计划用 3 年时间投资 110 亿元打造一个"酷玩小镇"。打造酷玩小镇主要是结合柯岩旅游开发建设项目、特色山水资源及城镇发展实际，通过加快环境的美化，设施的完善，旅游休闲、体育项目的引进，景区标准化创建等举措，将各体育健身、旅游休闲项目串点成线，连线成片，逐步形成以酷玩（体育健身、旅游休闲）为主体的特色小镇。

根据对现有资源、建设项目的梳理，把柯岩规划设计形成高端休闲区、山水游乐区、大众运动区三大片区。项目包括公共设施、体育运动以及休闲旅游三大类，除公共设施外，相关项目共有 11 个。

3. 规划布局

酷玩小镇建设面积 3.7 平方公里，规划分一轴四区，即以鉴湖景观线为轴，建设水文化区、时尚极限运动区、水游乐区、高端休闲区 4 个区块。与柯岩风景区和黄酒小镇连成一体，实现"景区一体化、全域景区化"。

4. 发展模式

酷玩小镇依托柯桥独有的山水景观资源，厚重的地方文化底蕴，植入"酷玩"概念，开发"新""奇""特"以及涵盖水陆空多维空间的运动项目，让不同年龄段的人以不同的方式在不同的场地体验"玩酷"，形成文化娱乐产业生态链和体育服务产业生态链，最终实现旅游休闲场地的景区化发展，打造运动旅游的休闲生活新方式。

5. 建设优劣势分析

绍兴柯桥酷玩小镇建设优劣势分析   表 4.4-3

优势（S）	1. 旅游资源丰富：柯岩风景区一直以叹为观止的石景、秀丽的江南美景而闻名。 2. 产业配套齐全：柯岩街道投资 15 亿元开展了城中村改造，为小镇项目提供空间，目前腾空签约工作已进入扫尾阶段；投入 1.26 亿元开展了香林大道二期建设，完成柯南大道等 4 条小镇区间道路的综合整治；投入 1.5 亿元，开展小镇轴心鉴湖江沿岸环境优化等工作，各项工作都在有条不紊地进行中。 3. 项目平稳运行：小镇已建项目收益良好，东方山水风情园一期营业以来，最高单日接待游客量达 2.2 万人次，酒店累计营业额超 2200 余万元，运行状态良好。小镇在建项目进展顺利，规划项目也在持续推进
劣势（W）	目前，区域内轻纺工业较发达，会有一定的污染问题，产业还有待进一步调整

4.4.5 海宁马拉松小镇

1. 概况简介

盐官是一座千年古城，位于浙江省杭州湾北岸杭嘉湖平原。古城集悠久的历史、灿烂的文化、动人的传说和壮观的涌潮于一身。

海宁盐官镇百里钱塘观潮景区属钱塘江强潮地段，是观赏钱塘江涌潮奇观的最佳区域，沿线拥有尖山"源头潮"、大缺口"碰头潮"、盐官"一线潮"和老盐仓"回头潮"四大钱江涌潮景观。

2. 特色及定位

海宁"马拉松小镇"总面积约 3.6 平方公里。产业定位为运动休闲旅游，以马拉松运动主题为核心，兼顾发展徒步、暴走、毅行、定向、拓展、露营、自行车等相关项目，形成休闲运动与旅游相结合发展的体育旅游经济。

3. 规划布局

目前已经计划在当地建设体育小镇，借助景区内全长约 12 公里的生态绿道，打造永久的马拉松项目，将体育与休闲结合起来促进当地发展。

4. 发展模式

海宁市借助马拉松这一赛事，将盐官打造成"马拉松小镇"，通过举办永久性的马拉松赛事，完善配套服务，带动全民健身活动，成为在长三角乃至全国具有一定知名度的运动休闲目的地和马拉松项目及相关产业发展的集聚区。

5. 建设优劣势分析

海宁马拉松小镇建设优劣势分析	表 4.4-4
优势（S）	1. 资源优势：风景优美，是长三角长跑爱好者周末休闲训练的绝佳场所 2. 区位优势：因为地处长三角中心区域，交通便捷。与杭州相邻，百里钱塘景区的区位优势十分明显
劣势（W）	特色比较单一，受众人群有限

4.4.6 平湖九龙山航空运动小镇

1. 概况

浙江省平湖九龙山航空运动小镇位于平湖市九龙山省级旅游度假区内，致力打造集运动体验、休闲度假、养生养老、生态人居等功能于一体的长三角一流、国内外有一定知名度的运动休闲和健康养生目的地。交通极为便利，形成了距上海、杭州、苏州、宁波四大城市 1.5 小时的交通条件。

2. 特色及定位

平湖九龙山航空运动小镇是平湖市现代服务业发展的重要载体，是浙江省首批运动旅游休闲示范基地、省运动休闲基地、省现代服务业集聚示范区，以及嘉兴市"十佳旅游景区"、嘉兴首批文化产业园。

目前已开发了以运动健康为主题，特色鲜明的各类项目，并通过举办马球、赛马、高尔夫、帆船等国内外大型赛事以及论坛峰会，拥有了较高知名度。

3. 规划布局

小镇规划面积 3.45 平方公里，建设面积 1586 亩。小镇坚持创新国内健康运动产业发展模式，构建以健康运动为龙头、健康养生为主导、联动发展健康旅游、培育发展体育和禅修文化的综合产业体系。

当前，九龙山航空运动小镇已经排定了 14 个重点支撑项目，包括九龙山体育园、九龙山航空运动基地、赛马马球赛车运动体验园、山地自行车休闲运动体验园、康体保健中心、外蒲山禅修养生基地、温泉养生中心、国际学校等项目。

4. 发展模式

随着经济社会的快速发展，国内居民的健康意识快速提高，对健康产业形成了强烈且多元化的市场需求。平湖九龙山航空运动小镇提出了打造以健康服务为主题、以航空运动为特色、强调健康生活方式的健康产业小镇的构想。九龙山的运动产业将从受众较窄的高端化体育项目转型为消费群体更广的大众化健康休闲运动项目，比如依山建设山地自行车赛道等。同时，当地还提出了健康养老的概念，九龙湾将建设多个养老基地。

5. 建设优劣势分析

平湖九龙山航空运动小镇建设优劣势分析 表 4.4-5

优势（S）	1.交通优势：交通极为便利，形成了距上海、杭州、苏州、宁波四大城市 1.5 小时的交通条件，紧邻消费市场
	2.开发优势：由国内上市公司负责项目开发，实力雄厚，项目发展顺利
	3.品牌优势：首批运动旅游休闲示范基地、省运动休闲基地、省现代服务业集聚示范区，以及嘉兴市"十佳旅游景区"、嘉兴首批文化产业园
	4.资质优势：九龙山旅游度假区已建成通用航空停机库，并获得了通用航空经营项目中的航空俱乐部经营资格
劣势（W）	短期内主要集中在高端化体育类型，受众范围比较狭窄

4.4.7　北京丰台足球小镇

1. 概况简介

北京丰台足球小镇位于北京市丰台区公益西桥东南侧,按照利用三年左右时间,以"足球竞技、体育休闲、生态节能"为总体目标,建设极具特色的"足球小镇"。

2. 特色及定位

建设"足球小镇",不局限于大力发展足球运动,还要跳出"足球"看"足球"。除了建设场地之外,充分利用国家振兴发展足球事业的各项优惠政策,大力建设和发展壮大体育展示、休闲旅游、足球教育等相关产业,形成足球产业集群和产业生态链,发展足球特色一条龙经济,让"足球小镇"具有可持续发展的基础和平台,使足球产业成为城市扩容提质、地区转型升级的催化剂。

3. 规划布局

在初步规划中,"国际足球小镇"以"足球竞技、体育休闲、生态节能"为总体目标,计划在未来 3 年内建设 50 片五人制足球场、10 片七人制足球场和 5 片十一人制足球场,另外还包括运动医疗康复中心、足球博物馆、球迷餐厅、球迷客栈和足球学校等设施,让来此运动和休闲的广大足球爱好者及其亲友享受全方位的服务。同时足球场周边的文化建设将与景观设计结合,用建筑和雕塑等分成欧式、拉美式、中式等各具不同特色的区域,打造非同一般的足球社区。

4. 发展模式

"足球小镇"建设中将创新引入竞技体育和群众体育高度结合的智能场地技术。规划引入同步数据分析系统,通过蓝牙和智能硬件,在运动员结束训练后,同时得到数据分析,有助于训练水平的提高,在专业训练和青训体系中,达到事半功倍的效果。开发专门的 App 软件,在网上订场和网上约赛的基础功能上,通过摄像机和智能硬件将运动影像回传到每个注册用户,大幅提高 App 使用率,达到线上线下的往复交互,打造京城最大的足球社区。

"足球小镇"融合足球竞技、足球文化、足球科技各个概念和要素,它将是中国第一个将城市发展和足球发展对接的创新发展平台。

5. 建设优劣势分析

北京丰台足球小镇建设优劣势分析　　　　　　　表 4.4-6

优势（S）	1. 交通优势：位于首都北京城区内，交通设施健全，交通便利。 2. 开发优势：槐房国际足球小镇与国内知名上市公司龙湖地产签署战略合作协议，将全面参与国际足球小镇的开发、建设及运营管理。龙湖地产一向以人文化、精品化著称，将对槐房国际足球小镇的精品化起到很大作用。 3. 政策优势：国家大力扶持，成立专项基金足球产业的发展
劣势（W）	特色单一，受众有限

4.4.8　银湖智慧体育产业基地

1. 概况

2015 年，在富阳举行的中国智慧体育产业联盟成立大会暨中国智慧体育产业基地（杭州）启动仪式上，中国智慧体育产业联盟与富阳区政府签署了智慧体育产业基地合作协议。智慧体育产业基地项目选址富阳银湖新区，由联盟发起单位华运智体投资管理（北京）有限公司、赛伯乐投资集团建设。

2. 特色及定位

通过先行引入中国智慧体育产业联盟、中国智慧体育产业投资基金等项目，带动相关企业项目落户，打造各种室内外新型智慧体育健身娱乐活动，游客可以体验如打 3D 高尔夫、玩 3D 马球等各种 VR/AR 体育体验项目，突出智慧体育产业特色。

3. 规划布局

银湖智慧体育产业基地规划面积 3 平方公里，建设面积 1 平方公里，项目一期用地约 300 亩。项目总投资逾 50 亿元，其中基础设施投入 30 亿元，产业投资 20 亿元，涵盖智慧体育相关领域的总部经济业态、旅游休闲娱乐业态、产学研综合业态，建成投运后预计年产值 300 亿元。

4. 发展模式

项目依托富阳"国家运动休闲示范区""中国体育产业基地"，拟以产城人文融合的特色小镇模式打造。将通过先行引入中国智慧体育产业联盟、中国智慧体育产业投资基金等项目，带动相关企业项目落户。

5.建设优劣势分析

银湖智慧体育产业基地建设优劣势分析 表 4.4-7

优势（S）	开发优势：由联盟发起单位华运智体投资管理（北京）有限公司、赛伯乐投资集团建设。北京华运智体投资管理有限公司系体育报业总社下属企业，由华奥星空和支点投资、朗弘投资联合创立，是整合国家体育总局、中国奥委会、中华全国体育总会相关资源构建的高科技体育投资平台，也是国内第一家专注于智慧体育领域的国有背景投资公司
劣势（W）	目前规划面积较小，在产业发展上有一定的局限性

4.5　其他特色小镇发展及案例分析

4.5.1　动漫 IP 主题小镇

1.基本信息

日本动漫 IP 主题小镇是一个综合性的概念，是依托不同的动漫电影而打造出来的不同特色的旅游小镇。根据其不同的发展模式主要有展馆式的三鹰吉卜力美术馆、京都国际漫画博物馆和东京动画中心，乐园式的东京迪士尼乐园、静冈樱桃小丸子乐园、蜡笔小新乐园等，节会式的日本动漫节、东京国际动画展、东京玩具节等，以及综合式的主题小镇旅游项目。

2.发展历程分析

20 世纪 90 年代初日本经济泡沫破灭之后，日本开始认识到近代化及经济发展模式的局限性，于是开始对乡土文化进行重新评价，并开始重新认识乡土文化本色和根基所在的地域性。在此背景和潮流之下，人们开始关注以日本国内某个地方为背景的作品，这些作品的外景地或者与作品、作者有关的地方，成为旅游目的地受到关注。

2000 年之后，尤其是动画制作公司，为选择外景地而不遗余力，以日本为背景的优秀作品不断出现，使得慕名而来旅游的人日渐增多。近年来甚至出现了因为动漫作品的影响，吸引了许多人去那里旅游，使当地发展成一个城镇。

3. 发展模式分析

动漫旅游是以动漫资源为基础，进行深度综合开发而形成的一种特殊旅游模式，从本质上讲，动漫旅游属于体验式旅游，具有极高的趣味性、娱乐性、文化性、教育性及突出的广域性、定向吸引性等特征，是动漫产业与旅游业有机结合的一种新型交叉产业。目前日本动漫旅游主要分为 4 种模式。

日本动漫旅游发展模式分析　　　　　　　　　　　　　　表 4.5-1

序号	发展模式	具体分析
1	展馆式	遍布日本的数十个动漫博物馆、展览馆，多数由企业、行业协会设立，几乎每一个日本卡通形象都有自己的故乡、档案馆和展映馆，它们在保证专业性的同时强调让游客亲身体验动漫的制作过程，增加亲近感，激发创作和欣赏的兴趣，因而具有很强的吸引力。 比较知名的有三鹰吉卜力美术馆、京都国际漫画博物馆和东京动画中心
2	乐园式	自 1983 年东京迪士尼乐园开放至今，日本形成了以动漫文化为核心，通过奇怪、新颖、惊险、激烈的情景再现和人偶设计，以不断增添游乐场所和器具以及服务的方式使各个年龄段的游客持续产生新的乐趣和体验的主题乐园经营策略。 除东京迪士尼乐园外，比较著名的还有静冈樱桃小丸子乐园、蜡笔小新乐园等
3	节会式	日本每年都会在东京举办以节事会展为主要内容的各类动漫活动，包括著名的日本动漫节、东京国际动画展、东京玩具节等
4	综合式	以购买动漫产品及相关旅游纪念品为主要动机，以综合性观光体验为特点，如东京秋叶原和东京池袋乙女路各自定位于男性与女性动漫爱好者，且已形成规模，减小了竞争风险，提高了竞争力 东京六本木新城则着重将动漫旅游资源与城市观光的食、住、游、购、娱结合，本身也作为地标性城市综合体在众多动漫作品中出现

4. 运营模式分析

日本动漫产业链基本按照影视产业的三个圈层分为漫画作品、动画作品、衍生产品三个递进环节，衍生产品是其中周期最长、市场最广、盈利最高的环节，也是实现利润回收的关键环节。动漫主题小镇是动漫 IP 实现较高品牌价值之后的产物，本身是一种具备混合消费模式的衍生品，同时也是众多动漫衍生品的集合和载体，可根据动漫 IP 本身的火爆程度和受众群体的差异灵活决定具体发展形式。动漫小镇的发展，除了带动地方旅游业发展之外，也促进了动漫 IP 的深度开发及新动漫产品开发，形成效益递进的良性循环。

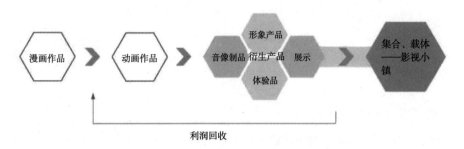

图 4.5-1　日本动漫主题小镇运营模式分析

5. 动漫小镇发展特征

日本动漫小镇旅游得以快速发展与日本独特的动漫文化战略分不开。通过调研考察发现，日本的动漫小镇旅游项目的发展呈现以下四大特征，见表 4.5-2。

日本动漫小镇发展特征分析　　　　　　　　　　　　　　　表 4.5-2

要点	分析
"酷日本"战略指导下高度重视与大力扶持	在突破经济困境和政治僵局的背景下，日本在 20 世纪 90 年代提出了"酷日本"理念，后来这个理念逐渐成为 21 世纪日本文化创意产业的代名词和日本政府大力倡导的文化战略口号。 在"酷日本"战略指导下，日本不仅重视动漫产业的发展，而且关注动漫在全民中的认知度，重视动漫旅游产业在全世界的宣传推广
打造知名动漫作品与人物形象，形成动漫旅游品	动漫旅游的核心竞争力是动漫作品和卡通人物形象，动漫旅游之所以能够出现，就是依赖于游客对动漫作品和人物的喜爱，旅游活动能够帮助人们在现实中找到自己喜爱的动漫原型，进行互动体验
形成稳固的动漫旅游产业链	动漫旅游在日本的产业融合度较高，大家所熟知的动漫人物和形象被应用到旅游产业中。景区建设、游乐设施设计、漫画主题乐园以及配套动漫餐厅、咖啡厅、动漫主题表演等，为动漫旅游增添了乐趣和文化氛围。 不仅如此，日本的动漫旅游与相关产业如影视传媒、玩具、游戏软件、服装等已经形成了稳固的产业链。动漫产业给其他产业提供素材的同时，带来了动漫作品的知名度和广泛的消费群

要点	分析
培养广泛的受众群，让动漫旅游成为生活的一部分	只有在日本，才真正实现了动漫中的生活和生活中的动漫。动漫在日本可以说是全民的爱好，动漫所拥有的如此广泛的受众群，是日本动漫旅游产业成长迅速、发展顺利的基础。在日本，地铁里、广场上、街道上、社区里随处可见动漫的踪影，一个个动漫雕塑、喷绘和涂鸦都是令人们驻足观赏的景观。动漫已经完全渗入日本人的日常生活，几乎所有的当代日本人都受到了动漫影响，从青少年到中老年都热爱和支持动漫，形成了一种跨性别、跨年代和跨社会阶层的全民参与和一个无与伦比的动漫文化氛围

6. 动漫对小镇建设的影响

动漫的发展为日本小城镇建设带来了较多好处，主要表现为以下几点：

动漫旅游对动漫小镇建设影响分析　　　　　　　　　　表 4.5-3

促进小城镇产生经济集聚效应	动漫旅游具有综合性强、关联度大、产业链长的特点，已渗透到许多相关行业中。日本动漫旅游产业能形成结构完整的产业集聚，包括动漫制作方、产品供应商、销售渠道和基础设施提供者，并拓展到提供专业培训、教育、信息、研究等支持的政府和其他机构组织，进而为当地小城镇集聚产业、资金、人口，成为小城镇经济实现集聚效应的重要途径
为小城镇塑造个性和品牌	日本创造了许多家喻户晓的动漫人物形象，当这些人物形象与实地结合形成观光互动体验后，就能形成非常有特色的创新旅游资源。 动漫旅游以地域文化挖掘与动漫形象融合为核心，能够在某种意义上维持和强化地方性，引领小城镇特色化发展，激活小城镇文化。同时，动漫旅游作为一种体验活动，能将一个小城镇的文化资源转化为吸引物，使游客感受、体验，并迅速地传播出去，形成目的地品牌形象，吸引社会大众前来消费，推动小城镇向品牌化发展
推动小城镇向生态化与集约化发展	日本推进动漫旅游业，直接带动小城镇的绿色发展，动漫旅游业能够促进生态旅游基础及配套设施建设，引领游客市民的生态环保意识
提升小城镇居民素质，有效带动就业	动漫旅游业的发展能够提高小城镇居民的素质，促进与现代社会的对接。在开发初期，动漫旅游项目在本地的开发过程中能够对小城镇居民进行动漫艺术培训，提高居民的素质进而适应广大游客的需要。 动漫旅游业的发展必须要与餐饮、住宿、娱乐等基础产业相结合，因此动漫旅游业在一个小城镇的落地必然会带来大量的就业机会，从而使居民的收入得到增加

4.5.2　韩剧 IP 文旅小镇

1. 基本信息

韩剧 IP 文旅小镇是依托影视拍摄地、影视人物、影视场景、动漫等 IP 元素，结合旅游产业发展，形成特定效应的影视 IP 主题型特色小镇。

2. 发展历程

小镇最初的发展只是为了满足韩国国内相关影视剧及综艺节目的取景拍摄。随后，在其小镇知名度不断提升及慕名而来的游客逐渐增多的影响下，以韩国电视剧为代表的韩国娱乐文化产业在政府的积极扶持下得以迅速发展，产业链条日益丰富，逐渐成为支撑韩国经济的重要产业之一，同时，韩剧形成了一种韩流风尚，影响着周边各个国家。随着韩剧的热播，影视拍摄地、影视明星人物效应带动了当地旅游业的发展，成为人们旅游观光的目的地，进而建设形成影视产业主体小镇。

3. 发展原因分析

（1）政府政策扶持

1998 年亚洲金融危机后，韩国首次明确"文化立国"的国策，陆续修改了各大影视文化相关立法，并设立了专门的文化产业促进机构——韩国文化产业振兴院，在政策、资金等方面对韩剧产业进行全面扶持。"韩剧旅游"在政府的政策倾斜下逐渐兴起，在这个自然旅游资源并不丰富的国家，一个个原本经济发展和区位条件都平凡无奇的韩国小镇，作为热门影视 IP 的拍摄地，吸引着亚洲各国的众多游客，为政府带来了可观的旅游收入。

（2）企业资本支持

除了政府扶持，韩剧文旅小镇的发展也得益于影视产业的上下游企业及主要工业财团（如三星、LG 等）的投资和其他市场支持，一部分韩剧小镇从开发之初的投资环节就为后期的旅游业及衍生品的开发做足了考虑。

（3）市场需求的开拓

《秘密花园》《来自星星的你》等韩剧及《running man》《至亲笔记》等热播综艺纷纷扎堆在小镇取景，促进了观众对取景地旅游观光的向往，为消费者需求开拓了一个新的方向，开创了新的发展模式。

4. 发展现状分析

随着韩国电视剧及综艺节目产业在世界范围内的影响力的逐步增强，以韩剧发展起来的IP文旅小镇每年会吸引大量的游客来此旅游和消费，拉动当地经济的发展。

各个韩剧文旅小镇的代表性韩剧	表 4.5-4
影视文旅小镇	具体分析分析
小法国村	韩剧《秘密花园》、《贝多芬病毒》; 综艺节目《running man》
中岛村	韩剧《冬季恋歌》、《父与子》; 电影《娃尼和俊河》
仁川矢岛	韩剧《浪漫满屋》

5. 运营模式分析

韩剧IP文旅小镇与日本动漫IP主题小镇最大的不同是它们同时作为韩剧拍摄地与韩剧旅游观光地的双重身份，是影视产业中间、外围两个圈层产品的承载者。除了早期部分无心插柳柳成荫的情况，大部分韩剧IP文旅小镇从发展初期就有着明确的发展目标和相对固定的模式，一部韩剧的火爆荧屏带来旅游业的兴盛，可观的旅游收入保障了小镇的运营和进一步开发，旅游带来的知名度和市场机遇，为更多韩剧或综艺在当地的拍摄提供了机会和资金，然后进一步开拓了旅游市场，最终形成"影视拍摄"与"影视旅游"的良性循环、"文"与"旅"的联动发展。

图 4.5-2　韩国韩剧文旅小镇运营模式分析

6. 建设优势分析

韩剧依托其具有竞争力的韩剧和综艺节目而打造的 IP 文旅小镇对韩国当地旅游经济及有代表性的小镇的建设发展起到了积极的促进作用。除此之外，以韩剧为依托的文旅小镇的发展依靠明星效应及电视剧的强大的宣传作用对游客有较大的吸引，能够更加有效地促进当地特色小镇的发展建设。

韩剧 IP 文旅小镇优势分析

表 4.5-5

要点	分析
有强大的宣传优势	以韩剧 IP 而发展的文旅小镇能够依托电视剧的广泛影响力，起到对小镇旅游的宣传作用。除此之外，电视剧在拍摄过程中，适当地对景色进行优化，增强人们对该旅游景区的向往
明星效应作用强	现阶段，追星成为一种重要的趋势，明星效应的影响力也在不断增强。其对以韩剧为促进的文旅小镇的发展也具有积极的促进作用

4.5.3 文创小镇典型案例分析

1. 平阳宠物小镇

浙江省平阳宠物用品产业自 20 世纪 90 年代起步以来，各个环节配套服务齐全，已发展成为极具特色和竞争力的优势产业。2010 年平阳县被浙江省商务厅、省财政厅联合认定为"浙江省宠物用品出口基地"；2014 年被确定为全国唯一一个"中国宠物用品出口基地"；2014 年全县宠物用品产业产值达 45 亿元（含在省外投资产值），产品远销欧美市场，产品种类已发展至几十个系列、上千个品种。

平阳宠物小镇定位为国内知名宠物主题小镇，着力打造温州宠物用品研发制造基地、温州宠物主题文化时尚中心、南雁景区休闲旅游特色门户和北港片区新兴产城融合板块等四大功能。宠物小镇重点培育宠物用品产业和宠物休闲旅游产业这两大主导产业，将产业、旅游、社区、人文功能融于一体，建设成为融全国最重要的高端宠物用品研发制造基地、时尚展销窗口、主题旅游目的地和综合服务中心于一体的特色小镇。

2. 余杭艺尚小镇

2015 年 5 月，艺尚小镇成功入围浙江省首批特色小镇创建名单，是唯一定位于时尚产业的特色小镇。艺尚小镇位于临平新城核心区，规划面积 3 平方公里。作为未来的城市副中心，规划区成为临平要素集聚、交汇的链接区块，其建设对整合临平的区域资源、梳理城市空间结构、优化城市服务功能、提升城市生活品质有着至关重要的作用。

艺尚小镇以时尚产业为主导，把推进国际化、体现文化特色与加强互联网应用相结合作为小镇主要定位特色。规划形成"一心两轴两街"的基本格局，"一心"为小镇的形象之心、交通之心、功能之心，"两轴"为沿望梅快速路及其延伸段形成的山水文化轴和沿迎宾路形成的产城融合轴，"两街"即中国·艺尚中心项目形成的时尚艺术步行街和调整后的汀兰路时尚文化步行街。艺尚小镇产业规划由时尚设计发布集聚区、时尚教育培训集聚区、时尚产业拓展集聚区、时尚旅游休闲集聚区、跨境电子商务集聚区和金融商务集聚区六部分组成。

艺尚小镇聚焦国际性服装和珠宝配饰产业，按照企业主体、项目组合的原则，从 2015 年起到 2017 年，分三期实施。2015 年投资 15 个亿，产业定位于设计与研发、销售展示、旅游休闲以及教育与培训等，引进品牌服装企业 80 家左右。

目前已引进中国·艺尚中心项目，一期 37 亩已开工建设，二期 193 亩计划开工。"中法青年时尚设计人才交流计划"基地已落户"艺尚小镇"；中国服装协会、中国服装设计师协会、法国时尚学院、中法时尚合作委员会已签署入驻协议，美国纽约大学时尚学院、英国圣马丁艺术学院和意大利马兰欧尼时尚学院三大国际知名时尚学院正在积极引进中，七匹狼、太平鸟等 40 余家国内知名品牌已签订入驻协议。

3. 上海泰晤士小镇

上海泰晤士小镇位于上海的泰晤士小镇，坐落于松江新城。这里是由英国的阿特金斯公司规划设计，追求"人与自然和谐共存"的美好场景。早在 2006 年，位于泰晤士小镇内的"第一视觉艺术广场"就被认定为市级文化创意产业园区。

泰晤士小镇文化产业园已被列入第二批授牌的上海市文化产业园区。位于小镇市政厅广场的文化展示街目前已初步形成规模，该区域汇集了各种风情的艺术廊、画廊、工艺品展销，如老上海风情廊、西班牙风情廊等，所以能做 24 小时创意不间断、永不落幕的园区。

现如今，泰晤士小镇进一步提出了 SOHO 式创意产业集聚区的新概念，即"生活着、休闲着、创意着"——在这里，可以观看各种艺术展览，包括世界著名雕塑大师阿曼的作品展、国际新闻摄影比赛、民俗剪纸展、书法作品展等；可以参与各项活动：时尚嘉年华、节日休闲音乐派对、天主堂主日弥撒、品牌服装发布秀等；可以与国内艺术领军人物对话：时尚婚庆、原创动漫、优雅音乐各类创意产业在这里生根发芽，枝繁叶茂。随着小镇内涵的日益丰富，这里将逐渐成为大家艺术追求、时尚追随、浪漫追梦的休闲首选地。

4. 韩国—山新城

（1）小镇基本信息

一山新城位于韩国首尔西北方向的京畿道高阳市，距离首尔市驾车约 30 分钟车程，设置有城铁线路实现无缝对接。一山新城面积约 51 平方公里，人口几十万，是以花卉、会展、数字多媒体、广播电视、旅游等传统产业和新经济代表产业为主的文创小镇。

（2）小镇发展历程

从 1988 年至今，一山新城逐步由"卧城"发展成融国际会展、观光、购物、住宿等于一体的国际会展中心城，共经历了三个阶段，分别为：

起步阶段（1988-1996 年）：一山新城充分发挥自身资源交通优势，致力于打造优美舒适的居住环境，建成了大规模居住区；环绕湖水建成了一山湖公园，成功举办了第一届韩国花卉展，此后每年举行一次。

发展阶段（1996-2006 年）：发掘本土特产（花卉）并加以宣传推广，确立会展为产业发展方向并逐步完善配套设施。在这期间，一山新城成功举办了第一届世界花卉展，此后每三年举办一次；确定建设韩国国际会展中心 KINTEX，并于

2005 年正式对外开放；开始建设 Lafesta 开放式购物街区，开放的空间及新颖的购物形式吸引了众多年轻人，成为闻名首尔的购物目的地。

成熟阶段（2006 年至今）：韩国京畿道正式与投资商签订合同，宣布将仿照美国"好莱坞"兴建一座"韩流坞"，发展韩国自己的文化产业，形成一个集旅游、娱乐、信息科技和大众文化产业于一体的梦工厂地带。

（3）小镇发展特色

小镇中设置有 KINTEX 国际会展中心、Lafesta 开放式购物街区、韩流坞等代表项目。其中韩流坞占地面积 99 万平方米，韩国首尔国际会展中心（KINTEX）占地约 6.8 万平方米。商业休闲设施丰富，湖水公园和一山文化商业街都营造了舒适的生活氛围和办公环境。致力于打造大型展馆，形成首尔新经济、新技术集中展示、交易并供人体验的平台，和首尔形成良好的产业和城市的联动。目标是建成为"艺术文化设施完善的田园都市，自给自足的首尔都市圈西部中心城市"。

一山新城吸引了众多韩国的影视电视企业，汇聚形成演艺产业聚集区。引领韩国传媒文化的三大电视集团中的两家企业——MBC、SBS 电视台，都将自己的产品中心迁移至一山新城。

（4）小镇发展成功经验

1）挖掘本土花卉产业并加以推广，寻求与周边城市的差异化发展

高阳市盛产花卉，是韩国花卉产业最发达的地区。为了改变一山"卧城"的局面，当地政府大力推广花卉产业，自 1991 年起每年举办一次韩国花卉展；自 1997 年起每三年举办一次国际花卉展。花卉产业的大力发展使一山新城从首尔周边众多城市中脱颖而出，成为花园城市。

2）通过建设可容纳重型机械的展馆为周边工业企业提供交流平台，进而寻求合作

新建韩国最大的会展中心 KINTEX，承办世界级水平的展会和国际会议。KINTEX 最大的特征是可以举办亚洲展览中心很难收容的大型重装备的展览及活动，因此 KINTEX 成为周边乃至东北亚重工业交流的平台。

3）新建大规模商业中心，利用新颖的购物形式吸引年轻人以聚人气

一山新城的 Lafesta 购物街一年 365 天都为游客上演着各种庆典，是韩国最大的街区型主题购物中心。Lafesta 规模宏大，从地下一层到地上五层共 6 层的步行街，是韩国首个开放式购物街区，商业设施齐全、文化密集度高，是文化与购物的密集空间。

4）积极寻求新产业发展契机，与首都产业转型方向保持一致

作为韩流推动计划之一，政府投资新建"韩流坞"。"韩流坞"内建成星光大道、纪念品商店、各类表演厅、宾馆以及一个主题公园。同时鼓励娱乐经济公司、艺术学校、文化研究所等机构也移至"韩流坞"内。

"韩流坞"的建成带动了数字传媒相关产业的发展，将一山新城发展成为集花卉、会展、传媒、影视、广播、文化于一体的多功能现代新城区。

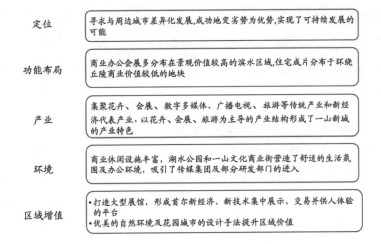

图 4.5-3　韩国一山新成功经验及启示

4.5.4　创客小镇典型案例分析

1. 成都菁蓉小镇

四川成都郫县菁蓉镇曾经是传统产业工人的宿舍园区。随着传统产能减弱，有约 100 多万平方米的宿舍楼和配套设施闲置。2015 年年初，成都市启动"创业天府"计划，

依托高校、企业形成创客小镇，吸引创业者前来安营扎寨。在这里，创业者除了享受国家已有的优惠政策外，还享受 1-3 年内房租、物业管理费全额补贴。"北有中关村、南有菁蓉镇"，如今这里已聚集了近 900 个创业项目的万余名创客。

菁蓉镇依托区域高校、科研院所密集的优势，搭建政府引导、企业主体、市场运作、社会参与的创业创新协同机制，着力打造低成本、便利化、全要素、开放式的众创空间，创业创新要素加速聚集。现已建成 24 万平方米创业载体，创客服务中心等设施一应俱全。未来将推动众创、众包、众扶、众筹等大众创业、万众创新支撑平台快速发展，成为全球具有影响力的创客小镇。

2. 中关村创客小镇

中关村创客小镇，作为北京市温泉镇政府推动、海淀区大力扶持的超级创业社区，远景规划建筑面积达 120 万平方米，其中，一期建筑面积约为 19 万平方米，关注企业全生命周期服务，秉承"1+1+1+N"共享经济模式，打造"创业＋生活＋社交"360° 全资源共享平台，通过众创空间、创客公寓、创业生活、创业服务四大业务单元的有机整合，不仅提供创业生态整合服务，更为创客的生活与社交提供一站式解决方案。

目前"创客小镇"一期已建设完成，提供 2772 套家电家具齐全、功能分区完备的精装住房，共有 40 平方米开间、53 平方米一居和 60 平方米两居室三种户型，社区配套食堂、健身房、幼儿园、创业咖啡厅、卫生服务站等基本设施。

3. 浙江云栖小镇

云栖小镇是浙江省首批创建的 37 个特色小镇之一。小镇位于美丽幸福的首善之区杭州市西湖区，规划面积 3.5 平方公里。按照浙江省委省政府关于特色小镇产业、文化、旅游、社区功能四位一体，生产、生活、生态融合发展的要求，秉持"绿水青山就是金山银山"的发展理念，着力建设以云计算为核心，云计算大数据和智能硬件产业为产业特点的特色小镇。

2016 年，小镇已累计引进包括阿里云、富士康科技、Intel、中航工业、银杏谷资本、华通云数据、数梦工场、洛可可设计集团在内的各类企业 433 家，其中涉云企业 321 家。产业覆盖大数据、App 开发、游戏、互联网金融、移动互联网等各个领域，已初步形成较为完善的云计算产业生态。

4. 山东邹城"旅游+"筑梦创客小镇

邹城唐村镇的"梦想小镇"创业园区，占地 360 亩，总投资 3.6 亿元，主要由创客空间、583 创意园和驷马庄园等几部分组成，展示工业文明遗存及再生资源利用成果，规划建设文化体验区和生活休闲生态区。其中，583 创意园打造了钢雕主题公园，利用废旧物资进行文化创意；"凤凰之恋"书香咖啡已投入运营；西田泥塑引进先进理念，实现了传承民间艺术、弘扬孟子文化与发展富民产业的有机结合；"乡饮酒礼"展演，让村庄孝贤人士参与进来，传统文化与现代社会生活交织，碰撞出别样的火花，吸引众多游客前来。

目前正以东西横穿全镇的孔家河生态水系为轴，规划建设湿地公园，将创客空间、583 创意园等和乡村驿站、休闲采摘园一线串联，通过生态旅游开发和社区共建，实现美丽乡村与城镇建设、园区建设协调发展。一方面，搭上"互联网+"的快速列车，利用这一模式拓展产业触角的深度和广度；另一方面，利用历史名城和美丽乡村的底子，擦亮"旅游+"金字招牌。两者相加，成就了"梦想小镇"的核心优势，对创业者的吸聚效应极为明显。

4.5.5　康养小镇典型案例——日本港北新城分析

（1）基本信息

港北新城地处日本横滨市边缘，距东京 20 公里，距横滨 8 公里，面积 253 公顷，居民达 30 万人，是目前日本投资规模最大，在面积上排行第三，按现代花园都市标准建设而成的新型花园城市。

港北新城是东京大都市圈中规模较大的四个新城之一，以养老主题为核心，参照西方发达国家模式分为两代居和养老院两种模式。

（2）发展历史

港北新城地区原为一些自然村落，周围有着相当规模的自然林地和一大片农田。20 世纪 70 年代由于日本经济高速发展，城市面积急速向郊区扩展，这种无计划的开发，使当地的环境急剧恶化，港北地区由于铁路、公路等交通设施不发达，尚未受到影响。当地政府防患于未然，及早采取措施对港北地区进行了统一有效的计划，以新型花园城市为建设目标，并作为 21 世纪横滨市的北部副都正式开始开发建设。

港北新城的建设以"防止环境乱开发""城市农业的确保""市民参与创造优美城市"为宗旨，在整个计划中专门保存、区划出农业用地（230 公顷），将农业和生产绿地作为城市景观保存起来，创造出城市和农业相融合的新型花园城市。在整个市街景观处理上把"最大限度发展、保存绿色资源""创造令人难忘的故乡""高水准便利服务"等作为最基本方针。

在绿色建设上具体做法有：1）最大限度地保存原有自然林地、绿地、寺院庭园、宅前屋后的绿地，并以这些绿地为中心同公园、绿道等结合构成有个性、变化丰富的绿色网络，同时也构成了港北新城的主要骨骼。2）把公园作为点，有机地配置在住宅之中，目前港北新城内设有综合公园、地区公园、近邻公园、儿童公园等近百个。在公园的设计上主要在原有的自然林地、地形的基础上稍加改造，尽量保持原有的自然风貌。3）在林地、公园等之间有 5 条长 14.5 公里，宽度从10 米到 100 米不等的绿色长廊,把绿色连成一片并形成网络。4）在住宅区内道路，尝试性地创造出步车融合的绿色道路。把原有宽 3 米的人行道和宽 6 米的车道结合在一起，形成 9 米宽人车共用、舒适的绿色道路空间。同时在住宅出入口留出庭园的空间，使整个住宅处在绿色之中。5）尽可能回复自然，创造生物生长栖息的良好自然生态环境，也是港北新城在绿色建设中的重要环节。在林地内设有生物自然保护区，吸引野生鸟类等来此栖息。在公园中还专门设有适合蜻蜓、萤火虫生长的蜻蜓、萤火虫池，目前已经形成蜻蜓、萤火虫王国，每到夏天来观看的游客络绎不绝。

港北新城有着优美的宜居环境，吸引了大批投资商来此投资，使得港北新城的配套设施不断完善，而随着日本老龄化日趋严重，港北新城已经成为日本乃至全球的老年人康养之地。

（3）特色分析

港北新城是全球典型的康养小镇，这个地区气候温暖湿润，平均温度 15℃左右。引入高科技智能产品，通过先进的技术和高电气化帮助老年人实现自助自理，人性化的设计带来了极大的便利，提供了无障碍的、具有看护性质以及能够和家人共同生活的老年人住宅。并设有护理之家、康复指导部等机构，为不愿离开家的老人提供社会服务，满足其健康和精神方面的需求。同时，设立各种兴趣活动中心、图书馆等鼓励老人培养自己的爱好活动。港北新城无论在设施和精神建设方面都是值得学习的范例。

澳大利亚特色小镇案例及发展分析 / 第 5 章

5.1 旅游小镇案例及发展分析

5.1.1 西澳大利亚卡尔古利小镇

1. 基本信息

西澳大利亚州简称西澳洲，是澳大利亚联邦最大的州，也是澳大利亚西部高原的一部分。州内大部分地区为低高原，海拔 300-450 米，地势平坦，气候干燥。人口不到全澳大利亚总人口的一成，绝大部分集中在首府珀斯。主要城市有邦布瑞、费里曼图、杰瑞尔顿。

卡尔古利（Kalgoorlie），又称卡尔古利—博尔德（Kalgoorlie—Boulder），是澳大利亚西澳大利亚州中南部的重要矿业城市，西澳的第五大城市，也是澳大利亚典型的乡村小镇，保留了 19 世纪初期的乡村风格。小镇看起来不是很发达，主要依靠建筑铁路，矿山和农业来发展经济，近年来，随着世界各地旅游业的发展，小镇因为独特的历史文化和特色活动成为旅游观光的重要选择地。

2. 地理位置

西澳大利亚州位于澳洲大陆西部，濒临印度洋，面积相当于整个西欧，占澳洲总面积 1/3，是澳大利亚最大一个州。该州多沙漠和盐湖，地广人稀，蕴藏着丰富的矿产，自然风光与生态环境仍保留原始状态，是澳大利亚最富有原始自然景观的一个州，是最能领略澳大利亚风情的地区之一，也是澳大利亚最富裕的一个州。海岸线南北长达 12500 公里，被印度洋和南太平洋环抱，为澳大利亚联邦全国之最。经济以农牧业和工矿业为主，养羊业较盛。工业以机械、冶金、造船、石油炼制、食品和木材加工等为主。

西澳著名的旅游小镇卡尔古利位于西澳首府珀斯东北东方向 595 公里处。卡尔古利是西澳的第五大城市，也是西澳大利亚戈尔德菲尔兹—埃斯佩兰斯地区的中心城市。

3. 特色及定位

（1）小镇特色

卡尔古利小镇位于西澳首府珀斯东北东方向595公里处，是西澳的第五大城市。该镇因有黄金矿而得以发展，近年来，随着矿山开采能力的不断下降，卡尔古利开拓新的发展项目——旅游业，促进了城市的又一次发展。

（2）小镇定位

西澳卡尔古利小镇项目定位为"观光＋旅游"的复合型景区。

4. 发展现状

卡尔古利（Kalgoorlie）最早是由黄金而得以发展，有一个很出名的称号——"黄金矿山"，这也意味着它是一个采矿小镇，游客们可以来这里感受采矿的魅力。除此之外，艾丝薇薇影院、西澳大利亚卡尔古利博物馆、金矿画廊艺术中心及哈蒙德公园等都是其重要的旅游景点，包括这里的马术比赛也是一大看点，每年吸引大量的游客来此参观。

5. 运营模式分析

（1）开发运营

随着各国旅游消费意愿的不断提升，澳大利亚旅游项目也凭借其独特的景观优势和自然风貌优势吸引了大量的观光游客。西澳的卡尔古镇拥有著名的黄金矿山，以黄金的开采和经营而得以发展。但是近年来，随着世界范围内环境保护力度的不断提升及经济转型发展的影响，卡尔古利的经济也不断向着转型方向发展，因此依托其景观优势的旅游业得以发展。

（2）商业模式

西澳卡尔古利小镇采取观光与度假并重、门票与景区内二次消费复合经营的商业模式。

（3）盈利构成

当前该旅游小镇的主要收入来源：门票＋旅游经营收入。

6. 建设优势分析

西澳大利亚卡尔古利小镇位于澳洲的大陆的西部，濒临印度洋，该州多沙漠和盐湖，地广人稀，蕴藏着丰富的矿产，自然风光与生态环境仍保留原始状态，是澳大利亚最富有原始自然景观的一个州，是最能领略澳大利亚风情的地区之一，也是澳大利亚最富裕一个州。其原始景观，每年都会吸引大量的游客来此观光。

5.1.2　爱丽丝泉小镇

1. 基本信息

爱丽丝泉是澳大利亚知名的内陆城镇之一，距离最近的海岸约 1200 公里，靠近乌鲁鲁，周围是延伸数百公里的红土沙漠，到处都是荒漠、峡谷和砂岩。在没兴趣的人眼里，这里就是荒芜之地。但是在爱它的人眼里，这代表了大自然最好的杰作。爱丽斯泉全年高温，天气干燥，因此最佳出游时间在爱丽斯泉的春季前半段和秋冬季节，平均气温 15~25℃。爱丽斯泉最好的游玩方式当属热气球之旅。在爱丽丝沙漠公园可以看到澳洲沙漠中的各种奇特动植物。

2. 地理位置

爱丽丝泉镇离两个主要城市，阿德莱德和达尔文 1500 公里，由众多深邃的峡谷所环绕，遥远的沙漠风光，周边遍布一些原住民社区以及神秘而一望无际的内陆腹地。

3. 特色及定位

（1）小镇特色

爱丽丝泉位于澳洲的中心位置，以其环绕四周的沙漠美景和历史遗产而驰名。这里是皇家飞行医生团的起源地，也是前往澳大利亚壮丽奇景——艾雅斯岩（Ayers Rock）/乌鲁鲁（Uluru）的中途站。登上安萨山，可以俯瞰爱丽斯泉及邻近地区的美丽景色。在爱丽斯泉有很多冒险、富有挑战和奇特体验的旅游项目，如 Guad—biking、丛林漫步、热气球、骑骆驼旅游以及那些一年一度的活动，比如在 Todd 河干涸的河床上进行的划船比赛 the Henley—on—ToddRegatta 或者热闹非凡的骆驼环骆驼竞赛。

（2）小镇定位

爱丽丝泉小镇项目定位为"观光＋旅游＋体验"功能于一体的复合型景区。

4. 发展现状

爱丽丝泉是因为旅游而存在的城市，从早期的骆驼队的休息处到后来火车一度的终点站，现在已经发展成了有两万多居民的城市。机场很小，设施也相对简单。爱丽丝泉的土著居民较多，占到当地总人口的近 20%。

5. 运营模式分析

（1）开发运营

随着各国旅游消费意愿的不断提升，澳大利亚旅游项目也凭借其独特的景观优势和自然风貌优势吸引了大量的观光游客。爱丽丝泉位于澳大利亚的中部，以四周环绕的沙漠美景和历史遗产而闻名。近年来，随着其旅游项目的发展，该区的知名度也在不断提升，每年吸引大量的游客来此旅游。

（2）商业模式

澳大利亚的爱丽丝泉小镇采取观光与度假并重、门票与景区内二次消费复合经营的商业模式。

（3）盈利构成

当前该旅游小镇的主要收入来源：旅游经营收入。

6. 建设优势分析

澳大利亚爱丽丝泉小镇位于澳洲大陆的中心地带，以四周环绕的沙漠和历史遗产而闻名。除此之外，该区也是热气球、爱丽丝沙漠公园、爱丽斯泉电报站历史保护区和阿尔伯特·纳玛其拉艺术馆的游览地。依托澳洲本身独特的自然景观，结合爱丽丝泉有历史特征的景色，这里，每年吸引大量的游客来观光。

除此之外，作为澳洲最著名的内陆城镇之一，爱丽丝泉是通往经典自然景观乌鲁鲁（Uluru，艾尔斯巨石）及卡它久它国家公园（Kata Tjuta National Park）的必经之地。因此，发展旅游业也是充分利用了小镇的优势地理资源。

5.1.3　布鲁姆小镇

1. 基本信息

布鲁姆（Broome）位于西澳大利亚的北部地区，作为西澳大利亚州的海港小城，位于大陆西北部印度洋岸，濒罗巴克湾，在达尔文西南约1100公里，是依托珍珠贸易兴建起来的。如今已经成为深受欢迎的度假中心和金伯利荒野区的门户。

2. 地理位置

布鲁姆位于珀斯北方2213公里处，曾经是世界珍珠生产中心。这里有迷人的拓荒历史，每栋楼房的不同建筑风格和人们随和开朗的性格，反映了这个地区多元文化的历史。

3. 发展历史

布鲁姆是一个历史小镇，最早在这片土地上定居的是澳洲原住民中的雅乌鲁族群，第一个到达布鲁姆的欧洲人是英国探险家威廉·丹皮尔（William Dampier），他曾经在1688年和1699年两次到达该地，这里的很多地貌特征都是由他命名的。

4. 特色及定位

（1）小镇特色

布鲁姆郊区是世界驰名的海布尔海滩（Cable Beach），印度洋的碧绿海水轻轻地冲刷着20米宽的白色沙滩，形成一道亮丽的风景线。

每年3~10月，布鲁姆海滩边都会出现"月亮天梯"奇观，每次月圆之后的三天内，当升起的满月照耀在罗巴克湾泥沙浅滩上，由于当地空气纯净，无污染的天空让月亮露出明亮的容颜，慢慢不断上升，呈现出一幅金色长梯直抵月亮的视觉幻景，这就是"月亮天梯"。布鲁姆曾以珍珠生产中心闻名世界，现在此镇很多地方都可以买到珍珠。游客可以在当地养殖场观察珍珠养殖，或者从当地的珍珠博物馆了解早期成群涌向这里的日本、马来西亚和菲律宾采珠人的故事。除此之外，距离布鲁姆 7 公里的开布尔海滩（Cable Beach）也是当地著名景点，海滩长 22.5 公里，是全澳最有名的海滨之一。

（2）小镇定位

布鲁姆小镇项目定位为"观光 + 旅游 + 体验"的复合型景区。

5. 发展现状

布鲁姆的凯布尔海滩绵延 22 公里（14 英里），柔软的白沙超乎想象，凯布尔沙滩是很多人来布鲁姆旅游的主要原因。这里的海水温暖、平静，柔和的海浪只到脚踝高。它的名称如今成了日落骆驼骑行的代名词。观看太阳缓缓落入海面是一项必不可少的体验。旅游淡季时城镇人口约 14436，每年游客约有 239000 人。

布鲁姆小镇旅游项目介绍　　　　　　　　表 5.1-1

旅游项目	具体分析
凯尔布海滩	欣赏落日奇景
入驻时尚酒店	布鲁姆拥有各种度假村和酒店，凯布尔沙滩俱乐部度假村及水疗中心酒店（Cable Beach Club Resort and Spa）是唯一一家坐落在海洋对面的酒店，与布鲁姆中心地区相距 8 公里（5 英里）
参观布鲁姆的日本人公墓	这片精心维护的安息地将带您深入了解布鲁姆的引人入胜的采珠历史故事。900 位采珠人长眠于日本人公墓（Japanese Cemetery）。他们用生命为这座小镇谱写了一段又一段的传奇。五彩缤纷的海滩岩石墓碑见证了小镇的变迁历史
在布鲁姆的短街艺廊欣赏原住民艺术	前往位于唐人街的短街艺廊（Short Street Gallery）欣赏各种创意作品，探索世界上最为古老且绵延至今的文化和历史。琳琅满目的艺术收藏品凸显了不同原住民部落的多样性及独特风格，成为研究澳大利亚原住民居民成就与衰败的艺术参考
在甘索姆角寻找恐龙的足迹	从布鲁姆开车 10 分钟，就能在绵延无尽的白色海滩上感受金伯利的五彩斑斓。红色的岩石悬崖傲视着印度洋蔚蓝的水域，退潮时礁石上清晰可见的恐龙脚印一诉说着该地漫长的历史
购买珍珠	布鲁姆是著名的珍珠生产地，Dampier Terrace 上的珍珠地带诞生了一些全世界最豪华的珍珠品牌，其珍珠均从布鲁姆采购。参观 Kailis、Allure、Willie Creek 和 Cygnet Bay Pearls 展销厅，试戴白色或金色珍珠串
欣赏落日余晖	骑着骆驼沿着幽静的凯布尔海滩（Cable Beach）缓缓前行，赏落日余晖一泻千里。当夕阳沉入大海，天空布满美丽壮观的红色与橙色彩霞，与赭石相互辉映。这项傍晚的体验，能够个游客留下回味无穷的体验

旅游项目	具体分析
金伯利巡游探险	金伯利是布鲁姆附近的重要的探险港湾，拥有著名的澳大利亚水平瀑布，而去往金伯利迅游探险的所有沿海岸线观光的豪华游船均从布鲁姆起航，因此，巡游的游客特别喜欢在旅行前后停靠此地放松一下（并利用最后一刻购买几瓶香槟）。从小镇引以为傲的白色码头出发后，游船将穿过数千个岛屿，然后到达赭色山崖和人迹罕至的海滩。游客可以欣赏令人惊叹的岩石艺术，参观猴面包树，了解这里的神奇地质，最后带着全新的平静感和惊叹返航，也构成了一条独特的风景线

6. 运营模式分析

（1）开发运营

随着各国旅游消费意愿的不断提升，澳大利亚旅游项目也凭借其独特的景观优势和自然风貌优势吸引了大量的观光游客。作为西澳大利亚著名的海港小城，在布鲁姆可以欣赏水平瀑布和登月阶梯自然奇观，在短街艺廊欣赏原住民艺术，到唐人街可以购买珍珠，在凯布尔海滩骑着骆驼可以欣赏落日余晖，这些旅游项目都是该区主要的旅游休闲模式。近年来，随着更多旅游项目的建设，该区的知名度也在不断提升，每年吸引大量的游客来此旅游。

（2）商业模式

澳大利亚的布鲁姆泉小镇采取观光与度假并重、门票与景区内二次消费复合经营的商业模式。

（3）盈利构成

当前该旅游小镇的主要收入来源：旅游及其相关的经营收入。

7. 建设优势分析

西澳大利亚布鲁姆小镇旅游的发展主要依赖于其独特的自然景观，该小镇内的凯布尔海滩是世界具有代表性的海滩之一。结合布鲁姆历史性的发展和文化特征，澳大利亚旅游局加强了对布鲁姆小镇的宣传，促进澳大利亚旅游经济的整体发展，每年吸引大量的游客来此观光。

5.1.4 埃斯佩兰斯小镇

1. 基本信息

埃斯佩兰斯（Esperance）是澳大利亚西澳大利亚州南部印度洋岸海港城市，濒埃斯佩兰斯湾，在卡尔古利以南 346 公里。广大腹地为小麦、亚麻、绵羊产区，制盐业发达，是著名海滨游览地。

2. 地理位置

埃斯佩兰斯（Esperance）坐落在西澳东南部的群岛湾（Bay of Isles），拥有数百公里长的壮观海岸线和全澳最佳冲浪点，周边的大海角国家公园（Cape Le Grand National Park）和干燥角国家公园（Cape Arid National Park）充满极限魅力，让埃斯佩兰斯成为不可错过的旅游探险地。

3. 特色及定位

（1）小镇特色

埃斯佩兰斯是澳大利亚西澳大利亚州南部印度洋岸海港城市。拥有全国最为壮观的海岸线和列全球之首的美丽的海滩，美丽的海滩风情每年吸引大量的游客来此旅游。

（2）小镇定位

埃斯佩兰斯小镇项目定位为"观光 + 休闲 + 旅游"的复合型景区。

4. 发展现状

埃斯佩兰斯位于西澳州的东南部，坐落在 Bay of Isles 海湾里。这里拥有全国最壮观的海岸线，拥有世界非常优美的海滩景色，拥有数百公里长的海岸线和全澳最佳冲浪点，是风帆好手和滑板爱好者们趋之若鹜的冒险地。除此之外，该海岛形成的沙滩和南海清凉澄澈的水融为一体的美丽景色也吸引了大量的游客。

5. 运营模式分析

（1）开发运营

近年来，随着各国旅游项目转型升级的发展及人们旅游消费热情的提升，埃斯佩兰斯凭借其优势的海滩风景资源也积极推动海盗"观光 + 休闲 + 旅游"项目的发展。

（2）商业模式

埃斯佩兰斯小镇采取观光与休闲度假并重、相关旅游项目等复合经营的商业
模式。

（3）盈利构成

当前该旅游小镇的主要收入来源：旅游经营收入。

埃斯佩兰斯景点介绍   表 5.1-2

景点名称	景点具体介绍
粉色湖泊	靠近艾斯佩兰斯，位于西澳大利亚遥远的南方海岸，是一处倍受青睐的天然景点。从小镇驱车片刻可达粉色湖泊，这是一个盐湖平原，天气条件合适时即呈现粉色。湖泊的粉色是由高度密集的耐盐藻类所致。步行前往粉色湖泊观景台，可欣赏最佳景致，拍摄极佳照片。在相机前置一块太阳镜片将会创造出令人惊叹的效果，使用偏光滤镜效果更佳。湖泊东端的盐水池可采集到几乎百分之百纯净的调味盐。可在观景台上看到巨大的盐堆
伍迪岛	伍迪岛自然保护区（Woody Island Nature Reserve）是大自然爱好者的主要观光区，该地区四周环绕着原始丛林和大海
国家公园	包括大海角（Cape Le Grand）和菲兹杰拉德河（the Fitzgerald River）

图 5.1-1　埃斯佩兰斯风景图片

6. 建设优势分析

（1）得天独厚的自然资源

埃斯佩兰斯属于西澳大利亚州南部印度洋岸海港城市，其独特的地理位置使得该城市拥有世界上最为优美的海滩以及全国最为壮观的海岸线，得天独厚的自然海港资源吸引了大量的游客，促进了澳洲旅游项目的发展以及以旅游为主要发展方向的小镇的建设。

（2）政府旅游发展项目的扶持

随着各国经济转型发展的影响，澳大利亚充分利用其自然景观资源推动旅游项目的发展。除了景区自身的宣传推广，以其国家旅游局为代表的澳大利亚政府机构积极宣传其旅游资源，以期获得更多的游客来此观光游览，一是提升澳洲各个国家的影响力，二也是为各个国家经济的发展提供新的转型方向。

5.1.5　特卡波小镇

1. 基本信息

特卡波小镇位于新西兰坎特伯雷大区，是世界上拥有最美丽星空的小镇，该小镇也因成为世界上第一个"星空自然保护区"而知名。在特卡波小镇，天空像是被施了神奇的魔法，犹如一条星光灿烂的毯子挂在小镇上空，静谧而璀璨，银河和大团星座清晰可见，令人仿佛置身于童话世界。除了欣赏美丽的星空，小镇的特卡波湖因是大洋洲最大的淡水湖，出产优质的鲑鱼，是垂钓和水上运动的好地方，此外，还可在小镇狩猎、泡温泉、滑雪等。

2. 地理位置

特卡波小镇位于新西兰南岛南阿尔卑斯山东麓坎特伯雷地区，是著名的旅游胜地。

3. 发展历史

特卡波湖最初只是一个尚未开发的冰河，由于湖底存有大量青绿色岩石，使得整个湖面呈现出这番梦幻的翠绿色，湖面被层层树丛和一望无际的雪山环抱，在阳光的照耀下，这里成就了光与色的交响绝唱。

4. 发展现状

特卡波位于新西兰南岛南阿尔卑斯山东麓，是著名的旅游胜地，小镇的特卡波湖是大洋洲最大的淡水湖，出产优质的鲑鱼，是垂钓和水上运动的好地方。每年从秋天开始，白雪皑皑的山麓就会吸引世界上中多的滑雪爱好者前来；其他季节，小镇又会吸引大量的游客前来欣赏星空和美景。近年来，随着世界各国对光污染的关注，特卡波小镇的发展模式获得了世界范围内的肯定，更是吸引了大量的游客来此参观。特卡波的主要风景还有世界上最小的教堂——牧羊人教堂，湖水呈现宝石蓝色的特卡波湖，以及可以徒步及观赏特卡波世界著名星空美景的约翰山。

5. 运营模式分析

特卡波的独特自然景观，使得旅游业成为该小镇的主要经营业务。小镇采取以"旅游观光＋休闲"为主的运营模式，且小镇的收入也以旅游业为主。

6. 建设优势分析

（1）得天独厚的自然资源

特卡波小镇因特卡波湖而得名，而特卡波湖位于基督城西南边，库克山盆地与 MacKenzie 的心脏地带，是一个冰川堰塞湖。特卡波湖因湖泊色泽充满神秘之美而闻名，由于南阿尔卑斯山脉的冰河融解注入湖泊的过程中，冰河中的岩石碎裂成细粉状，因此湖水色泽呈现带有乳白色的湛蓝色。除此之外，该小镇也是世界上拥有最美丽星空的小镇，得天独厚的自然资源和风景促进了小镇旅游业的发展。

（2）当地人民的共同努力

为了保障小镇静谧而璀璨星空，小镇人民作出了积极不懈的努力。为了维持这里的夜空美景，特卡波从 1981 年就开始减少使用灯光，科学管理灯光照明，精确设计路灯，夜晚使用钠灯等措施，才使得小镇成为世界上最具传奇色彩、拥有最美丽星空的小镇。并且小镇人民一直在努力，减少光源所带来的污染，保护着最美的夜空。

5.2　体育小镇发展及案例分析

5.2.1　新西兰皇后镇

1. 基本信息

新西兰皇后镇位于新西兰东南部瓦卡蒂普湖边，被南阿尔卑斯山环绕，是世界蹦极的发源地。小镇面积 25 平方公里，人口稀少，常驻人口主要从事旅游和酒店相关的工作。小镇配套设施完善，机场据镇中心仅 8 公里，镇上有酒店 200 多家，其中高端酒店有皇后镇希尔顿酒店、里斯酒店等。

皇后镇被誉为"探险之都"的原因在于其得天独厚的自然资源。南阿尔卑斯山是新西兰最高大的山脉，巍峨高耸、峡湾众多，是蹦极的极佳选择。同时，美丽的瓦卡蒂普湖是新西兰第三大湖泊，由于形状独特有特殊的潮汐现象颇具特色。因此，除蹦极外，滑雪、喷射快艇和山地自行车均是"探险之都"皇后镇的热点项目。

2. 地理位置

皇后镇是新西兰的"探险之都"，世界知名的"户外运动天堂"，国际公认的世界顶级度假胜地。位于新西兰东南部，瓦卡蒂普湖北岸，被南阿尔卑斯山包围，地理景观多变，地势险峻美丽，其海拔高度为 1202 英尺。

3. 发展原因

皇后镇被南阿尔卑斯山包围，依山傍水，处处是景，整个小镇宛如仙境之国，皇后镇的名字也缘于英国殖民者认为此等美景应属女王所有，由此得名。

新西兰皇后镇的发展原因　　　　　　表 5.2-1

优势分析	具体分析
四季宜人的气候	皇后镇四季分明，每个季节有着截然不同的风貌。春季，白雪还未褪去，百花却已盛开。夏季，蓝天白云艳阳高照。秋季，鲜红与金黄的叶子给城市染上了多彩的颜色。冬天，崇山峻岭被白雪覆盖，气候清爽。得天独厚的地理位置与气候让这座城市既可以休闲度假，同时也可以开展各种户外运动

优势分析	具体分析
优质的天然地理资源	皇后镇位于冰川后撤运动所造成的峡谷入湖口,新西兰最长的湖泊瓦卡蒂普湖与新西兰最高大的山脉南阿尔卑斯山贯穿其境。瓦卡蒂普湖是一条高山湖,由高山融雪流入山谷所形成,而皇后镇处于湖泊中游(瓦卡蒂普湖在此90度大转弯),湖水深且清澈,湖面平静,倒映出层叠山影,把皇后镇整个裹挟在这独一无二的湖光山色中。 如此独一无二的地理环境,给皇后镇提供了户外运动所需的激流、峡湾、高山、湖泊等优质天然地理资源,这些资源延伸出的滑雪、跳伞、蹦极、漂流、热气球、喷射快艇、高空滑索、滑翔伞等惊险刺激的冒险项目都可以在皇后镇体验到。而且除了滑雪以外,皇后镇的各种项目全年无休,大多数的项目都设置了不同的难度,还可以根据游客的需求量身定制,大大降低了极限运动的门槛,令零基础的游客也可以感受到速度和心跳带来的快感
极限运动发源地	皇后镇是世界蹦极的发源地,世界上第一家商业蹦极跳台就位于皇后镇的卡瓦劳大桥,同时,皇后镇也是双人高空跳伞的发源地。各种冒险运动的玩法层出不穷

4. 发展现状

新西兰皇后镇,被誉为"世界探险之都""户外活动天堂"。小镇总人口约2万人,每年游客接待量达200万人次,是新西兰乃至全世界闻名的旅游度假胜地。

皇后镇具有商业蹦极发源地的独特标签,从单一的蹦极项目发展到户外运动综合胜地。皇后镇卡瓦劳大桥是世界商业蹦极的发源地。蹦极是一种源于南太平洋瓦努阿图的传统活动。新西兰人哈科特,在卡瓦劳大桥首次成立商业蹦极组织反弹跳跃协会,进行商业蹦极活动。为了宣传蹦极,哈克特更是从埃菲尔铁塔跳下,让蹦极推广到全球。皇后镇通过蹦极这单一项目就吸引了众多游客。

同时,小镇拥有的自然地理资源优势适合发展其他不同的极限运动,进一步形成了极限运动的集群效应。由于地理条件复杂多变,种类齐全,小镇可发展的项目众多,成为有超过200多个项目综合性户外运动的"探险之都"。发展户外运动的同时,皇后镇最大程度保留了皇后镇的天然景色,游客可以在体验惊险刺激的同时享受小镇梦幻般的美景,因此小镇的休闲旅游项目同样十分有名。

综合来看,皇后镇的旅游项目均是以体育活动为主,主要包含高空弹跳、激流泛舟、喷射快艇、热气球、雪上摩托车、户外冒险和观景缆车几个项目。

新西兰皇后镇的旅游项目　　　　　　　　　　　　　　　　　表 5.2-2

旅游项目	具体分析
高空弹跳	皇后镇是高空弹跳的鼻祖，拥有高度不同，各式各样的高空弹跳可供选择。高度有 35 米、72 米、105 米等
激流泛舟	顺着急速奔流的清澈河流泛舟，为皇后镇最热门的活动之一。皇后镇拥有大大小小的水流湍急的河川，可以乘着小舟，顺着水势快速冲下，虽然沿途尽是独特的峡谷地形与原始茂密的美丽丛林，但是变化多端的水流如激流、湍流或急弯等，可以让游客无暇欣赏美景，感受大自然的脉动所带来的全新体验
喷射快艇	新西兰是喷射快艇的发源地，而皇后镇更是将其发扬光大。喷射快艇在皇后镇已有二十多年的历史，亲身体验乘坐喷射快艇的超速快感，才算真正地享受到皇后镇冒险活动的趣味
热气球	热气球也是皇后镇体育旅游中的一个项目，富有经验的工作人员全程陪同，会给初次体验的游客以享受的体验
雪上摩托车	骑着拉风的雪上摩托车驰骋在山林之间，只要略有开车或骑乘摩托车经验，不需任何装备与技巧就可以前往享受雪上摩托车的乐趣
户外冒险	在皇后镇购买滑雪、雪板、独木舟与登山等用品，本身就是一种乐趣。由于皇后镇以滑雪、登山、水上活动而闻名，所以有相当多的运动用品可以在当地购买
观景缆车	搭乘皇后镇的天际缆车是观赏皇后镇壮阔美景的最佳方法。缆车以海平面 45 度仰角的方式建成，搭上缆车后以极快的速度离开地面。登上山顶后，远眺南阿尔卑斯山的雪景与湖面，给游客以难忘的观光体验

5. 运营模式分析

（1）"体育＋度假" 的共生模式

旅游作为一个联动效应和带动作用巨大的朝阳产业，与其联动发展的行业不胜枚举，体育产业即是其中的重要代表。皇后镇是旅游度假与体育共生发展的典范，是新西兰最负盛名的旅游目的地之一，本身自然旅游资源丰富多彩，具有开发观光旅游产品的资本。但皇后镇不仅满足于观光客的吸引，而是利用当地地势险峻美丽又富刺激性的地区，开发探险、户外运动等体育活动，使体育运动成为皇后镇旅游的焦点，利用大量的体育活动带动当地的旅游发展。

体育与旅游共生式的开发模式让皇后镇从中受益，虽然其镇总人口数只有 2 万人左右，但每年接待的游客量达到 200 万。

（2）共生模式的基础——同一资源的不同价值开发

皇后镇高山峡谷、极速湍流、冬季白雪皑皑的优越地势，都是其独特的资源。皇后镇利用其特有资源，开发的户外运动，是其旅游发展系统中的一个重要元素，是形成体育旅游共生体的基本条件。户外休闲运动中大多带有探险性，有很大的挑战性和刺激性。体验性体育项目的开发是皇后镇旅游业的核心吸引力之一。

6. 发展优势分析

皇后镇的体育和旅游产业为经济发展提供了强大动力，双轮驱动的体育小镇在全世界尚属少见。户外运动作为皇后镇旅游发展系统中的重要元素，是形成体育旅游共生体的基本条件。皇后镇则利用以高山峡谷、急速湍流、冬季白雪皑皑等优越地势，开发激流泛舟、跳伞、滑雪、蹦极、喷射快艇、漂流、山地自行车等户外运动，为各地户外运动发烧友提供了良好的体验场地。增强体育运动项目的探险性、挑战性和刺激性。

除了利用地区内优势的自然资源开发体育旅游项目，皇后镇还利用客源优势为游客提供多样化的旅游体验。多样性旅游产品可以满足各类游客的差异化需求。在旅客体验惊险刺激的户外项目之后，皇后镇依托美景、历史、文化，开发休闲度假、节庆旅游、婚庆旅游等深度体验产品，同样吸引了大量游客。

除此之外，皇后镇还积极利用电影流量如《指环王》的 IP 宣传，以获得更多的客户流量。电影流量宣传的模式成为新时期宣传的一个重要的手段。随着发展中国家国民可支配收入的提高，及发达国家的经济复苏，皇后镇有望收获增量客流。

5.2.2　伯兹维尔小镇

1. 基本信息

伯兹维尔（Birdsville），人口稀少，是座位于沙漠边缘的内陆城镇，澳大利亚内陆小镇中的"必游之地"，小镇以其原生态的村庄和遗世独立的位置而著称。9月是来这个小镇的最好季节，因为这里有大型的传统赛马活动—Birsville Races。除此之外，这里还有很多澳洲专有的文化古迹和历史建筑。

伯兹维尔以其原生态的村庄和遗世独立的位置而著称，为前来参观的游客提供现代化的社区，包含体育设施、健身房、两个画廊、面包店、航空服务、汽车旅馆、酒店、旅行车营地及小木屋、咖啡店和餐馆、杂货店、邮局、医疗诊所、加油站和汽车服务以及警察局。

2. 地理位置

伯兹维尔位于辛普森沙漠（Simpson Desert）和斯图尔特多石沙漠（Sturt's Stony Desert）的三棱石平原之间，是前往伯兹维尔路径（Birdsville Track）的起点，向南延伸，而辛普森沙漠则面向西部。

3. 发展历史

伯兹维尔于 1881 年随迪亚曼蒂纳渡口（Diamantina Crossing）开放而建立，并在 1885 年更名为现在的名称。

小镇原来是昆士兰（Queensland）和南澳大利亚间的关税壁垒。道路通行费成为小镇主要的经济来源，而这一来源随着 1901 年联邦成立而被迫切断，小镇从此走向没落。

小镇现如今是许多游客踏上伯兹维尔路径前往南澳大利亚的起点，这一步道最早出现在 19 世纪 80 年代，是澳大利亚第一条主要的赶牛牧道。

4. 发展现状

伯兹维尔常住人口不足 200 人，是一个迷你小镇，小镇一共拥有三个旅馆、一座酒厂、一个铁匠铺、数个小花园，和图书馆、医院、博物馆、游客中心等设施，还有号称"世界最孤独的警察"：59 岁的康斯特布尔·珀塞尔景观（Constable Pursell），作为伯兹维尔唯一的警察，他的巡视范围理论上超过了英国国土面积。

伯兹维尔最为著名的是它的酒吧和每年一度的竞赛，每年此时，小镇人口数会在两天内从 120 飙升至 6000 人，可见该体育比赛的影响力。

5. 运营模式："体育＋观光"的共生模式

伯兹维尔利用其奇特的景观及沙漠特征，形成了"体育＋观光"的共生模式。旅游作为一个联动效应和带动作用巨大的朝阳产业，与其联动发展的行业不胜枚举，体育产业即是其中的重要代表。伯兹维尔因其独特的地貌特征，成为观光度假与体育共生发展的典范，是澳大利亚最负盛名的体验旅游目的地之一，本身自然旅游资源丰富多彩，具有开发观光旅游产品的资本，除此之外，利用辛普森的沙漠特征而开发的探险、户外运动等体育活动，使体育运动成为伯兹维尔旅游的焦点，利用大量的探险体育活动带动当地的旅游发展。

伯兹维尔小镇旅游项目 表 5.2-3

旅游项目	具体分析
火烧云奇观	伯兹维尔有一个代表性的沙漠，辛普森沙漠，使得该地区容易产生火烧云奇观
伯兹维尔驾车路线	这条路的传奇之处在于，暴露于地表的红土，绵延悠长的指引着探索者的车轮向前行驶
辛普森沙漠	作为世界上最大的沙丘型沙漠，其横跨北领地，南澳以及昆士兰州。对于热爱探险的自驾者来说，辛普森沙漠会吸引大量的探险自驾者。而伯兹维尔，则是人们进入沙漠开始探险前最后的补给站
体育竞赛	每年一度的体育竞赛项目

体育与旅游共生式的开发模式让伯兹维尔小镇从中受益，虽然该镇的人口较少，地域面积也较小，但是其旅游旺季仍会吸引到大量的游客。

6. 发展优势分析

伯兹维尔小镇的体育和探险观光产业为经济发展提供了强大动力。探险运动伯兹维尔旅游发展系统中的重要元素，是形成体育旅游共生体的基本条件。伯兹维尔的体育探险运动包含沙滩驾驶、体育竞赛及野马品牌锦标赛活动等，为各地体育运动的爱好者提供了良好的体验场地。增强体育运动项目的探险性、挑战性和刺激性。

除了利用地区内优势的自然资源开发体育旅游项目，伯兹维尔还利用历史文化优势吸引大量的游客来此参观。伯兹维尔依托美景、历史、文化，体育赛事等活动，同样吸引了大量游客。

5.2.3 尼尔森小镇

1. 基本信息

尼尔森位于新西兰尼尔森区，是新西兰南岛西北角上的一个天堂，也是新西兰阳光最充足的一个地方。尼尔森画廊和艺术工作室众多，一直吸引着众多艺术家前来定居，至少有 350 位艺术家居住在尼尔森。

尼尔森的另一个特色景点则是著名的亚伯塔斯曼国家公园。这个面积不大的国家公园，是划皮划艇观赏海豹和企鹅的最佳地点。尼尔森湖国家公园同样吸引着游客前往，公园里有宁静的山毛榉森林、陡峭的山峰、清澈的溪流和大大小小的湖泊。

2. 地理位置

尼尔森位于新西兰尼尔森区，处在新西兰南岛西北角地区。其周边有尼尔森国家公园、海湾等观光风景区。

3. 发展现状

尼尔森不仅拥有舒适的气候、美丽的沙滩、多样的美食和手工艺品，还拥有出海、垂钓、潜水、皮划艇等丰富的水上活动。除此之外，随着各地旅游业发展对国家经济水平拉动作用的促进，尼尔森重视旅游经济的发展作用。

每年吸引了大量旅游观光者到此游览。

尼尔森小镇旅游项目　　　　　　　　　　　表 5.2-4

旅游项目	具体分析
国家公园	亚伯塔斯曼海滨步道（Abel Tasman Coastal Track） 海上独木舟之旅：沿途设有木屋、露营地和私人度假屋，可提供各种住宿选择。 卡胡朗伊国家公园（Kahurangi National Park）栖息并生长着各种各样的珍稀动植物。 希菲步道（Heaphy Track）是其中最著名的徒步线路。 尼尔森湖国家公园（Nelson Lakes National Park）四周环绕着崇山峻岭，可沿着罗托伊蒂湖（Lake Rotoiti）岸边漫步，也可循着高山步道寻访安吉勒斯湖（Lake Angelus）
黄金湾	黄金湾沿途可以欣赏到风光旖旎的塔卡卡山（Takaka Hill）
海上运动项目	可以体验浮潜、深潜、游泳、出海、观鲸等海上运动项目
尼尔森葡萄庄园和海滨小镇	参观尼尔森葡萄酒庄园或自在巡游玛拉豪（Marahau）、普旁阿（Puponga）或华拉里基海滨的宁静乡村

4.运营模式分析

除了风景观光，尼尔森还设置了跳伞、攀岩、骑四轮车、骑马等体育运动项目，形成了"体育＋观光"的共生模式。旅游作为一个联动效应和带动作用巨大的朝阳产业，与其联动发展的行业不胜枚举，体育产业即是其中的重要代表。观光游览项目的促进及户外体育运动项目的发展，使体育和观光运动成为尼尔森旅游小镇的吸引焦点，利用大量的探险体育活动带动当地的旅游发展。

5.发展优势分析

（1）自然景观吸引力强

尼尔森是新西兰阳光最充足的地方，多年来一直吸引着喜欢创造的人们来这里定居。至少有350位艺术家居住在尼尔森，美丽的地理环境、海岸、森林和山谷景观，这些都是他们散步和思考的好地方。

（2）游览项目较为丰富

除了特技跳伞、攀岩、骑四轮车、骑马、包船出海以及在美丽的海滩上嬉戏等活动，尼尔森地区不同的国家公园会给游客提供不同的景观和感觉。卡胡朗吉国家公园宽阔而原始，中心地区是坚硬的岩石。尼尔森湖国家公园优雅、平静，到处都是小鸟的歌声。阿贝尔·塔斯曼国家公园虽然小，但拥有无与伦比的美丽海景。卡胡朗吉国家公园位于尼尔森地区的西北角。摩图伊卡、塔卡、卡拉梅亚与默奇森是进入公园的必经之地。蜿蜒的山脉、巨大的冰川山洞、原始森林步行道和延绵的原始海岸线，整个公园就是一个大自然塑造的艺术品。园内步行道总长超过570公里。其中最著名的是希菲栈道，从奥雷雷谷出发，途径西海南北部和卡拉梅亚，整个旅程需要4至5天的时间。

（3）周围景点吸引力较足

尼尔森地区旅游经济的快速发展不单纯是因为其独特的自然景观和丰富的旅游项目，周围景点的吸引力也是推动其旅游业发展的一个重要的因素。圣阿诺德村是公园的入口，这个秀丽的小村庄离尼尔森和布兰尼姆只有一个半小时的车程。景点及活动包括漫步罗托伊蒂湖、经由阿尔卑斯山步行道徒步至安吉勒斯湖，在罗托鲁瓦湖和罗托伊蒂湖享受假绳垂钓。

5.3　其他特色小镇发展及案例分析

5.3.1　谢菲尔德壁画小镇

1. 基本信息

谢菲尔德是澳洲著名的壁画小镇，因为保存大量色彩斑斓的壁画而享负盛名。走进小镇就走进了壁画的世界，整个镇子就像一本立体的图画书一样，处处是壁画，ATM 提款机、唱片店、咖啡馆、餐厅，就连荒废的房子上都被壁画装扮得浪漫又梦幻。

2. 地理位置

谢菲尔德壁画小镇位于塔斯马尼亚北部的罗兰山脚下，离摇篮山 63 公里。小镇并不大，一条主街长约二三百米，两条副街也仅仅百米上下，街道旁排列着数十幢房屋，每幢房屋的墙壁上大多绘着或大或小的壁画。壁画以反映小镇早年的生活场景为主，农、商、牧、手工作坊，有的写实，有的抽象，体现了浓厚的 19世纪的人文风情，这些壁画每年还以年度获奖的作品进行不断的更新。

3. 发展历程

谢菲尔德自 1858 年被英国殖民者发现并开发，一直都是以农业、牧业、采矿业、林业等自然经济为主慢慢发展。到了 20 世纪 80 年代，塔斯马尼亚整体经济下滑，谢菲尔德也在劫难逃。小镇人赖以为生的行业由于世界经济一体化的冲击，都逐渐萎缩。1985 年，小镇的领导们集中在一起开会，成立了旅游协会，开始考虑利用小镇靠近摇篮山的自然资源向旅游业发展。

在经济尚未有出路的时候小镇的人开始往墙上画画，画小镇的历史、人物故事，画先驱和拓荒者的英勇事迹。1986 年，谢菲尔德镇上的第一幅壁画诞生，题目是《宁静和温暖》，内容是这个镇上的传奇人物 Gustav Weindorfer。第一幅壁画诞生之后，越来越多以小镇历史事件、历史人物、环境为主题的壁画诞生了。迄今已 1000 多平方米的壁画画在小镇多座建筑的墙壁上。现在，每年都有一些新的画作出生,使这个小镇永远保持着新鲜感。这个壁画小镇吸引了很多游客前往参观,当然还包括来自世界各地的艺术家。小镇里的许多壁画都出自专业艺术家之手。

4. 发展现状

谢菲尔德壁画小镇是经济转型发展的产物,该壁画小镇被称为地球"立体漫画书"小镇,小镇以其惟妙惟肖的壁画创作,每年会接待来自全球十多万的访客。

5. 运营模式分析

旅游作为一个联动效应和带动作用巨大的朝阳产业,与其联动发展的行业不胜枚举,艺术创作与旅游度假业的融合发展模式是谢菲尔德壁画小镇具有代表性的和创新性的小镇发展运营模式。"创作+旅游度假"的共生模式是新时期与旅游业结合发展的创新发展模式。

6. 发展优势分析

(1)世界有代表性的漫画展示

澳大利亚谢菲尔德壁画小镇的壁画包含了世界各地有代表性的文化元素,该种形式的漫画展示一是真切地反映了不同时期小镇的发展特色,二是为吸引全球的观光游览游客提供了支持。

(2)壁画展示内容丰富

小镇壁画以反映小镇早年的生活场景为主,农、商、牧、手工作坊,为来自世界各地的游客以行走的壁画书的模式生动地展示了小镇的发展历史,形成小镇独具特色的品牌影响力。

(3)自然风光优势明显

谢菲尔德壁画小镇位于塔斯马尼亚北部的罗兰山脚下,离摇篮山63公里。所有的壁画都背靠罗蓝山,蔚蓝的天空更能衬托出壁画创作的澄澈。

5.3.2　库伯佩迪小镇

1. 基本信息

库伯佩迪(Coober Pedy),来源于原住民的语言"Cooper Pity",意思就是白人的洞，是澳大利亚南澳大利亚洲的一个小镇，同时也是世界唯一一个地下城。这个小镇的人由于地表温度太高，所以全部居住在地下洞穴。

库伯佩迪是 1913 年由 14 岁的威利·哈奇森（Willie Hutchison）发现的，当时这里发现了猫眼石（蛋白石），而目前全球 95% 的猫眼石都出产于这里。

库伯佩迪是全球最干燥大陆上最干燥的一片土地，地表温度经常超过 40℃。几乎没有动物或植物能适应这里的气候条件。

库伯佩迪的水是很珍贵的，由于水资源少，他们要靠一根水管从几十公里以外取水，并且还不能直接用，必须在镇子的工厂里进行脱盐处理后才能食用。

库伯佩迪住的人基本上都是寻宝人的后代，他们在这儿已居住了好几代人的时间。该小镇的人口 3000—4000 人。

2. 地理位置

库伯佩迪（Coober Pedy）位于南澳大利亚洲，维多利亚瀚海腹地，是澳大利亚最干旱的地方之一。为了避免内陆的高温，居民基本都在地下工作和生活，库伯佩迪的地面环境极度凄凉。

3. 发展历程

库伯佩迪始建于 1915 年，位于维多利亚瀚海腹地，是澳大利亚最干旱的地方之一。1915 年，有人偶然在这里发现了蛋白石矿。蛋白石主要用来做各种手镯；普通蛋白石并不值钱，但极品则价值连城。库伯佩迪的蛋白石不仅是极品中的极品，而且蕴藏量大得惊人，这吸引了世界各地的淘宝人。找蛋白石是个耐心活儿，需要淘宝者在当地安家落户。不过当地气候却十分恶劣，夏天地表温度总在 50℃以上，冬天又冰天雪地。于是有人想出将报废的矿洞改成居室的办法，这么一来，独一无二的地下城就诞生了。

4. 发展现状

库伯佩迪处在澳大利亚最干旱的地方。为了避免内陆的高温，居民基本都在地下工作和生活。

慢慢便形成了世界唯一的地下城。目前小镇的居民已经很少挖矿了，因为地下城的名头逐渐传播于世界。目前小镇每年都有好几万名游客前来观光，旅游业的繁荣使小镇居民放弃了挖矿的苦日子。

库伯佩迪小镇旅游项目　　　　　　　　　　　　　　　　表 5.3-1

旅游项目	具体分析
地下居室	由于该区恶劣的自然环境，居民们的所有生活环境基本都居于处在地下，包含地下居室、地下教堂、地下陶艺、地下矿洞等景观
地下教堂	
地下陶艺	
地下矿洞	
布加维斯	布加维斯曾经是藏在海水下的地方，由于没有遭受破坏，至今还可以清晰看到7000万年以前海水退去后留下的痕迹
月亮平原	在月亮平原上可以观看到一座白色的山和一座棕色的山相依而立

图 5.3-1　库伯佩迪小镇

5. 运营模式分析

"矿石产业＋观光旅游"复合模式是小镇现阶段发展的主要模式，该小镇以蛋白石而得以发展，相比于传统的采矿业，旅游作为一个联动效应和带动作用巨大的朝阳产业，对其他行业起到了积极的促进作用。库伯佩迪因为其独特的建筑、生活特征逐渐吸引了大量的游客来此参观。

6. 发展优势分析

（1）独特的产业特征

库伯佩迪因为恶劣的自然环境限制了人们传统的自然生活环境，凭借其丰富的采矿经历形成了蛋白石采矿业的发展，也正是因为该区采矿业的发展模式促进该区成为世界上唯一一座地下城。

（2）独特的自然环境

库伯佩迪独特的自然环境和生活状态，吸引了大量游客来此参观，促进了其旅游业的发展。

（3）有代表性的发展模式

库伯佩迪采用了"矿石产业＋观光旅游"的复合发展模式，该复合发展模式有效地推动了该区经济的转型和发展。

5.3.3　伯马吉小镇

1. 基本信息

伯马吉（Bermagui）是位于新南威尔士州东南部贝加谷郡（Bega Valley Shire）的滨海小镇，地处伯马吉河（Bermagui River）的入海口，风景优美，由于独特的地理位置，比较容易钓到黄鳍金枪鱼、蓝鳍鱼和长鳍金枪鱼等大型鱼类，所以这里被钓鱼爱好者认为是新洲的钓鱼胜地之一。此外伯马吉的海滩也非常美丽和整洁，是新洲南部传统的度假小镇。此外，蒙特利尔金矿（Montreal Goldfield），也澳洲唯一一座位于海边的金矿。

2. 地理位置

伯马吉是位于新南威尔士州东南部贝加谷郡（Bega Valley Shire）的滨海小镇，距离新南威尔士州首府悉尼（Sydney）约 380 公里车程，距离新南威尔士州最大的湖泊瓦拉加湖（Wallaga Lake）约 10 公里车程。

3. 发展历程

随着海洋贸易的兴起，1870 年，伊拉华纳蒸汽船舶公司（Illawarra Steam）在 Bermagui 建造了第一个码头，用于开展海产贸易，小镇也由此开始发展起来。1880 年，澳大利亚政府官方的地理学家拉蒙特·杨（Lamont Young）以及其他四位同事在一次由 Bermagui 启航的旅途中神秘失踪，他们所乘坐的船在 Bermagui 以北 15 公里位于 Bermagui 和纳鲁玛（Narooma）的提尔巴（Tilba）附近的沙滩被找到，这位年仅 29 岁地理学家的消失给这个小镇蒙上了一层神秘的面纱，而发现这条船的海滩也由此被命名为神秘海滩（Mystery Bay）。

4. 发展现状

伯马吉小镇坐落于丘陵地带，气候温润，面积不大，只有一条主要街道，但生活设施完善，大型超市、加油站等一应俱全。小镇主要从事渔业和农业，其中旅游业也是一大支柱产业。每到澳洲公共假日，一房难求，当地人携儿带女来此处度假，享受幽静的乡镇生活和美丽的海滩。

小镇具有得天独厚的地理环境，从海岸到大陆架边缘地区，最近的地方仅仅只有 18 公里。无数钓鱼爱好者从澳洲各地来到这里追寻梦寐以求的大型深海鱼类，如蓝鳍金枪鱼，黄鳍金枪鱼，剑鱼等。这里也是鲸类观测的好地点，包括各类长须鲸、座头鲸，以及凶猛的杀人鲸，都能在这里看到。在过去的日子里，长须鲸以及座头鲸、露脊鲸等曾受到人类的捕杀，随着动物保护意识的觉醒和旅游观光业的迅速发展，如今他们已成为当地的重要"客人"，2016 年，共计约 2500 头各类鲸出现在伯马吉海域。独特的自然资源为其小镇旅游业的发展吸引了大量的游客。

伯马吉小镇观光项目 表 5.3-2

旅游项目	具体分析
蓝池	蓝池（The Blue Pool）位于新南威尔士州东南部贝加谷郡的滨海小镇伯马吉，由一大一小相连的两个引入天然海水的岩石泳池组成，被认为是伯马吉最吸引人的景点之一。蓝池坐落在气势宏伟、岩石嶙峋的崖面底部，周边建有厕所、淋浴间、更衣室等设施，同时，这里建有观景台，是游客欣赏壮丽海岸景色、尽情观鲸的完美场所

续表

旅游项目	具体分析
骆驼岩	骆驼岩位于新南威尔士州东南部贝加谷郡，新南威尔士州最大的湖泊瓦拉加湖边，距离滨海小镇伯马吉约 10 公里车程，步行约 200 米即可到达另一标志景点马头岩。 骆驼岩由著名的詹姆斯·库克船长（Captain James Cook）在澳大利亚东海岸航行途中发现，是一处深受欢迎的旅游景点，因形如一匹巨大的骆驼而得名，十分引人著名。骆驼岩设有停车场和厕所等设施，多棵大树繁茂生长，洒下片片树荫，下设野餐区，风景优美而惬意。 骆驼岩冲浪海滩是众所周知的冲浪、游泳、浮潜和钓鱼胜地，海滩上的岩池也是探索的绝佳地点。海滩夏季设有救生员巡逻，也是安全的避风海滩
马头岩	马头岩（Horse Head Rock）位于新南威尔士州东南部贝加谷郡，新南威尔士州最大的湖泊瓦拉加湖边，距离滨海小镇伯马吉约 10 公里车程，步行约 200 米即可到达另一标志景点骆驼岩。 马头岩因形如一匹站立的骏马头部而得名，是摄影爱好者喜欢拍摄的目标，在不同时间不同光线下，都能取得完美的效果
蒙特利尔金矿	蒙特利尔金矿位于新南威尔士州东南部滨海小镇伯马吉北郊，距离伯马吉镇中心约 8 公里车程。 蒙特利尔金矿是澳大利亚唯一一个位于海边并延伸入海的金矿，1880 年，这里的海滩上找到了黄金，淘金者蜂拥而来，至 1883 年，共挖掘出 250 公斤的黄金。现在的蒙特利尔金矿已经不再产矿，而是被改造成一处受欢迎的旅游景点，每天下午 2 点，游客可以在导游的带领下，行走在密林环绕的步行道上，探寻当年淘金热的历史痕迹
阿曼德斯海滩	阿曼德斯海滩（Armands Beach）位于新南威尔士州东南部贝加谷郡的滨海小镇伯马吉以南的 Barragga Bay 地区，距离伯马吉约 10 公里车程。 阿曼德斯海滩是澳大利亚合法的天体海滩（裸体海滩）之一，1993 年 11 月，贝加谷郡议会（Bega Valley Shire Council）宣布阿曼德斯海滩为合法的天体海滩。阿曼德斯海滩以来自法国人阿曼德·莱默里克（Armand Lemmeric）命名，他在阿曼德斯湾（Armands Bay）拥有一片农场，定期在海滩裸泳，早在 20 世纪 30 年代，海滩就曾举行裸体板球比赛。阿曼德斯海滩不设巡逻，不设洗手间或相关设施，请自带所需物品，离开时请带走所有物品，仅在海滩沙滩范围内允许裸体，并禁止露营。如果您是裸体游泳和日光浴爱好者，不妨来此游览一番。 从伯马吉出发，沿塔斯拉 — 柏马基路（Tathra — Bermagui Road）南行约 9 公里，到巴拉噶湾（Barragga Bay）左转进入驶上库拉鲁路（Kullaroo Road），继续前行直至看到阿曼德斯海滩指示牌处，沿着步行路径即可前往海滩

非洲特色小镇案例及发展分析 / 第 6 章

6.1 旅游小镇案例及发展分析

6.1.1 鲸湾小镇

1. 基本信息

纳米比亚共和国位于非洲西南部，北靠安哥拉和赞比亚，东连博茨瓦纳，南接南非。海拔高度 1000-2000 米，这里干旱少雨，属亚热带半沙漠性气候。

鲸湾港是纳米比亚的一个重要城市。鲸湾即纳米比亚沃尔维斯湾，是南极洲罗斯冰棚上的一个凹进部分。面积 1124 平方公里，是西南非洲最大的良港。

2. 发展历程

鲸湾最早由葡萄牙航海者巴尔托洛梅·乌·迪亚士发现（1487 年），之后由于整个大西洋东海岸地质环境恶劣，欧洲的远洋船队在驶往亚洲的途中，需要中途停靠补给的地方，鲸湾逐渐成为"最佳停靠站"，遂以"世界第二好的水域港湾"闻名于世。这里自古便是各国争夺的战略要地，现在则成为旅游观光客流连最多的地方。这里不仅是天然良港，也盛产石油和海盐。

3. 发展现状

鲸湾港（Walvis Bay，亦称沃尔维斯湾）是一个深水港，是纳米比亚主要港口城市濒大西洋鲸湾，具有重要的经济和战略地位。到达鲸湾可以在鲸湾港观光旅游，也可以去周边的三明治湾和纳米布沙漠观光欣赏。

鲸湾小镇旅游项目　　　　　　　　　　　　　　　　　　　表 6.1-1

旅游项目	具体分析
鲸湾港	海港风貌观光旅游
三明治湾	位于鲸湾以南 40 多公里，这里一边是沙漠，一边是海洋
纳米布沙漠	纳米布沙漠（Namib Desert）是纳米比亚西部的一个沙漠，位于非洲最大的国家公园—纳米布—诺克陆夫国家公园（Namib-Naukluft National Park）内。该沙漠面积达 50000 平方公里，位于纳米比亚长 1600 公里的大西洋海岸线上，东西阔度 50-160 公里不等，安哥拉西南部也属于纳米布沙漠范围。此地区被认为是世界上最古老的沙漠，干旱和半干旱的气候已持续了最少 8000 万年，从大西洋吹向该地区的空气经过寒冷的本吉拉洋流后变得干燥并冷却下沉，形成干旱气候

4. 运营模式分析

鲸湾主要是凭借其优越的地理位置及海港的优势特征，形成"海上贸易＋观光旅游"复合形式的小镇运营模式，其贸易主要输出铅、锌、铜等精矿。除此之外，鲸湾利用其海湾优美而独具特征的风貌特征开展旅游业务，观光旅游业也已成为该小镇的重要运营模式。

5. 发展优势分析

（1）独特的自然环境

作为西南非洲最大的良港和纳米比亚最重要的城市，鲸湾的港口贸易较为发达。除此，有者"雾美人"称号的鲸湾以其具有独特优势及代表性特征的海港风光为其旅游业的发展提供了较大的支持。除了美丽的海港风景，海上较为珍稀的动物也成为海港旅游的一道亮丽的风景线，以塘鹅、鸬鹚、海豹、海狮等动物为代表。

（2）有代表性的发展模式

鲸湾采用"海上贸易＋观光旅游"的复合发展模式，有效推动了该区经济的转型和发展。

6.1.2　舍夫沙万小镇

1. 基本信息

舍夫沙万是位于北非国家摩洛哥西北部的一座城市，使用阿拉伯语和西班牙语。市内有多家酒店和清真寺。大多数民宅门口、阶梯和墙壁都被涂绘成蓝色，像童话中的世界一般。

2. 地理位置

舍夫沙万位于北非国家摩洛哥西北部，建于里夫山宽阔的山谷之中，离舍夫沙万不远处即为其国家公园。

3. 发展历程

舍夫沙万镇始建于 1471 年，位于老城区麦地那的小堡垒至今仍然存在。其依山而建，是阿拉伯人的聚集区。舍夫沙万起初只是遭到西班牙人驱逐的摩尔人建立的一个堡垒，经过漫长的发展和扩建而逐渐成为一座城市。受到宗教迫害的犹太人也来到这里避难，他们最先开始将房屋粉刷成蓝色。他们用的是一种用贝类制成的天然颜料。在犹太教里，蓝色代表的是天空和天堂，所以蓝色也寓意着是在上帝的保佑之中。于是小城里的居民纷纷效仿，很快舍夫沙万便被蓝色所包围。

4. 发展现状

舍夫沙万本质上是摩洛哥的一个山间小镇。同摩洛哥的四大皇城比起来，其优势并不凸显，因为这里既没有古迹，也没有历史，更不是军事要地。就其建筑本身而言，其有代表性的麦地那也不够精致。但因为这里有世界上所有蓝色的合集，所以舍夫沙万便充满了"蓝"，全世界的游客也因此纷至沓来。

舍夫沙万小镇旅游项目   表 6.1-2

旅游项目	具体分析
舍夫沙万麦地那	麦地那是舍夫沙万一个有代表性的观光城市
后山马角公园	舍夫沙万后山的马角公园山头上就是西班牙清真寺，也是该小镇具有代表性的游览风景之一

5. 运营模式分析

舍夫沙万小镇主要采用"观光旅游"的模式。小镇因其蓝色调的建筑特征而吸引了世界各地的大量游客，多民族的文化特征也极大地促进了小镇旅游项目的发展。

6. 发展优势分析

（1）民族文化的交融

舍夫沙万是个多民族杂居的小城。这里居住着柏柏尔人、犹太人和摩尔人，其中最引人注目的是柏柏尔人。生活在舍夫沙万的柏柏尔人的服饰颇具特色，并戴有颜色明快的棉线装饰的帽子，衣服宽松而飘逸，在一片蓝色海洋中格外引人注目。该小镇多民族融合的发展特征和民族多样性是小镇发展的一个重要推动因素。

（2）建筑的独特特征

舍夫沙万小镇论其自然景观并没有太多吸引人之处，但是以全镇各种蓝色的建筑风格和建筑特征而吸引了大量的游客来此参观，打造了独特的旅游吸引力。

6.1.3　穆龙达瓦小镇

1. 基本信息

穆龙达瓦是马达加斯加北部的港口城市，其主要的语言为法语，在穆龙达瓦河口，濒临莫桑比克海峡。这里是猴面包树的故乡，而最为著名的景点之一便是附近的猴面包树大道。这里的猴面包树大约有 800 年的历史。最近几十年，由于当地人口的增加，森林面积正在缓慢地减少，但由于宗教原因，猴面包树得到完好的保留，当地还有如狐猴等特殊物种。

2. 地理位置

穆龙达瓦是位于非洲岛国马达加斯加北部的港口城市。

3. 发展历程

传统的穆龙达瓦小镇主要有碾米、锯木等小型工业，输出稻谷、豆类、拉菲尔麻等。近年来，以小镇内独具特色的猴面包树大道为主，小镇重点发展了观光旅游及其相关经营业务。

4. 发展现状

穆龙达瓦小镇最为著名的旅游景点即为长约 260 米的猴面包树大道；另外，马达加斯加西海岸的 Kimony 海滩也是一个重要的旅游景点。

（1）猴面包树大道

穆龙达瓦最著名的就是长约 260 米的猴面包树大道这一区域集中了马岛独有的 7 个不同品种的猴面包树，猴面包树学名波巴布树（Baobab），又名猢狲木（猴子们喜欢其果实），树冠巨大，树杈千奇百怪，酷似树根，远看就像是摔了个"倒栽葱"，是地球上古老而独特的树种之一。猴面包树的高度可以长到 25 米以上，充满水分的树干直径可以达到 12 米，即使在热带草原干旱的恶劣环境中，其寿命仍可达 4000—6000 年。

图 6.1-1　穆龙达瓦猴面包树大道

（2）海滩

除了其具有代表性的猴面包树大道，来到穆龙达瓦还可以去参加独木舟的渔村项目。号称马达加斯加西海岸最干净的 Kimony 海滩，是这里一个重要的旅游景点。

5.运营模式分析

穆龙达瓦小镇主要采用"观光旅游 + 相关业务促进"的复合发展模式。在该运营模式中，猴面包树大道是主要的促进因素，濒临马达加斯加的海滩是另一个重要的促进项目。

6. 发展优势分析

（1）新的发展模式

在全球旅游发展的促进下，穆龙达瓦积极转变小镇的发展模式，引入以旅游为主要促进领域的观光旅游＋相关业务促进的发展模式，该发展模式有利于促进小镇传统业务结构的调整，在提升影响力的同时，促进小镇经济的发展。

（2）独特的自然环境

该小镇有长约 260 米的猴面包树大道，为旅游项目的发展提供了新的且具有独特代表性的观赏项目，形成了小镇旅游发展的特色。

6.1.4　努比亚小镇

1. 基本信息

努比亚是埃及尼罗河第一瀑布阿斯旺与苏丹第四瀑布库赖迈之间地区的统称。努比亚地区因其独特的自然风光、地理位置优势和历史文化优势而逐渐成为人们去往非洲的首选之地。

2. 地理位置

努比亚是埃及尼罗河第一瀑布阿斯旺与苏丹第四瀑布库赖迈之间的地区的统称，经过较长的历史演变过程，现阶段已经成为地中海地区的埃及与黑色非洲之间的重要的连接地。

3. 发展历程

截至目前，努比亚已经经历过了较为长久的发展，其史前文明追溯至公元前36 世纪。

今天努比亚人基本上采纳了阿拉伯文化，努比亚语依然存在，书写时使用的是阿拉伯字母。而经过历史的沉淀和发展，努比亚地区已经成为非洲一个具有明显代表性的旅游小镇。

4.发展现状

努比亚形成了具有代表性的旅游文化特征，每年会吸引大量的世界游客来此参观。现阶段，努比亚著名的旅游景点有卡拉布塞神庙、象岛、努比亚博物馆和阿斯旺博物馆等，它们为努比亚旅游经济的发展提供了动力。

努比亚小镇旅游项目 表 6.1-3

序号	景点名称	景点介绍
1	卡拉布塞神庙	卡拉布塞神庙位于河岸边，这座神庙是为太阳神而建的
2	象岛	据说象岛的名称由来是因为从天空俯视整个岛的形状和象牙一样，这里有最地道的努比亚文化，现在岛上还生活着努比亚后裔，在此能够充分感受努比亚土著人的生活风情
3	努比亚博物馆	努比亚博物馆的建筑很有埃及的风格，还曾经在 2001 年荣获阿迦汗建筑奖。博物馆内的藏品都是从埃及各处收集上来的珍品，完整展示了努比亚文化历史，基本上每件展品都有简单的英文说明
4	阿斯旺博物馆	阿斯旺博物馆是由象岛南端的一座老房子改建的，规模不是很大，逛象岛的时候可以顺便转一转，藏品主要是努比亚的历史文物和阿斯旺大坝迁移的相关资料

5.运营模式分析

努比亚小镇主要采用"观光旅游＋相关业务促进"的复合发展模式。在该运营模式中，努比亚的历史人文风情和自然景观是主要的促进因素。

6.发展优势分析

截至目前，努比亚已经经历过了几百个世纪的发展和历史文明的传承与积淀，浓厚的历史文化风情和人文风情促进了小镇旅游业的开展，同时也为小镇旅游业的发展提供了支持。小镇依托其历史文化的影响，引入以旅游为主的观光旅游＋相关业务促进的发展模式，促进小镇传统业务结构的调整和经济的发展。

6.1.5　突尼斯杰尔巴岛小镇

1.基本信息

杰尔巴岛（Jarbah）是突尼斯最大的岛屿，也是北非最大的岛屿。宽度和长度均为 28 公里，面积 510 平方公里，素有欧洲人的后花园之称。突尼斯也是继法国之后的世界第二大海水浴疗法目的地，而杰尔巴岛则是休闲与体验的首选之地。突尼斯人称杰尔巴岛是"撒哈拉遗落地中海的一粒沙"。

杰尔巴岛是海滨游览胜地，随着小镇对旅游业发展的重视，建设了国际航空站。主要城镇豪迈特苏格，主要港口埃及姆。岛上覆盖着大片的椰枣树和橄榄树，除此之外，岛上古迹众多、海滩秀丽，清真寺和白色的房屋分散坐落于棕榈树林间，首府乌姆·苏克有现代的艺术馆、古老的清真寺，梅伊西北的里阿德村庄有世界上最古老的犹太教教堂之一，是研习摩西律法的精神中心。沙滩还提供牧场骑马、骆驼旅行和滑翔伞等水上运动，是突尼斯最著名的旅游景点之一。

2. 地理位置

杰尔巴是非洲著名的城市突尼斯内部的一个具有代表性的旅游小镇，是突尼斯最大的岛屿，也是北非最大的岛屿，在地中海加贝斯湾东南部，行政上属于梅德宁省。杰尔巴岛的最大宽度和长度均为 28 公里，环岛沙滩有 128 公里。岛平均海拔为 20 米，最高点在其南部的格拉拉，海拔 53 米，属于地中海气候，年平均气温约 20℃，降雨量每年约 250 毫米。从陆地到岛上距离约 2 公里，游轮每半小时一班往返于大陆朱尔夫和该岛艾吉姆港之间。

3. 发展历程

突尼斯的杰尔巴岛，原本在欧洲就是十分流行的度假胜地，被欧洲人称为梦幻之岛。这个位于地中海南岸的北非小岛，一年四季都充盈着来自欧洲各地的游客。

4. 发展现状

优质绵长的环岛沙滩，舒适宜人的气候环境，先进便捷的服务设施，使杰尔巴岛成了游客最青睐的地方。

杰尔巴岛曾在 Trip Advisor 杂志的评选中，被选为"世界第一海岛"旅游目的地。目前，杰尔巴岛代表性的旅游景点有杰尔巴岛码头、杰尔巴岛麦地那和穆斯塔法城堡几个具有代表性的地区。

杰尔巴岛小镇旅游项目 表 6.1-4

序号	旅游景点	景点介绍
1	杰尔巴岛码头	来到此处可以体验一次出海的感觉
2	杰尔巴岛麦地那	这里是阿拉伯人的集市，不过杰尔巴岛的麦地那属于旅游的地区，商品品类较为丰富
3	穆斯塔法城堡	在杰尔巴岛环岛沿岸，依然可以看到 16 世纪奥斯曼帝国和西班牙人建造的坚固城堡，这就是著名的"穆斯塔法城堡"

5. 运营模式分析

杰尔巴人主要以种植橄榄和椰枣、织造地毯、打渔为生。截至目前小镇在传统产业的基础上，积极依托杰尔巴的自然风光资源优势，开拓小镇旅游项目。

6. 发展优势分析

（1）新的发展模式

在旅游经济发展的促进下，现阶段小镇主要采用旅游＋传统产业同步发展的模式，引入以旅游为主的观光旅游＋相关业务促进的发展模式，促进小镇经济的发展。

（2）独特的自然环境

杰尔巴岛，位于梅德宁省东部海域，从陆地到岛上距离约 2 公里，距离海岸如此短的距离促进了小岛海滨旅游项目的发展。

6.1.6 开普敦小镇

1. 基本信息

开普敦位于印度洋和大西洋的交汇处，以此形成的自然景观闻名于世，可以说是南非最为著名的一处旅游胜地。开普敦周边的几座小镇相对市区要清静许多，风景宜人，这些小镇或有美丽的海湾，或是有悠久的历史建筑。由于小镇都离开普敦不远，交通方面也算是比较便捷，因此吸引了不少旅行者前往参观游玩。

2. 地理位置

开普敦小镇位于南非南部，是南非的第二大城市，也是南非的重要港口型城市。

3. 发展历程

开普敦市内多殖民时代的古老建筑，位于大广场附近，建于 1666 年的开普敦城堡是市内最古老的建筑。当年其建筑材料多来自荷兰，后用作总督官邸和政府办公处。同世纪建造的大教堂，坐落在阿德利大街，其钟楼至今仍保存完好，有 8 位荷兰驻开普敦的总督先后葬于此教堂内。

在政府街公共公园的对面是 1886 年竣工又在 1910 年增建的国会大厦和美术馆。西面是建于 1818 年，收藏达 30 万册书的公共图书馆，城中还有 1964 年建立的国家历史博物馆。城西的特布尔山，海拔 1082 米，因山顶平整如桌而得名（英文"特布尔"意为桌）。山峰绵延平展，气象巍然。其余脉有狮子头、信号山、魔鬼峰诸峰，国家植物园位于特布尔山的斜坡上。它的上方是建于 1825 年的最古老的博物馆，山脚下是开普敦大学。诸山及特尔尔湾之间是城中最古老的部分。海滩附近设有娱乐和休养设施，是南非主要的旅游地，尤宜于冬季休养。南郊有天文台。开普敦也是南非金融和工商业的重要中心，交通发达，从欧洲沿非洲西海岸绕过好望角通往远东地区的太平洋航线都要经过这里。特布尔湾为天然良港，可同时停泊深水海轮 40 多艘。

开普敦是欧裔白人在南非建立的第一座城市，这座南非白人心中的母城三百余年来数度易主，历经荷、英、德、法等欧洲诸国的统治及殖民，虽然地处非洲，但却充满多元欧洲殖民地文化。开普敦集欧洲和非洲人文、自然景观特色于一身，因此名列世界最美丽的都市之一，也是南非最受欢迎的观光都市。

4. 发展现状

（1）历史文化

多种族和多元文化的社会结构使当地宗教信仰呈多元特性，世界主要宗教在当地均有影响。白人和有色人种多信奉基督教，黑人信奉原始宗教，亚洲人多信奉印度教、伊斯兰教和基督教，少数信奉儒教、佛教、耆那教和祆教。

南非社交礼仪可以概括为"黑白分明""英式为主"。所谓"黑白分明"是指受到种族、宗教、习俗的制约，南非的黑人和白人所遵从的社交礼仪不同；"英式为主"是指在很长的一段历史时期内，白人掌握南非政权，白人的社交礼仪特别是英国式社交礼仪广泛流行于南非社会。开普敦小镇注重其历史文化，形成了小镇独具特色的旅游欣赏风光。

（2）特色美食

开普敦的特色美食也是旅游小镇发展的一个重要影响因素。在开普敦火车站二层、小吃街，有烤香肠类、咖喱饭、汉堡包等；在 Adderley 街、乔治的一些咖啡店可以品尝当地风味的午餐；海角区周边有很多饭店和便利店，这里有各种特色美食，如将杏作成片状的马来风味的点心，干燥的、沾砂糖的水果，巧克力、奶糖、咖啡、红茶、调味料，还有熟菜、罐头、奶酪等。在郊外还有出售自家制的果酱、罐头等的农家。

（3）手工艺品

鸵鸟蛋被称为"百蛋之王"，是开普敦的特产，心灵手巧的当地人用鸵鸟蛋制作各种各样的工艺品，比如在鸵鸟蛋上进行各种彩绘、做鸵鸟蛋的雕刻工艺品等不同的装饰物。

牙雕木刻是具有开普敦特色的工艺品，手艺人精湛的技巧在这件工艺品上体现得淋漓尽致。

（4）旅游景点

开普敦小镇作为南非重要的旅游风景区，除了具备具有代表性的历史和美食文化外，其旅游景点也别具特色。以豪特湾、斯泰伦博斯镇和阿古拉斯角几个著名的旅游景点为主，每年吸引大量的游客来此观光。

开普敦小镇代表性旅游景点 表 6.1-5

景点名称	景点介绍
豪特湾	豪特湾不仅是南非的一处重要港口，同时也是一座风景如画的渔港村庄，这里的建筑都很有历史感，哪怕一座小小的教堂都有上百年的历史，早晨光线好的时候非常适合拍照
斯泰伦博斯镇	该小镇距离开普敦 55 公里，是南非历史最悠久的小镇之一。镇上的建筑保留了早期欧洲殖民者带来的欧洲风情。这里最出名的就是葡萄酒，小镇里到处都是葡萄架
阿古拉斯角	该旅游景点最出名的就是代表两大洋交界处的灯塔。在灯塔附近有块牌子，写着这里是非洲大陆的最南端，是大西洋、印度洋的分界线，很多人站在这里拍照留念

5. 运营模式分析

开普敦小镇依托其多民族文化造就的多元化的历史文化、人文风情和建筑特征，再结合小镇独特的自然景观资源，逐渐形成了小镇具有代表性的"文化＋旅游观光"运营模式。

6. 发展优势分析

（1）地理位置优势

开普敦中心地区位于开普半岛的北端。被桌山近乎直角的峭壁包围在一个碗形地区，两旁为魔鬼和狮头峰。开普半岛拥有一直向大西洋方向伸展的山脊，以好望角为终点。

（2）气候特征优势

开普半岛拥有地中海气候，四季分明。冬季即每年 5 月至 8 月，平均最低温度只有约 7℃左右。

（3）便利的交通优势

◆航空交通优势

开普敦国际机场是南非重要的大型机场，到约翰内斯堡、比勒陀利亚等城市的航班密集。

◆铁路交通优势

开普敦是南非铁路系统的西南端，可乘火车前往金伯利、约翰内斯堡、比勒陀利亚等中部和北部城市，一路风光壮阔。

◆公路交通优势

南非有公路 23 万公里，其中高速公路 2 万公里。南非的公路分国道、省道、市道，都有编号，可以按号码寻路。

开普敦亦有一套连接城市不同部分的公路系统，每条高速公路都会有分叉点伸展到城市的其他部分。

◆交通设备便利

以上地理位置优势、气候资源优势和便利的交通环境促进了开普敦旅游小镇的发展和建设。

6.1.7 斯泰伦博斯小镇

1. 基本信息

斯泰伦博斯（英文名：Stellenbosch）是一座在国际上久负盛名的旅游小镇，也是保留早期欧洲殖民者带来的欧洲风情最完好的地方。斯泰伦博斯是地中海式气候，土壤肥沃，从很早以前这里就开始为制作葡萄酒种植大量的葡萄。现在以其拥的优美的风景、恬静的葡萄酒庄园、优雅的街边咖啡、美味的餐馆、葡萄美酒、历史悠久的建筑以及著名大学而著称。

2. 地理位置

斯泰伦博斯作为一座国际上久负盛名的旅游小镇，位于开普敦的西边，距离开普敦 55 公里，是南非历史最悠久的小镇之一。

3. 发展历程

斯泰伦博斯由西蒙·范德·斯泰尔于 1679 年建立，当时他还是开普敦殖民地的总督。在这里胡格诺教徒带来了法国的葡萄种植、酿酒技术、建筑和生活方式，从此给这片小镇涂上了浓重的法国情调，被称为法国小镇。

这座风景秀美的小城美酒飘香，是西开普省唯一一座由法裔建立的小镇，以美食美酒而闻名，处处保留着法国人的悠闲与浪漫风情。

4. 发展现状

斯泰伦博斯是一个很适合徒步旅行的地方。在赫尔德堡农场，祖母的森林是散步的好去处。更具挑战性的徒步旅行包括全景步道和斯沃斯克洛夫步道，前者约 10.5 英里，后者略超过 11 英里。更长的徒步旅行，可以试试 15 英里的葡萄园远足径，这条小径蜿蜒穿过森林种植园、橄榄林、葡萄园和海岸，是一条特别美丽的春秋季小径。

现阶段斯泰伦博斯小镇具有代表性的旅游景点以鹊桥酒庄桥和人文旅游景点为代表。

（1）鹊桥酒庄桥

鹊桥酒庄（Rickety Bridge）是最著名的酒庄，坐落在大森山对面，一直延伸至弗兰河边。鹊桥酒庄拥有悠久的葡萄酒酿造历史。1797 年，宝琳娜·德维利尔（Paulina de Villiers）第一个在这片土地上种植葡萄。受酒庄发展的影响，斯泰伦博斯酒乡文化市场集合了众多风格各异的卖酒店铺。

（2）文化景点

斯泰伦博斯也有各种各样的文化景点，从博物馆和画廊到这个国家最古老的音乐学校。斯泰伦博斯村博物馆、斯泰伦博斯大学博物馆和 Sasol 艺术博物馆都是很受游客欢迎项目，尤其是那些对艺术和南非历史感兴趣的人。

5. 发展优势分析

斯泰伦博斯是开普敦桌山脚下最美丽的酿酒镇，南非历史第二悠久的城市，也是一座如诗如画的大学城。很多学生骑着自行车，或者在这里的咖啡厅和餐馆小坐。在这里徒步游览，有一种田园诗般的感受。当地有南非最好的一些葡萄酒庄，同时还有全国最好的餐馆。这里的 Rusten Vrede、Jordan and Terroir 等餐馆，都是在南非十佳餐馆榜上有名的。

除此之外，斯泰伦博斯小镇作为一座国际上享有盛名的旅游小镇，其旅游业的发展与小镇具有代表性的自然环境不可脱离，受小镇开拓者的传统历史的影响，小镇已发展成南非地区具有悠久的葡萄酒文化和葡萄酒庄园的特色小镇。

6.2 体育小镇发展及案例分析

6.2.1 莫希小镇

1. 基本信息

莫希（Moshi）为坦桑尼亚城市，是乞力马扎罗区首府，位于乞力马扎罗山南麓，面积约 59 平方公里。统计人口约 20 多万人，多数为查加族人和佩尔族人。莫希被认为是坦桑尼亚最干净的城市。

莫希拥有全国最大的咖啡贸易与加工中心，也是重要的电力基地，市区与附近建有多座水力、火力发电站。南面的下阿鲁沙有大型制糖厂。这里文教事业发达，有工学院、野生动物管理学院等，也是著名的游览地。

2. 地理位置

莫希小镇是坦桑尼亚市乞力马扎罗区的首府，位于东北部，乞力马扎罗山的南麓，是距离乞力马扎罗机场最近的一个小镇，海拔约800米，风景优美，气候宜人。

3. 发展历程

莫希是通往乞力马扎罗山区的必经小镇和集散地。素有"非洲屋脊"之称的乞力马扎罗山为许多登山爱好者所喜爱，莫希的旅游项目得以快速发展。

4. 发展现状

莫希小镇是世界上具有"非洲屋脊"之称的乞力马扎罗山登山的集散地，位于小镇上的查拉湖和马塞人文化及博物馆共同促进了莫希小镇旅游项目的发展，受登山项目的驱动，每年会有大量的游客来此参观游览。

莫希小镇旅游项目　　　　　　　　　　　　　　表6.2-1

旅游项目	具体分析
乞力马扎罗山登山项目	乞力马扎罗山位于坦桑尼亚东北部及东非大裂谷以南约160公里，是坦桑尼亚和肯尼亚的分水岭，非洲最高的山脉，也同时是火山和雪山。该山的主体沿东西向延伸将近80公里，主要由基博、马温西和希拉三个死火山构成，面积756平方公里，其中央火山锥呼吸峰，海拔5895米，是非洲最高点。于1968年被评为国家公园，生长着热、温、寒三带野生植物和栖息着热、温、寒三带野生动物。联合国教科文组织已于1981年将其列入世界文化与自然遗产保护名录
查拉湖	查拉湖是一座火山口湖，地处莫希，是莫希旅游的一个重要的观光游览点
马赛人文化村和博物馆	马赛人文化村＆博物馆距离莫希镇74公里，这里居住着50多名当地马赛人（从附近小镇迁移而来）。所有的房屋都是使用当地的天然材料，按照传统风格建造而成，与真正的马赛人的生活环境几乎无异，只有厨房和洗手间略有不同

5. 运营模式分析

"运动＋观光旅游"复合模式是小镇现阶段发展的主要模式，该小镇以附近的乞力马扎罗山的神奇而得以发展，传统的莫希小镇以咖啡贸易和加工业而闻名，但是旅游作为一个联动效应和带动作用巨大的朝阳产业，对其他行业起到了积极的促进作用。莫希小镇也借着乞力马扎罗山的地理位置优势，积极拓展旅游业的发展，以及其独特的马塞文化的居民和生活特征逐渐吸引了大量的游客来此参观，登山运动和观光旅游业也已经成为该小镇的重要运营模式。

6. 发展优势分析

（1）优越的地理位置优势

莫希小镇位于非洲著名的乞力马扎罗山南麓，是攀登乞力马扎罗山的必经小镇和集散地，因其优越的地理而为旅游者青睐，有大量的游客选择打包性的旅游项目，因此其旅游小镇项目得以发展。

（2）独特的人文地理环境

莫希作为乞力马扎罗区的首府，具备相对完善的铁路运输系统，铁路通坦噶、阿鲁沙、蒙巴萨，并且有国际航空站。除此之外，马赛人文化村独特的人文生活环境也为小镇体育旅游项目的发展提供了较大的吸引力。

6.2.2　贝科吉小镇

1. 基本信息

贝科吉（Bekoji）是位于埃塞俄比亚中部奥罗米亚州阿尔西地区的小镇，海拔2810 米。不少埃塞俄比亚的田径好手来自贝科吉。

2. 地理位置

贝科吉镇坐落于埃塞俄比亚首都亚的斯亚贝巴以南 170 英里。这儿空气稀薄却又纯洁至极，路上没有车辆，只有跑步或步行的路人。

3. 发展历程

贝科吉是一个名副其实的穿着跑鞋的小镇。随着小镇长跑运动的发展和人们对田径运动训练热情的提升，贝科吉曾先后诞生了 4 位奥运冠军。在贝科吉的树林里，每年都会有大量的人练习长跑。

4. 发展现状

贝科吉为埃塞俄比亚的田径运动项目提供了极具竞争力的选手。贝科吉人四肢细长，骨骼肌肉的组合非常适合长跑。但是相较于经济发达地区完备的田径运动基础设施，贝科吉却没有专业的跑道，乡间小路就是当地田径爱好者的跑道。

奔跑，俨然成了贝科吉这个小镇的一道风景。从这个非洲小镇走出的长跑运动员，囊括了30多项世界冠军，摘得16枚奥运奖牌。贝科吉小镇，无疑是世界上奥运金牌产量最高、密度最大的地方。

5. 运营模式分析

贝科吉是非洲著名的体育小镇，其体育小镇的形成受小镇内多个田径运动冠军的激励，小镇人全民田径运动的热情展示了其体育小镇的风貌。

6. 发展优势分析

（1）坚强、忍耐的品格

贝科吉的农村生活让这里的人们养成了坚强、忍耐的性格，这种性格对于长跑运动员来说是非常重要的。在贝科吉，奔跑就是生活的一部分，大多数情况下还都是赤着脚跑。在镇子里，大多数人穿着鞋子，而在周边的农村，农民和牧人却整天赤着脚。镇子里很少有汽车，无论是放牧还是从一个地方到另外一个地方，这里的人们只能靠两条腿。奔跑就是其生活。

（2）独特的自然环境

之所以能成为长跑运动员之乡，贝科吉还有一个得天独厚的先天优势——海拔。有这样一个事实是不能被忽略的：在长跑项目上，埃塞俄比亚和肯尼亚两国居于绝对的垄断地位，目前长跑项目90%的世界纪录和所有项目的世界排名前十位都出自这两个国家。埃塞俄比亚成绩突出的长跑者都来自施瓦和艾斯地区。肯尼亚的优秀选手一般出自南迪地区。这些地区都是沿着东非大裂谷分布，平均海拔有2000米。

参考文献

[1] 张建国. 世界城市化的基本规律. [J]. 城市发展研究，2000（1）.

[2] 陈弘仁，吴泽平. 省长为何要"蹲点"美国小镇？——从美国小镇看我国地方公共服务型政府的建设. [J]. 中国经济导报，2011，3（6）.

[3] 约瑟夫·奈. 软实力. [J]. 中信出版社，2013.

[4] 陈忠猛，戴红霞. 陌生人与共同体：美国小镇文学叙事中的矛盾与张力. [J]. 浙江大学学报，2015，11（6）：64-77.

[5] 王旭铎. 卡尔·艾伯特：大城市边界——当代美国西部城市. [J]. 北京：商务印书馆，1998，148.

[6] 孙雪芬，包海波，刘云华. 金融小镇：金融集聚模式的创新发展 [J]. 中共浙江省委党校学报，2016，32（6）：80-84.

[7] 李海超，齐中英. 美国硅谷发展现状分析及启示 [J]. 特区经济，2009（6）：82-83.

[8] 田傲云. 国外特色小镇案例分析 [J]. 城市开发，2017（4）.

[9] 《旅游开发运营》第 34 期.

[10] 张铎心，周宇斌. 借鉴欧美小镇探索中国特色小镇的优势. [J]. 山西建筑，2017,4（10）.

[12] 李迅. 关于中国城市发展模式的若干思考. [J]. 城市，2009（11）.

[13] 张鸿雁等. 循环型城市社会发展模式——城市可持续创新战略. [J]. 东南大学出版社，2007.

[14] 赵庆海. 国外特色小镇建设的经验及启示. [J]. 文化经济.